高职高专工程造价专业"十三五"规划教材

GAOZHIGAOZHUAN GONGCHENGZAOJIA ZHUANYE SHISANWU GUIHUAJIAOCAI

建筑工程造价综合实训（新版）

JIANZHU GONGCHENG ZAOJIAO ZONGHE SHIXUN

（含2019年建筑工程造价专业技能抽查考试题库与解答 营改增计价模式）

主 编 易红霞

副主编 胡云珍 孙湘晖 项 林 万小华 蒋 荣 易 璐

主 审 胡六星

中南大学出版社

www.csupress.com.cn

·长沙·

内容提要

本书主要分为两大实训任务，即实训任务一"建筑工程造价专业技能实训"、实训任务二"建筑工程工程量清单编制与计价实训"（某员工宿舍楼项目）。总体思路：实训任务一按照湖南省高等职业院校学生专业技能题库内容，从定额的应用、工程量清单编制、工程量清单计价三个模块出发，从每一模块的相同考核技能中选择一道典型题，分析其知识点与计算过程，引导学生完成各个模块库的相关内容。实训任务二是以某员工宿舍楼施工图为案例，通过任务书与指导书的引导，要求学生自己动手完成该案例的工程量清单编制与计价，本书注重培养学生的工程造价动手能力与基本素养，具有实践性、针对性和实用性强的特点。

本书采用最新的国家规范、定额，包括《建设工程工程量清单计价规范》（GB 50500—2013）、《房屋建筑与装饰工程工程量计算规范》（GB 50854—2013）、《建筑工程建筑面积计算规范》（GB/T 50353—2013）、《混凝土结构施工图平面整体表示方法制图规则和构造详图》（16G101—1）、《关于调整补充增值税条件建设工程计价依据的通知》（湘建价〔2016〕160 号）以及 2014 年颁布的《湖南省建筑工程消耗量标准》《湖南省建筑装饰装修工程消耗量标准》《湖南省建设工程计价办法附录》等。

本书适合高等职业技术学院工程造价专业及建筑类相关专业学生，亦可供函授大学、电视大学、职业大学等同类专业学生选用，也可作职业岗位培训的参考用书。本书配有多媒体教学电子课件。

前　言

建筑工程造价综合实训是土建类专业学生在学习完工程造价编制课程之后开设的综合实训课程，是根据土建类专业的教学需要而编写的，本书是一本综合性强、实践内容全面、技能特点明显、效果显著的教材；是根据多年的工程造价实践和高职教育经验，结合工程造价综合实训课程的教学特点和工程造价职业技能要求而编写的；同时根据"大思政"要求，适当融入思政教育元素，落实"立德树人"根本任务，也是本书特色之一。

本书主体分为两大实训任务，即实训任务一"建筑工程造价专业技能实训"、实训任务二"建筑工程工程量清单编制与计价实训"（某员工宿舍楼项目）。实训任务一根据2019年湖南省高等职业院校学生专业技能题库，通过典型题目的分析与讲解，引导学生掌握工程造价题库中的相关技能。实训任务二以某员工宿舍楼施工图为案例，通过任务书与指导书的引导，要求学生自己动手完成该案例的工程量清单编制与计价，重点培养学生的工程造价动手能力以及正确的人生观、世界观、价值观、劳动观、职业道德等基本素养，

本书具有实践性、针对性和实用性强的特点。

由于在开设本课程之前已经完成了工程造价课程的学习，因此本教材在编写过程中没有对理论知识进行过多的阐述，相关理论知识可以参阅工程造价课程的相关教材。

本教材由湖南职业技术学院易红霞任主编，湖南城建职业技术学院孙湘辉、湖南工程职业技术学院万小华、郴州职业技术学院胡云珍、高铁职业技术学院蒋荣、电子科技职业技术学院龚蔚兰、南方职业技术学院项林、柏毅、叶蓓、湖南水利水电职业技术学院肖飞剑、湖南交通职业技术学院易璐、长沙职业技术学院刘文利参编。由湖南城建职业技术学院胡六星主审。

本书在编写过程中参阅了国内同行的同类教材及相关资料，同时高职高专兄弟院校的老师也提出了很多宝贵的意见，在此一并表示衷心的感谢。

本书适用于高等职业技术院校建筑工程类、工程造价管理类专业。

由于水平有限，书中难免有不足之处，恳请读者同行批评指正。

编　者

2019 年 7 月

目 录

实训任务一

建筑工程造价专业技能实训

模块一　定额的应用

【学习总目标】

实训任务一的学习,要求学生运用所学的建筑工程定额运用与工程量清单编制与计价知识,解决湖南省高等职业院校学生专业技能题库各类题型的能力,并能运用综合知识,举一反三,进一步培养学生独立分析和解决问题的能力。

【能力目标】

1. 具备应用《湖南省建筑工程消耗量标准上、下(2014)》和《湖南省建筑装饰装修工程消耗量标准(2014)》的技能。
2. 具备编制建筑与装饰分部分项工程量清单、措施项目工程量清单的技能。
3. 具备编制建筑与装饰工程量清单计价的技能。
4. 具备使用造价软件编制工程量清单报价的技能。

【知识目标】

1. 掌握《湖南省建筑工程消耗量标准上、下(2014)》和《湖南省建筑装饰装修工程消耗量标准(2014)》的相关规则与应用方法。
2. 掌握建设工程工程量清单计价的基本方法。
3. 掌握《房屋建筑与装饰工程工程量计算规范》(GB 50854—2013)的相关规则与应用方法。
4. 掌握工程造价软件的基本使用技能。

【素质目标】

1. 培养严肃认真、吃苦耐劳的工作态度,细致严谨、一丝不苟的工作作风。
2. 培养理论与实际相结合、独立分析问题解决问题的能力。
3. 培养善于思考、举一反三的观察与分析能力。

第1章　专业基本技能

1.1　定额消耗量指标的确定

J1-1　定额消耗量指标的确定

一、题目

砖筑一砖半标准砖墙的技术测定资料如下:

(1)完成 1 m³ 的砖砌体需基本工作时间 15.5 h,辅助工作时间占工作班延续时间的 3%,准备与结束工作时间占 3%,不可避免中断时间占 2%,休息时间占 16%,人工幅度差系数为 10%,超距离运砖每千块需耗时 2.5 h。

(2)砖墙采用 M5 水泥砂浆,梁头、板头、窗台虎头砖占墙体积的 0.52%、2.29%、1.13%,砖和砂浆的损耗率为 1%,完成 1 m³ 砌体需消耗水 0.8 m³,其他材料占上述材料费的 3%。

(3)砂浆采用 400 L 搅拌机现场搅拌,运料需时 200 s,装料 50 s,搅拌 80 s,卸料 30 s,不可避免中断 10 s,机械利用系数为 0.8,机械幅度差系数为 15%。

(4)人工工日单价为 100 元/工日,基价为 70 元/工日,M5 水泥砂浆单价为 145 元/m³,标准砖单价为507.79元/千块，水单价为3.9元/m³，400 L砂浆搅拌机台班单价为129元/台班。

根据上述资料计算确定砌筑1 m³砖墙的预算定额消耗量指标和定额基价，并填写表1.1"砖墙砌筑预算定额项目表"。

（计算过程写在另外的答题纸上。）

表1.1 砖墙砌筑预算定额项目表

工作内容：调、运、铺砂浆，运、砌砖，包括砌窗台虎头砖、门窗套等　　单位：m³

定额编号				A3－11
项目				砖墙墙厚
				1.5砖
	名称	单位	单价/元	数量
	基价	元	/	
其中	人工费	元	/	
	材料费	元	/	
	机械费	元	/	
	综合人工			
材料	砖（240 mm×115 mm×53 mm）			
	M5水泥砂浆			
	水			
	其他材料费			
机械	400 L搅拌机			

二、试题解析

（一）试题知识点

1.工人必须消耗时间（基本用工）＝基本工作时间＋辅助工作时间＋准备和结束工作时间＋不可避免中断时间＋休息时间。

2.预算定额人工消耗量＝基本用工＋超运距用工＋辅助用工＋人工幅度差。

3.人工幅度差＝（基本用工＋超运距用工＋辅助用工）×人工幅度差系数。

4.1 m³墙体标准砖净用量＝墙厚砖数×2/［墙厚×（砖长＋灰缝宽）×（砖厚＋灰缝）］

5.砌筑工程量计算规则。

（1）计算墙体时，应扣除门窗洞口、过人洞、空圈、嵌入墙身的钢筋混凝土柱、梁（包括过梁、圈梁、挑梁）砖平碹、圆弧形碹、钢筋砖过梁和暖气包壁龛的体积，不扣除梁头、内外墙板头、檩头、木楞头、游沿木、木砖、门窗走头、砖墙内的加固钢筋、木筋、铁件等及每个面积在0.3 m²以下的孔洞所占的体积，突出墙面的窗台虎头砖、压顶线、山墙泛水、烟囱根、门窗套及三皮砖以内的腰线和挑檐等体积亦不增加。

（2）附墙柱、三皮砖以上的腰线和挑檐等体积，并入墙身体积内计算。

（3）附墙烟囱（包括附墙通风道、垃圾道）按其外形体积计算，并入所依附的墙体积内，不扣除每一个孔洞横截面在0.1 m²以下的体积，但孔洞内的抹灰工程量亦不增加。

6.材料消耗量＝材料净用量×（1＋材料损耗率）。

7.施工定额机械工作时间＝有效工作时间＋不可避免的无负荷工作时间＋不可避免的中断时间。

8.预算定额机械台班消耗量＝施工定额机械台班消耗量×（1＋机械幅度差系数）。

9.时间定额＝1/产量定额。

（二）试题解析过程

1.材料消耗量的计算。

（1）标准砖。

每m³一砖半墙，标准砖含量：2×1.5/［0.365×（0.24＋0.01）×（0.053＋0.01）］＝521.85块＝0.522千块

每1 m³砖墙中，砌体和砂浆的含量：1－0.52%－2.29%＋1.13%＝0.9832 m³（除掉梁头、板头，加上窗台虎头砖）

则1 m³砖墙块数净用量：0.522×0.9832＝0.513千块

则1 m³砖墙块数总消耗量：0.513×（1＋1%）＝0.518千块

（2）M5水泥砂浆。

1 m³砌体M5水泥砂浆净用量：0.9832－513×0.24×0.115×0.053＝0.233 m³

1 m³砌体M5水泥砂浆总消耗量：0.233×（1＋1%）＝0.235 m³

（3）水。

题目已知水的用量：0.8 m³

（4）其他材料费。

其他材料占上述材料的3%：［507.79×0.518（砖）＋145×0.235（水泥砂浆）＋3.9×0.8（水）］×3%＝9.01元

2.人工消耗量的计算。

假设完成1 m³一砖半标准砖墙人工持续时间为x，则

$x＝15.5＋（3%＋3%＋2%＋16%）x$，可知$x＝20.395$ h

即基本工作时间：20.395 h

超运距所需时间：0.518×2.5＝1.295 h

预算人工消耗量：（20.395＋1.295）×（1＋10%）＝23.86 h＝23.86/8＝2.98工日

3.机械消耗量的计算。

机械一次正常延续时间：200＋50＋80＋30＋10＝370 s

机械纯工作1 h的循环次数：（60×60）/370＝9.73次

机械纯工作1 h的正常生产率：9.73×0.4＝3.892 m³

施工定额机械产量：3.892×8×0.8＝24.91 m³/台班

施工定额机械台班：1/24.91＝0.04台班/m³

预算定额机械台班：0.04×（1＋15%）＝0.046台班/m³

本题1 m³砌体里砂浆含量0.235 m³，则砌筑一砖半标准砖墙的机械台班消耗量为：0.046×0.235＝0.011台班

4.砖墙砌筑预算定额项目表的填写见表1.2。

表1.2 砖墙砌筑预算定额项目表

工作内容：调、运、铺砂浆，运、砌砖，包括砌窗台虎头砖、门窗套等 单位：m³

定额编号			A3－11	备注（计算过程）
项目			砖墙墙厚	
			1.5砖	
名称	单位	单价/元	数量	
基价	元	/	519.25	208.6＋309.23＋1.42＝519.25
其中	人工费	元	208.6	70×2.98＝208.6
	材料费	元	/	309.23	507.79×0.518＋145×0.235＋3.9×0.8＋(507.79×0.518＋145×0.235＋3.9×0.8)×3%＝309.23
	机械费	元	/	1.42	129×0.011＝1.42
	综合人工	工日	70	2.98	
材料	砖(240 mm×115 mm×53 mm)	千块	507.79	0.518	
	M5水泥砂浆	m³	145	0.235	
	水	m³	3.9	0.8	
	其他材料费	元	/	9.01	(507.79×0.518＋145×0.235＋3.9×0.8)×3%＝9.01
机械	400L搅拌机	台班	129	0.011	

J1－2 定额消耗量指标的确定

一、题目

某现浇框架结构建筑的第二层层高为3.9 m，各方向的柱中心间距均为4.5 m，框架间为空心砌块240墙，且各柱梁断面尺寸均相同，柱为450 mm×450 mm，梁为250 mm×600 mm，混凝土为C25，采用出料容积为400 L的混凝土搅拌机现场搅拌。

技术测定资料如下：

(1)砌筑空心砌块墙，每完成1 m³砌块墙要消耗基本工作时间40 min，辅助工作时间占工作延续时间的7%，准备与结束时间占5%，不可避免中断时间占2%，休息时间占3%，预算定额人工幅度差系数为10%，框架间砌墙人工增加10%。

(2)400 L的混凝土搅拌机每一次循环时间：装料50 s，搅拌180 s，卸料40 s，不可避免中断20 s。机械利用系数为0.9，机械幅度差系数为15%，定额混凝土损耗率为1.5%。

问题一：根据预算定额人工消耗指标测算原理计算砌筑每10 m³空心砌块墙人工消耗量；若要完成第二层共10跨框架间砌块墙(无洞口)，需综合人工多少工日？

问题二：根据预算定额机械台班消耗指标测算原理计算每10 m³混凝土需混凝土搅拌机的定额台班消耗量；若取第二层共10跨框架梁的混凝土用量，需混凝土搅拌机多少台班？

二、试题解析

(一)试题知识点

1. 预算定额工人工作时间(定额时间)包括基本工作时间、辅助工作时间、准备与结束时间、不可避免中断时间、休息时间。

预算定额损失时间(非定额时间)包括多余和偶然工作时间、停工时间、违背劳动纪律损失时间。

2. 柱与梁示意见图1.1。

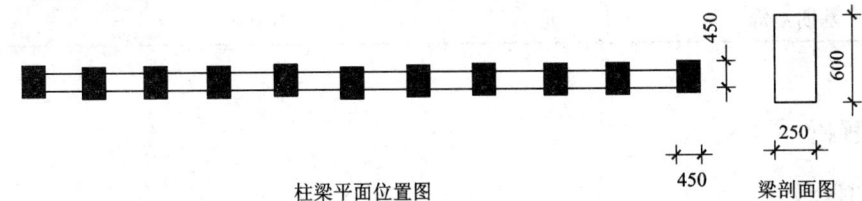

图1.1 柱与梁示意图

3. 框架间砌体工程量＝柱间净长×(层高－梁高)×墙厚。

4. 梁混凝土工程量＝梁净长×梁高×梁宽。

5. 施工定额机械工作时间＝有效工作时间＋不可避免的无负荷工作时间＋不可避免的中断时间。

6. 预算定额机械台班消耗量＝施工定额机械台班消耗量×(1＋机械幅度差系数)。

7. 材料消耗量＝材料净用量×(1＋材料损耗率)。

8. 其他知识点同试题J1－1。

(二)试题解析过程(略)

J1－3 定额消耗量指标的确定

一、题目

假定消耗量标准外墙面砖规格为95 mm×90 mm×10 mm，灰缝宽为5 mm，灰缝砂浆配合比为1∶1水泥砂浆，其基期基价详见表。如设计外墙面砖规格为80 mm×100 mm×10 mm，请按表中给定数据换算面砖及灰缝砂浆消耗量、计算基期基价，并列出面砖、灰缝砂浆计算式。面砖、砂浆施工操作损耗率按2%计算。计算结果列于表1.3的空格中。

表1.3 定额项目表 单位：100 m²

编号			B2－156		B2－149 换	
项目			外墙面砖(灰缝5 mm)			
			95 mm×90 mm×10 mm		80 mm×100 mm×10 mm	
名称	单位	单价/元	数量	合计/元	数量	合计/元
综合人工	工日	60	92.6	5556		

	名称	单位	单价/元	数量	合计/元	数量	合计/元
材料	墙面砖 95 mm×90 mm×10 mm	m²	65	61	3965		
	墙面砖 80 mm×100 mm×10 mm	m²	80				
	水泥砂浆 1:1(灰缝)	m³	400	0.15	60		
	其他材料费	元			500		
	机械费	元			25		
	基期基价	元			10106		

二、试题解析

(一)试题知识点

1. 100 m² 面砖净用量 = 100/[(面砖长 + 灰缝宽)×(面砖宽 + 灰缝宽)]。

2. 100 m² 灰缝砂浆净用量 =(100 − 100 m² 面砖净用量)×灰缝厚。

3. 材料消耗量 = 材料净用量×(1 + 材料损耗率)。

4. 其他知识点同试题 J1 − 1。

(二)试题解析过程

100 m² 面砖净用量 = 100/[(面砖长 + 灰缝宽)×(面砖宽 + 灰缝宽)]

$\qquad$ = 100/[(0.08 + 0.005)×(0.1 + 0.005)] = 11204.48 块

100 m² 面砖消耗量 = 11204.48×0.08×0.1×(1 + 2%) = 91.43 m²

100 m² 灰缝砂浆净用量 =(100 − 100 m² 面砖净用量)×灰缝厚

$\qquad$ =(100 − 11204.48×0.08×0.1)×0.01 = 0.104 m³

100 m² 灰缝砂浆消耗量 = 0.104×(1 + 2%) = 0.106 m³

计算结果见表 1.4。

表 1.4 定额项目表 $\qquad$ 单位:100 m²

编号		B2 − 156		B2 − 149 换	
项目		外墙面砖(灰缝 5 mm)			
		95 mm×90 mm×10 mm		80 mm×100 mm×10 mm	
名称	单位	单价/元	数量	合计/元	数量	合计/元

	名称	单位	单价/元	数量	合计/元	数量	合计/元
	综合人工	工日	60	92.6	5556	92.6	5556
材料	外墙面砖 95 mm×90 mm×10 mm	m²	65	61	3965	—	—
	外墙面砖 80 mm×100 mm×10 mm	m²	80	—	—	91.43	7314.4
	水泥砂浆 1:1 灰缝	m³	400	0.15	60	0.106	42.4
	其他材料费	元	—		500		500
	机械费	元	—		25		25
	基期基价	元	—		10106		13437.8

J1 − 4 定额消耗量指标的确定

一、题目

问题一:计算砌 1 m³ 一砖厚灰砂砖墙(尺寸为 240 mm×115 mm×53 mm)的砖和砂浆的净用量与总消耗量,标准砖、砂浆的损耗率均为 1.5%。

问题二:用水泥砂浆贴 450 mm×450 mm×10 mm 大理石地面,结合层 50 mm 厚,灰缝 1 mm 宽,大理石损耗率 3%,砂浆损耗率 1.7%,计算每 100 m² 地面的大理石和砂浆总消耗量。

问题三:某框架结构填充墙采用混凝土空心砌块砌筑,砌块尺寸 390 mm×190 mm×190 mm,墙厚 190 mm,砌块损耗率为 1%,砂浆灰缝 10 mm,砂浆损耗率为 1.5%。求每 1 m³ 厚度为 190 mm 的墙体砌块净用量与消耗量和砂浆消耗量。

二、试题解析

(一)试题知识点

1. 1 m³ 砖墙标准砖净用量 = 墙厚砖数×2/[墙厚×(砖长 + 灰缝宽)×(砖厚 + 灰缝宽)]。

2. 1 m³ 砖墙砂浆净用量 = 1 − 1 m³ 砖墙标准砖净用量×每块砖体积。

3. 100 m² 地面面砖块数 = 100/[(面砖长 + 灰缝宽)×(面砖宽 + 灰缝宽)]。

4. 100 m² 地面灰缝砂浆净用量 =(100 − 100 m² 地面面砖块数×每块面砖面积)×灰缝砂浆厚度。

5. 100 m² 地面结合层砂浆净用量 = 100×结合层砂浆厚度。

6. 其他知识点同试题 J1 − 1。

(二)试题解析过程

问题一:

1 m³ 砖墙标准砖净用量 = 墙厚砖数×2/[墙厚×(砖长 + 灰缝宽)×(砖厚 + 灰缝宽)]

$\qquad$ = 1×2/[0.24×(0.24 + 0.01)×(0.053 + 0.01)] = 529.1 块

标准砖块数消耗量 = 529.1×(1 + 1.5%) = 537.04 块

标准砖体积净用量 = 0.24×0.115×0.053×529.1 = 0.774 m³

标准砖体积消耗量 = 0.774×(1 + 1.5%) = 0.786 m³

砂浆净用量 = 1 − 0.774 = 0.226 m³

砂浆消耗量 = 0.226×(1 + 1.5%) = 0.229 m³

问题二:

面砖块数 = 100/[(面砖长 + 灰缝宽)×(面砖宽 + 灰缝宽)]

大理石块数净用量 = 100/[(0.45 + 0.001)×(0.45 + 0.001)] = 491.64 块

大理石面积净用量 = 491.64×0.45×0.45 = 99.557 m²

大理石面积消耗量 = 99.557×(1 + 3%) = 102.54 m²

灰缝砂浆净用量 =(100 − 99.557)×0.01 = 0.00443 m³

灰缝砂浆消耗量 = 0.00451×(1 + 1.7%) = 0.0045 m³

结合层砂浆净用量 = 100×0.05 = 5 m³

结合层砂浆消耗量 = 5×(1 + 1.7%) = 5.085 m³

问题三:

参考问题一。

1.2　定额的应用技能

J1 - 5　定额的套用

一、题目

有关生产要素的市场价格：人工 100 元/工日，标准砖 507.79 元/千块，水 3.9 元/m³，电 0.906 元/度，32.5 级水泥 0.47 元/千克，中净砂 253.07 元/m³，石灰膏 172 元/m³。

问题一：计算 10 m³ 混水砖墙(1 砖厚，M2.5 水泥混合砂浆砌筑)的综合人工、材料、机械的消耗量。

问题二：计算 200 m³ 混水砖墙(1 砖厚，M7.5 水泥混合砂浆砌筑)的综合人工、材料、机械消耗量。

问题三：计算 300 m³ 混水砖墙(1 砖厚，M7.5 水泥混合砂浆砌筑)的人工费、材料费、机械费。

二、试题解析

(一)试题知识点

1. 熟悉《湖南省建筑工程消耗量标准》(2014)，能够准确套用相关定额并分析人材机的消耗量。

2. 能够根据定额的说明对相关定额进行换算套用，并分析相关人材机消耗量。

3. 能够根据所给的人材机单价和定额消耗量计算人工费、材料费和机械费。

4. 定额套用的两种方法：直接套用、换算套用。

直接套用：当施工图的设计要求与定额的项目内容完全一致时，可以直接套用预算定额。

换算套用：当分项工程的设计内容与定额项目的内容不完全一致时，不能直接套用定额，而定额规定又允许换算的，则可以采用定额规定的范围、内容和方法进行换算，从而使定额子目与分项内容保持一致。经过换算的定额项目，应在其定额编号后加注"换"字，以示区别。

5. 人材机分析。

某单位工程某种人工、材料、机械台班消耗量 = ∑(各分项工程量×定额消耗量)。

6. 人材机费用分析。

人工费 = 人工消耗量×人工单价。

材料费 = 材料消耗量×材料单价。

机械台班费 = 机械台班消耗量×机械台班单价。

(二)试题解析过程

问题一：

《湖南省建筑工程消耗量标准 2014》上册，编号 A4 - 10，《湖南省建筑工程消耗量标准 2014》上册 P93 页，由于定额采用的是 M2.5 水泥混合砂浆，与题目内容完全相符，直接套用，无须换算。

综合人工：15.21 工日

材料：

标准砖 240 mm×115 mm×53 mm：7.899 m³

水泥混合砂浆 M2.5(32.5 级)：2.25 m³

水：1.06 m³

查附录二 - P300，P9 - 1，分解水泥混合砂浆 M2.5(水泥 32.5 级)配合比

32.5 级水泥：2.25 ×186 =418.5 kg

中净砂：2.25 ×1.29 = 2.9 m³

石灰膏：2.25 ×0.13 = 0.29 m³

水：2.25 ×0.79 = 1.78 m³

材料汇总：

标准砖 240 mm×115 mm×53 mm：7.899 m³

32.5 级水泥：2.25 ×186 =418.5 kg

中净砂：2.25 ×1.29 = 2.9 m³

石灰膏：2.25 ×0.13 = 0.29 m³

水：1.06 + 1.78 = 2.84 m³

材料汇总表见表 1.5。

表 1.5　材料汇总表

材料名称	单位	数量
标准砖 240 mm×115 mm×53 mm	m³	7.899
32.5 级水泥	kg	418.5
中净砂	m³	2.9
石灰膏	m³	0.29
水	m³	2.84

机械：

灰浆搅拌机 200 L：0.38 台班

问题二：

查《湖南省建筑工程消耗量标准 2014》上册 P93 页，定额编号 A4 - 10 换，由于定额采用的是 M2.5 水泥混合砂浆，题目采用的是 M7.5 水泥混合砂浆，须换算。

综合人工：15.21 ×20 =304.2 工日

材料：

标准砖 240 mm×115 mm×53 mm：7.899 ×20 = 157.98 m³

水泥混合砂浆 M7.5：2.25 ×20 = 45 m³

水：1.06 ×20 = 21.2 m³

查附录 P300，P9 - 3，分解水泥混合砂浆 M7.5 配合比

32.5 级水泥：247 ×45 =11115 kg

中净砂：1.29 ×45 =58.05 m³

石灰膏：0.09 ×45 =4.05 m³

水：0.63 ×45 =28.35 m³

材料汇总：

标准砖 240 mm×115 mm×53 mm：157.98 m³

32.5 级水泥：11115 kg

中净砂：58.05 m³

石灰膏：4.05 m³

水：21.2 + 28.35 = 49.55 m³

材料汇总表见表1.6。

表1.6　材料汇总表

材料名称	单位	数量
标准砖240 mm×115 mm×53 mm	m³	157.98
32.5 级水泥	kg	11115
中净砂	m³	58.05
石灰膏	m³	4.05
水	m³	49.55

机械：

灰浆搅拌机 200 L：0.38 台班×20 = 7.6 台班

问题三：

1. 查《湖南省建筑工程消耗量标准 2014》上册，号 A4 – 10 换，由于定额采用的是 M2.5 水泥混合砂浆，题目采用的是 M7.5 水泥混合砂浆，须换算。

2. 计算人材机费用，先分析人材机消耗量，再乘以相应单价即可得。注意机械台班单价中人工费的市场价需按题意调整。

3. 题目已知条件中标准砖价格是以千块为单位，但定额中标准砖是以 m³ 为单位，标准砖费用分析时需进行换算。

人工费：15.21×30×100 = 45630.00 元

材料费：

标准砖：一块标准砖体积为 0.24×0.115×0.053 = 0.0014628 m³

标准砖：7.899×30×507.79/1000/0.0014628 = 82260.73 元

水：1.06×30×3.9 = 124.02 元

水泥混合砂浆 M7.5：2.25×30 = 67.5 m³

查《湖南省建筑工程计价办法附录 2014》P300，P9 – 3，分解水泥混合砂浆 M7.5 配合比

32.5 级水泥：67.5×247×0.47 = 7836.08 元

中净砂：67.5×1.29×253.07 = 22036.07 元

石灰膏：67.5×0.09×172 = 1044.90 元

水：67.5×0.63×3.9 = 165.85 元

材料费合计：82260.73 + 124.02 + 7836.08 + 22036.07 + 1044.90 + 165.85 = 113467.65 元

机械费：

查《湖南省建筑工程计价办法附录 2014》P55 页 J6 – 16，知

灰浆搅拌机 200 L 的台班单价 = 3.78 + 0.83 + 3.32 + 5.47 + 0.27 + 1×100 + 8.61×0.906 = 121.47 元/台班

机械费 = 30×0.38×121.47 = 1384.76 元

汇总：

人工费：45630.00 元；材料费：113467.65 元；机械费：1384.76 元

J1 – 6　定额的套用

一、题目

有关生产要素的市场价格：人工 100 元/工日，水 3.9 元/m³，电 0.906 元/度，32.5 级水泥 0.47 元/千克，42.5 级水泥 0.562 元/千克，中净砂 253.07 元/m³，砾石 40 mm 177.11 元/m³，其余价格参照定额基价。

问题一：试计算 10 m³ 现浇混凝土基础梁（C35 砾 40、42.5 级水泥）的综合人工、材料、机械的消耗量。

问题二：试计算 200 m³ 现浇混凝土基础梁（C30 砾 40、42.5 级水泥）的综合人工、材料、机械的消耗量。

问题三：试计算 300 m³ 现浇混凝土基础梁（C35 砾 40、42.5 级水泥）中的人工费、材料费、机械费。

二、试题解析

（一）试题知识点

1. 本题与试题 J1 – 5 知识点相同。

2. 问题一：

查《湖南省建筑工程消耗量标准 2014》上册，编号 A5 – 82，定额上册 P163 页，由于定额采用混凝土与题目混凝土相同，都是 C35 砾 40，无须换算。

3. 问题二：

《湖南省建筑工程消耗量标准 2014》上册，编号 A5 – 82 换，定额上册 P163 页，定额采用混凝土为 C35 砾 40，题目混凝土为 C30 砾 40，须换算

4. 问题三：

《湖南省建筑工程消耗量标准 2014》上册，编号 A5 – 82，定额上册 P163 页，注意机械台班单价中人工费的市场价需按题意调整。

（二）试题解析过程（略）

J1 – 7　定额的套用

一、题目

套用《湖南省建筑工程消耗量标准 2014》上册，（表1.7～表1.9），计算换算后定额基价及材料用量。

问题一：1:3 水泥砂浆底 15 mm 厚，1:2 水泥砂浆面 9 mm 厚抹砖墙面。

问题二：C25 混凝土地面面层 90 mm 厚。

表1.7　建筑工程预算定额(摘录)

工作内容:略

定额编号				定 -5	定 -6
定额单位				100 m²	100 m²
项目		单位	单价/元	C15 混凝土地面面层 (60 mm 厚)	1:2.5 水泥砂浆抹砖墙面 (底 13 mm 厚、面 7 mm 厚)
基价		元	/	1018.38	688.24
其中	人工费	元	/	159.60	184.80
	材料费	元	/	833.51	451.21
	机械费	元	/	25.27	52.23
人工	基本工	工日	12.00	9.20	13.40
	其他工	工日	12.00	4.10	2.00
	合计	工日	12.00	13.30	15.40
材料	C15 混凝土(0.5~4)	m³	136.02	6.06	
	1:2.5 水泥砂浆	m³	210.72		2.10(底:1.39,面:0.71)
	水	m³	0.60	15.38	6.99
机械	200 L 砂浆搅拌机	台班	15.92		0.28
	400 L 混凝土搅拌机	台班	81.52	0.31	
	塔式起重机	台班	170.61		0.28

表1.8　抹灰砂浆配合比表　　　　　　单位:m³

定额编号			附 -5	附 -6	附 -7	附 -8
项目		单位	水泥砂浆			
			1:1.5	1:2	1:2.5	1:3
基价		元	254.40	230.02	210.72	182.82
材料	32.5 级水泥	kg	0.30	734	635	558	465
	中砂	m³	38.00	0.90	1.04	1.14	1.14

表1.9　普通塑性混凝土配合比表　　　　　　单位:m³

定额编号			附 -9	附 -10	附 -11	附 -12	附 -13
项目		单位	单价/元	最大粒径:40 mm			
				C15	C20	C25	C30	C35
基价		元		136.02	146.98	162.63	172.41	181.48
材料	32.5 级水泥	kg	0.30	274	313.00			
	52.5 级水泥	kg	0.35			313	343	370
	62.5 级水泥	kg	0.40					
	中砂	m³	38.00	0.49	0.46	0.46	0.42	0.41
	0.5~4 砾石	m³	40.00	0.88	0.89	0.89	0.91	0.91

二、试题解析

(一)试题知识点

问题一:

换算后定额基价 = 原定额基价 + (定额人工费 + 定额机械费) × (K - 1) + ∑(各层换入砂浆用量 × 换入砂浆基价 - 各层换出砂浆用量 × 换出砂浆基价)

工、机费换算系数 K = 设计抹灰砂浆总厚度/定额抹灰砂浆总厚度

各层换入砂浆用量 = 定额砂浆用量/定额砂浆厚度 × 设计厚度

各层换出砂浆用量 = 定额砂浆用量

问题二:

换算后定额基价 = 原定额基价 + (定额人工费 + 定额机械费) × (K - 1) + 换入混凝土用量 × 换入混凝土基价 - 换出混凝土用量 × 换出混凝土基价

工、机费换算系数 K = 混凝土设计厚度/混凝土定额厚度

换入混凝土用量 = 定额混凝土用量/定额砂浆厚度 × 设计厚度

(二)试题解析过程

问题一:

$K = (15 + 9)/(13 + 7) = 24/20 = 1.20$

1:3 水泥砂浆用量 = $1.39/13 × 15 = 1.604$ m³

1:2 水泥砂浆用量 = $0.71/7 × 9 = 0.913$ m³

换算后定额基价 = 688.24 + (184.80 + 52.23) × (1.2 - 1) + (1.604 × 182.82 - 1.39 × 210.72) + (0.913 × 230.02 - 0.71 × 210.72) = 796.39 元/100 m²

换算后材料用量(每 100 m²)

32.5 级水泥:1.604 × 465 + 0.913 × 635 = 1325.615 kg

中砂:1.604 × 1.14 + 0.913 × 1.04 = 2.778 m³

问题二:

$K = 9/6 = 1.5$

换入混凝土用量 = $6.06/6 × 9 = 9.09$ m³

换算后定额基价 = 1018.38 + (159.60 + 25.27) × (1.5 - 1) + 9.09 × 162.63 - 6.06 × 136.02 = 1764.84 元/100 m²

换算后材料用量(每 100 m²)

52.5 级水泥:9.09 × 313 = 2845.17 kg

中砂:9.09 × 0.46 = 4.181 m³

0.5~4 砾石:9.09 × 0.89 = 8.09 m³

问题一和问题二的建筑工程预算定额表见表1.10。

表 1.10　建筑工程预算定额表

定额编号			定-6 换	定-5 换
定额单位			100 m²	100 m²
项目	单位	单价/元	1:3 水泥砂浆抹底 15 mm 厚，1:2 水泥砂浆面 9 mm 厚	C25 混凝土地面面层 90 mm 厚
基价	元	/	796.38	1764.84
其中 人工费	元	/	221.76	239.4
其中 材料费	元	/	511.94	1487.53
其中 机械费	元	/	62.68	37.91
人工 基本工	工日	12.00	16.08	13.80
人工 其他工	工日	12.00	2.4	6.15
人工 合计	工日	12.00	18.48	19.95
材料 C25 混凝土	m³	136.02	/	9.09
材料 1:3 水泥砂浆	m³	182.82	1.604	/
材料 1:2 水泥砂浆	m³	230.02	0.913	/
材料 水	m³	1.6	8.39	23.07
机械 200 L 机械砂浆搅拌机	台班	15.92	0.336	/
机械 400 L 混凝土搅拌机	台班	81.52	/	0.465
机械 塔式超重机	台班	170.61	0.336	/

J1-8　定额的套用

一、题目

熟练使用《湖南省建筑工程消耗量标准》(2014)及其附录，快速套用相应定额指标，并根据给定的分部分项工程量准确计算人工、主要材料、机械台班的总消耗量。

问题一：

定额的直接套用：砌筑 1 砖厚混水砖墙 25 m³，计算人工、材料、机械台班的总消耗量，并将计算结果填入表 1.11。

表 1.11　砌筑 1 砖厚混水砖墙

定额编号			
项目名称			
类别	名称	单位	消耗量
人工			
材料			
机械			

问题二：

定额的换算套用：(1)35 mm 厚细石混凝土找平层；(2)M7.5 水泥砂浆砌筑砖基础(砌筑砂浆配合比见表 1.12。)计算换算定额的人工、材料、机械台班的消耗量，并填表 1.13、表 1.14。

表 1.12　砌筑砂浆配合比(摘录)　　　　　　　　　单位：m³

定额编号		P08002	P08003
项目		水泥砂浆	
		砂浆标号	
材料名称	单位	M7.5	M5
		数量	
水泥 425#	kg	285.00	216.00
中净砂	m³	1.28	1.28
水	m³	0.33	0.33

(1)35 mm 厚细石混凝土找平层，填表 1.13。

表 1.13　35 mm 厚细石混凝土找平层　　　　　　计量单位：

定额编号			
项目名称			
类别	名称	单位	消耗量

(2)M7.5 水泥砂浆砌筑砖基础，填表 1.14。

表 1.14　M7.5 水泥砂浆砌筑砖基础　　　　　　计量单位：

定额编号			
项目名称			
类别	名称	单位	消耗量

问题三：依据下列资料编制补充定额，并填表1.15、表1.16。

（1）完成1 m² 人造石贴面消耗的基本工作时间为120分钟，辅助工作时间、准备与结束工作时间、不可避免的中断时间、休息时间分别占全部工作时间的2%、2%、1%、15%。

（2）每贴面100 m² 人造石需消耗 M7.5 水泥砂浆5.55 m³，人造石板102 m²，白水泥15 kg，塑料薄膜28.05 m²，水1.53 m³。（注：材料消耗量中均已包含场内运输及操作损耗量。）

（3）水泥砂浆用200 L 灰浆搅拌机拌和，劳动组合为25个生产工人/班组。

（4）人工幅度差10%，机械幅度差5%。

表1.15　人材机计算表

名称	单位	计算式	数量

表1.16　预算定额项目表　　　　　　单位：

定额编号			
项目名称			
类别	名称	单位	消耗量

二、试题解析

（一）试题知识点

问题一：

1. 本题与试题 J1 - 5 考核点相同。

2. 砌筑1砖厚混水砖墙：查《湖南省建筑工程消耗量标准》（2014）上册，定额编号：A4 - 10。

问题二：

1. 35mm厚细石混凝土找平层，查《湖南省建筑装饰装修工程消耗量标准》（2014），定额编号：B1 - 4 + B1 - 5 ×5 换。

2. M7.5 水泥砂浆砌筑砖基础，查《湖南省建筑工程消耗量标准》（2014）上册，定额编号：A4 - 1 换。

问题三：

1. 工人必须消耗时间（基本用工）＝ 基本工作时间 ＋ 辅助工作时间 ＋ 准备和结束工作时间 ＋ 不可避免中断时间 ＋ 休息时间。

2. 预算定额人工消耗量 ＝ 基本用工 ＋ 超运距用工 ＋ 辅助用工 ＋ 人工幅度差（此题没给出辅助用工和超运距用工数据，则视为零）。

3. 人工幅度差 ＝（基本用工 ＋ 超运距用工 ＋ 辅助用工）× 人工幅度差系数。

4. 机械幅度差 ＝ 劳动定额机械消耗量 × 机械幅度差系数。

（二）试题解析过程

问题一：

砌筑1砖厚混水砖墙25 m³ 人材机消耗量见表1.17。

表1.17　砌筑1砖厚混水砖墙

定额编号			A4 - 10
项目名称			混水砖墙1砖厚
类别	名称	单位	消耗量
人工	综合人工	工日	15.21 × 2.5 = 38.025
材料	标准砖（240 mm × 115 mm × 53 mm）	m³	7.899 × 2.5 = 19.75
	水	m³	1.06 × 2.5 = 2.65
	（水泥 42.5）混合砂浆	m³	2.25 × 2.5 = 5.63
机械	200 L 灰浆搅拌机	台班	0.38 × 2.5 = 0.95

问题二：

1. 35 mm 厚细石混凝土找平层，定额的换算套用见表1.18。

表1.18　35 mm 厚细石混凝土找平层　　　　　　计量单位：100 m²

定额编号			B1 - 4 + B1 - 5 ×5 换
项目名称			细石混凝土找平层35 mm 厚
类别	名称	单位	消耗量
人工	综合人工	工日	8.04 + 0.28 × 5 = 9.44
材料	水泥 107 胶浆	m³	0.10 + 0 = 0.10
	水	m³	0.60 + 0 = 0.60
	现浇混凝土 C20 砾 10(32.5)	m³	3.03 + 0.10 × 5 = 3.53
机械	350 L 双锥反转出料混凝土搅拌机	台班	0.30 + 0.01 × 5 = 0.35

2. M7.5 水泥砂浆砌筑砖基础，定额的消耗量计算见表1.19。

表 1.19 M7.5 水泥砂浆砌筑砖基础 计量单位：10 m³

定额编号			A4-1（换）
项目名称			砖基础（M7.5 水泥砂浆）
类别	名称	单位	消耗量
人工	综合人工	工日	14.96
材料	标准砖（240 mm×115 mm×53 mm）	m³	7.659
	水	m³	2.36×0.33+1.05=1.83
	中净砂	m³	2.36×1.28=3.02
	水泥	m³	2.36×235=554.6
机械	200 L 灰浆搅拌机	台班	0.39

问题三：

1. 人材机计算表见表 1.20。

表 1.20 人材机计算表

名称	单位	计算式	数量
人工	工日/100 m²	劳动定额工作时间=120×100/（1-0.02-0.02-0.01-0.15）= 15000 分钟=250 小时=31.25 工日 预算定额用工=31.25×（1+10%）=34.38 工日	34.38
机械	台班/100 m²	小组总产量=25 人×（100/34.38）m²/工日=72.72 m²/工日 200 L 砂浆搅拌机时间定额=100×（1+5%）/72.72 =1.44 台班/100 m²	1.44

2. 预算定额项目表见表 1.21。

表 1.21 预算定额项目表 单位：100 m²

定额编号			BB1-1（可自定）
项目名称			人造石贴面
类别	名称	单位	消耗量
人工	综合人工	工日	34.38
材料	M7.5 水泥砂浆	m³	5.55
	人造石板	m²	102
	白水泥	kg	15
	塑料薄膜	m²	28.05
	水	m³	1.53
机械	灰浆搅拌机 200 L	台班	1.44

1.3 工料单价的计算技能

J1-9 工料单价的计算

一、题目

（1）湖南省某地区测算的人工市场日工资标准如下：建筑企业生产工人计时工资 55 元/工日，奖金 5 元/工日，津贴补贴 10 元/工日，加班加点工资 5 元/工日，特殊情况下支付的工资按 20% 比例计提。

（2）该地区某工程楼地面使用的陶瓷地面砖（200 mm×200 mm）购买数量及费用资料表见表 1.22，其运输损耗率为 2%，采购保管费费率为 2.5%。

表 1.22 陶瓷地面砖购买数量及费用资料表

货源地	数量/块	买价/（元·块）	运距/km	运输单价/（元·km⁻¹·m⁻²）	装卸费/（元·m⁻²）	备注
甲地	18200	2.5	210	0.02	1.2	火车运输
乙地	9800	2.4	65	0.04	1.5	汽车运输
丙地	10000	2.3	70	0.03	1.4	汽车运输
合计	38000					

该地区其他材料市场价格：白水泥 0.75 元/kg、水 3.9 元/m³、32.5 级水泥 0.47 元/kg、粗净砂 253.07 元/m³、1∶4 水泥砂浆 124.5 元/m³、水泥 107 胶浆 50 元/m³、电 0.906 元/kWh、其余价格参照定额基价。

问题一：根据以上资料分别计算该地区人工单价和陶瓷地面砖（200 mm×200 mm）的材料单价。

问题二：试回答湖南省建筑安装工程施工机械台班单价包括哪些内容，并作出相应解释。

问题三：查阅《湖南省建筑装饰装修工程消耗量标准》（2014）及附录，试计算该地区每 100 m² 的陶瓷面砖（200 mm×200 mm）楼地面定额分项工程的工料单价。

二、试题解析

（一）试题知识点

1. 人工工资单价包括计时工资或计件工资、奖金、津贴补贴、加班加点工资、特殊情况下支付的工资。

2. 材料预算价=（材料原价+材料运杂费）×（1+运输损耗率）×（1+采购保管费率）。

3. 材料运杂费=运费+装卸费。

（二）试题解析过程

问题一：

1. 人工单价=（55+5+10+5）×（1+20%）=90 元/工日。

2. 陶瓷地面砖单价：

甲地陶瓷地面砖：18200×0.2×0.2=728 m²

乙地陶瓷地面砖：$9800 \times 0.2 \times 0.2 = 392$ m^2

丙地陶瓷地面砖：$10000 \times 0.2 \times 0.2 = 400$ m^2

材料原价 $= (18200 \times 2.5 + 9800 \times 2.4 + 10000 \times 2.3)/(728 + 392 + 400) = 60.54$ 元/m^2

运杂费 $= (728 \times 210 \times 0.02 + 728 \times 1.2 + 392 \times 65 \times 0.04 + 392 \times 1.5 + 400 \times 70 \times 0.03 + 400 \times 1.4)/(728 + 392 + 400) = 4.56$ 元/m^2

材料单价 $= (60.54 + 4.56) \times (1 + 2\%) \times (1 + 2.5\%) = 68.06$ 元/m^2

问题二：

施工机械台班单价包括折旧费、大修理费、经常修理费、安拆费及场外运费、人工费、燃料动力费、其他费用、机械管理费。

折旧费：指施工机械在规定的使用年限内，陆续收回其原值及购置资金的时间价值。

大修理费：指机械设备按规定的大修理间隔台班进行必要的大修理，以恢复正常功能所需的费用。

经常修理费：指除大修理外的各级保养和临时故障排除所需的费用。

安拆费及场外运费：安拆费指施工机械在现场进行安装与拆卸所需人工、材料、机械和试运转费用以及机械辅助设施的折旧、搭设、拆除等费用。场外运费指施工机械整体或分体自停放地点运至施工现场或由一个施工地点运至另一个施工地点的运输、装卸、辅助材料及架设等费用。

人工费：指机上司机和其他操作人员的人工费及上述人员在施工机械规定的年工作台班以外的人工费。

燃料动力费：指施工机械设备在运转过程中所消耗的固体燃料、液体燃料及水、电费等。

其他费用：指按照国家和有关部门规定应交纳的养路费、车船使用税、保险费及年检费等。

机械管理费：指施工机械规定的年工作台班以外的费用。

问题三：

查《湖南省建筑装饰装修工程消耗量标准》(2014)，定额编号：B1 - 56。

100 m^2 陶瓷面砖工料单价：

人工费 $= 31.98 \times 90 = 2878.2$ 元

材料费 $= 10.0 \times 0.75 + 102 \times 68.06 + 0.32 \times 12 + 2.63 \times 3.9 + 2.53 \times 124.5 + 0.1 \times 50$
$= 7283.70$ 元

机械费：

查《湖南省建筑工程计价办法附录2014》55 页 J6 - 16，灰浆搅拌机：

$(3.78 + 0.83 + 3.32 + 5.47 + 0.27 + 90 + 8.61 \times 0.906) \times 0.42 = 46.82$ 元

查《湖南省建筑工程计价办法附录2014》114 页 J12 - 133，石料切割机：

$(2.06 + 3.88 + 1.76 + 0.19 + 2.82 \times 0.906) \times 1.51 = 15.77$ 元

机械费：$46.82 + 15.77 = 62.59$ 元

100 m^2 陶瓷面砖工料单价：$2878.20 + 7283.70 + 62.59 = 10224.49$ 元

J1 - 10　工料单价的计算

一、题目

湖南省湘潭市某工程使用的普通硅酸盐水泥(32.5 级)购买资料表见表1.23。

表1.23　水泥(32.5 级)购买资料表

货源地	数量/t	买价/(元·t^{-1})	运距/km	运输单价/(元·t^{-1}·km^{-1})	装卸费/(元·t^{-1})
甲地	100	3200	70	0.6	14
乙地	300	3350	40	0.7	16
合计	400				

注：水泥运输损耗率1.5%，材料采购保管费率2.5%，每吨水泥用20个包装袋，每个袋子原价2元，回收率80%，残值率50%。

该地区其他材料市场价格：水 3.9 元/m^3，中净砂 253.07 元/m^3，标准砖 507.79 元/千块，人工 100 元/工日，电 0.906 元/kWh。

问题一：试回答湖南省建筑安装工程中人工单价、机械台班单价包括哪些内容，并作出相应解释。

问题二：试计算该工程使用的硅酸盐水泥(32.5 级)的材料单价。

问题三：查阅《湖南省建筑装饰装修工程消耗量标准》(2014)及《湖南省建设工程计价办法附录》，试计算该地区每 10 m^3 砖砌台阶(M5 水泥砂浆)定额分项工程的工料单价。

二、试题解析

（一）试题知识点

人工单价包括计时工资或计件工资、奖金、津贴补贴、加班加点工资、特殊情况下支付的工资。

计时工资或计件工资：是指按计时工资标准和工作时间或对已做工作按计件单价支付给个人的劳动报酬。

奖金：是指对超额劳动和增收节支支付给个人的劳动报酬。如节约奖、劳动竞赛奖等。

津贴补贴：是指为了补偿职工特殊或额外的劳动消耗和因其他特殊原因支付给个人的津贴，以及为了保证职工工资水平不受物价影响而支付给个人的物价补贴。如流动施工津贴、特殊地区施工津贴、高温(寒)作业临时津贴、高空津贴等。

加班加点工资：是指按规定支付的在法定节假日工作的加班工资和在法定日工作时间外延时工作的加点工资。

特殊情况下支付的工资：是指根据国家法律、法规和政策规定，因病、工伤、产假、计划生育假、婚丧假、事假、探亲假、定期休假、停工学习、执行国家或社会义务等原因按计时工资标准或计时工资标准的一定比例支付的工资。

机械台班单价详见试题 J1 - 9。

其他试题知识点详见试题 J1 - 9。

（二）试题解析过程(略)

J1 - 11　工料单价的计算

一、题目

问题一：试回答建筑安装工程中人工费包括哪些内容，并作出相应解释。

问题二：某工程 32.5 级硅酸盐水泥的购买资料表见表1.24(其中水泥运输损耗率为 1.5%)，试计算该材料的单价。

表 1.24　水泥购买资料表

货源地	数量/t	买价/(元·t⁻¹)	运距/km	运输单价/(元·t⁻¹·km⁻¹)	装卸费/(元·t⁻¹)	采购保管费率/%
甲地	100	3000	70	0.6	14	2.5
乙地	300	3300	40	0.7	16	2.5
合计	400					

问题三：以某地区中型载重汽车(4 t内)为例，计算其台班单价。有关资料如下：

(1)载重汽车预算价格为 48800 元/台，银行贷款购置，年折现率5%，残值率2%，年工作台班为 160 台班，使用年限为 9 年，大修间隔台班为 480 台班，大修周期为 3，一次大修理费5800 元，经常修理费系数 $K=4$。

(2)汽车台班汽油消耗量为 25.48 kg，汽油单价9.8 元/kg，人工日工资标准为 100 元，工日增加系数为 0.25。

(3)有关税费规定：汽车养路费160 元/(t·月)，车船使用税40 元/(t·年)，车辆牌照费及其他规费合计为 210 元/年。

二、试题解析

(一)试题知识点

1. 相关公式。

机械台班单价 = 折旧费 + 大修理费 + 经常修理费 + 安拆费及场外运费 + 人工费 + 燃料动力费 + 其他费用 + 机械管理费

贷款利息系数 = (折旧年限 + 1) ÷ 2 × 年折现率

台班折旧费 = 机械预算价格 × (1 - 残值率) × (1 + 贷款利息系数) ÷ 耐用总台班

台班大修理费 = 一次大修理费 × 寿命期内大修理次数 ÷ 耐用总台班

台班经常修理费 = 台班大修理费 × 台班经常修理费系数

台班安拆费及场外运费 = (一次安拆费及场外运费 × 年平均安拆次数) ÷ 年工作台班

台班人工费 = 机上操作人员人工工日数 × 日工资单价

台班燃料动力费 = 台班燃料动力消耗 × 相应单价

其他费用 = (年汽车养路费 + 年车船使用税 + 年保险费 + 年检费) ÷ 年工作台班

2. 其余知识点参考试题 J1-9、J1-10。

(二)试题解析过程

问题一：

详见试题 J1-10 知识点。

问题二：

材料基价 = 材料原价 + 材料运杂费 + 运输损耗费 + 采购及保管费

材料原价 = (3000 × 100 + 3300 × 300)/400 = 3225 元/t

材料运杂费 = (14 × 100 + 16 × 300 + 0.6 × 100 × 70 + 0.7 × 300 × 40)/400 = 47 元/t

运输损耗费 = (3225 + 47) × 1.5% = 49.08 元/t

采购及保管费 = (3225 + 47 + 49.08) × 2.5% = 83.03 元/t

材料基价 = 3225 + 47 + 49.08 + 83.03 = 3404.11 元/t

问题三：

时间价值系数 = 1 + (折旧年限 + 1) × 年折现率/2 = 1 + (9 + 1) × 5%/2 = 1.25

台班折旧费 = 机械预算价格 × (1 - 残值率) × 时间价值系数/耐用总台班
= 48800 × (1 - 2%) × 1.25/(160 × 9) = 41.51 元/台班

台班大修理费 = 一次大修理费 × 寿命期内大修理次数 ÷ 耐用总台班

大修周期 = 寿命期内大修理次数 + 1

寿命期内大修理次数 = 3 - 1 = 2

台班大修理费 = 5800 × 2/(160 × 9) = 8.06 元/台班

台班经常修理费 = 台班大修理 × K
= 8.06 × 4 = 32.24 元/台班

安拆费及场外运费 = 0

4 t 载重汽车台班人工费 = 1 × 100 = 100 元/台班

台班燃料动力费 = 台班燃料动力消耗量 × 相应单价
= 25.48 × 9.8 = 249.70 元/台班

其他费用 = (160 × 4 × 12 + 40 × 4 + 210)/160 = 50.31 元/台班

台班单价 = 41.51 + 8.06 + 32.24 + 100 + 249.70 + 50.31 = 481.82 元/台班

J1-12　工料单价的计算

一、题目

问题一：某地区建筑企业生产工人计时工资 50 元/工日，奖金 8 元/工日，津贴补贴12 元/工日，加班加点工资 5 元/工日，特殊情况下支付的工资按 15% 比例计提。求该地区人工日工资单价。

问题二：200 mm × 300 mm 的内墙瓷砖购买资料表见表 1.25。

表 1.25　内墙瓷砖购买资料表

货源地	数量/块	买价/(元·块⁻¹)	运距/km	运输单价/(元·km⁻¹·m⁻²)	装卸费/(元·m⁻²)	备注
甲地	18200	2.5	210	0.02	1.2	火车运输
乙地	9800	2.4	65	0.04	1.5	汽车运输
丙地	10000	2.3	70	0.03	1.4	汽车运输
合计	38000					

(1)计算 200 mm × 300 mm 的内墙瓷砖每平方米的材料预算价格。

(2)若该瓷砖全部由建设单位供货至现场，试计算施工单位应该计取的保管费(设采购保管费率为 2.5%，保管费按采购保管费的 50% 计算)。

问题三：计算某地 10 t 自卸汽车台班使用费。有关资料如下：

自卸汽车预算价格 250000 元/台班，银行贷款购置，年折现率5%，残值率2%，使用总台班 3150 台班，大修间隔台班 625 台班，年工作台班 250 台班，一次大修理费 26000 元，经常修理系数 $K=$ 1.52，机上人工消耗2.5 工日/台班，人工单价 100 元/工日，柴油耗 45.6 kg/台班，柴油单价8.44 元/kg，养路费95.8 元/台班。

二、试题解析

参考试题 J1-11。

模块二 工程量清单编制

第2章 岗位核心技能

2.1 土方工程工程量清单编制

H1-1 土方工程工程量清单编制

一、题目

某建筑物的基础如图2.1、表2.1、图2.2所示,轴线均位于墙体中心,室外地坪标高为-0.6 m,土壤类别为二类土,采用人工开挖。

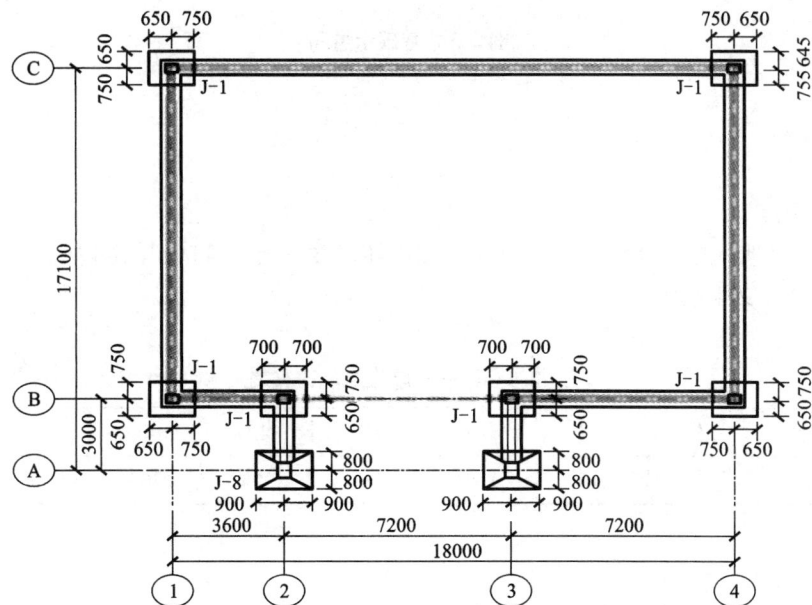

图2.1 基础平面图

表2.1 柱下锥形独立基础表

编号	柱尺寸/mm		独基尺寸/mm			独基配筋		基底标高/m
	b	h	A	B	H₁/H₂	①	②	H
J-1			1400	1400	300/0	±10@150	±10@150	-1.800
J-1			1600	1800	350/200	±12@150	±12@150	-1.800

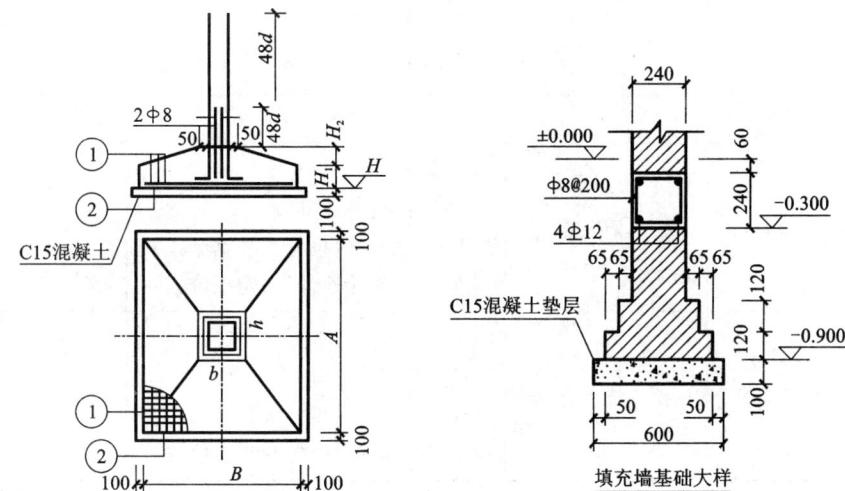

图2.2 基础图

问题一:请根据图例内容确定柱下锥形独立基础和填充墙基础的挖土深度。

问题二:请按《房屋建筑与装饰工程工程量计算规范》(GB 50854—2013)中的计算规则计算人工挖基坑土方和沟槽土方工程量,并按《关于调整补充增值税条件下建设工程计价依据的通知》(湘建价〔2016〕160号)规定编制上述项目的工程量清单。

二、试题解析

(一)试题知识点

1.本题主要考点是人工挖基坑土方和沟槽土方的清单编制。

2.清单编制要点。

(1)完整项目编码为12位,前9位摘自《房屋建筑与装饰工程工程量计算规范》(GB 50854—2013),后3位根据工程实际从001开始编制。

(2)本题项目特征主要描述的内容为:土壤类别、弃土运距、挖土深度。

土壤类别:根据《房屋建筑与装饰工程工程量计算规范》(GB 50854—2013)表A.1-1土壤分类表进行划分。

弃土运距:弃、取土运距可以不描述,但应注明由投标人根据施工现场实际情况自行考虑,决定报价。

挖土深度:应按基础垫层底表面标高至交付施工场地标高确定,无交付施工场地标高时,应按自然地面标高确定。

(3)清单工程量计算规则及计量单位。

13

按设计图示尺寸以基础垫层底面积乘以挖土深度计算,单位 m³。

(4)先算挖基坑土方,再算挖沟槽土方,算沟槽土方长度时,应减去基坑长度。

(二)试题解析过程

问题一:

柱下锥形独立基础的挖土深度:$H = 1.8 + 0.1 - 0.6 = 1.3$ m

填充墙基础的挖土深度:$H = 0.9 + 0.1 - 0.6 = 0.4$ m

问题二:

1.分部分项工程量清单见表 2.2。

表 2.2　分部分项工程量清单

序号	项目编码	项目名称	项目特征	计量单位	工程量
1	010101002001	挖沟槽土方	(1)土壤类别:二类土 (2)挖土深度:0.4 m (3)弃土运距:由投标人根据施工现场实际情况自行考虑,决定报价	m³	13.75
2	010101003001	挖基坑土方	(1)土壤类别:二类土 (2)挖土深度:1.3 m (3)弃土运距:由投标人根据施工现场实际情况自行考虑,决定报价	m³	29.33

2.工程量计算表见表 2.3。

表 2.3　工程量计算表

序号	项目编码	工程项目及说明	变量	工程量计算式	工程量 单位	工程量 数量
1	010101002001	挖沟槽土方	V	$V = 0.6 \times 0.4 \times [(18 - 0.85 \times 2) + (3.6 - 0.85 - 0.8) + (7.2 - 0.85 - 0.8) + (17.1 - 0.85 \times 2) \times 2 + (3 - 0.75 - 0.9) \times 2] = 13.75 \text{ m}^3$	m³	13.75
2	010101003001	挖基坑土方	V	$V = 1.6 \times 1.6 \times 1.3 \times 6 + 1.8 \times 2.0 \times 1.3 \times 2 = 29.33 \text{ m}^3$	m³	29.33

H1-2　土方工程工程量清单编制

一、题目

某建筑物的基础如图 2.3 所示,轴线均位于墙体中心(竖向墙基断面见 1-1 剖,横向墙基断面见 2-2 剖)。二类土。

问题一:请根据图例内容确定室内、外地坪标高及挖土深度以及基础墙体厚度。

问题二:请按《房屋建筑与装饰工程工程量计算规范》(GB 50854—2013)计算规则计算人工平整

场地、人工挖沟槽工程量,并按《关于调整补充增值税条件下建设工程计价依据的通知》(湘建价〔2016〕中的 160 号)编制上述项目的工程量清单。

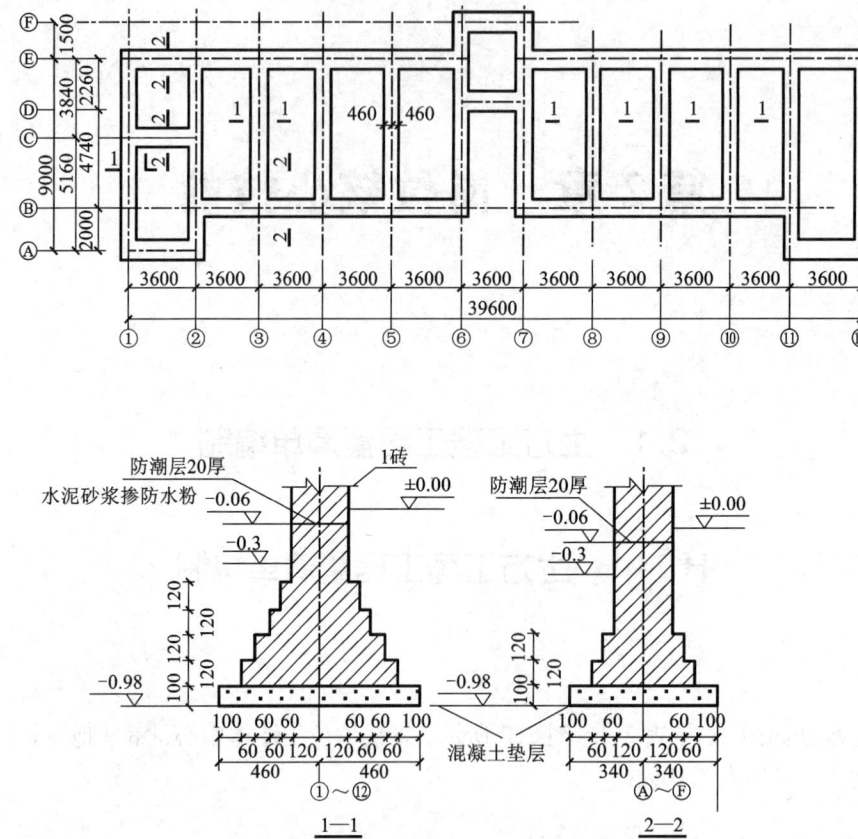

图 2.3　基础示意图

二、试题解析

(一)试题知识点

1.确定室内、外地坪标高及挖土深度以及基础墙体厚度,主要考核识图能力。

墙体厚度按照表 2.4 取值。

表 2.4　标准砖墙体厚度计算表

墙厚(砖数)	1/4	1/2	3/4	1	1 1/4	1(1/2)	2	2(1/2)
计算厚度/mm	53	115	180	240	303	365	40	615

2.清单编制要点。

人工平整场地的清单计算规则:按设计图示尺寸以建筑物首层建筑面积计算。

人工挖沟槽的计算规则同试题 H1-1。本题计算挖沟槽清单工程量时应注意 1-1 剖、2-2 剖的基础尺寸不同,应分开计算再汇总。

(二)试题解析过程

1. 人工平整场地。

$S = (9 - 2 + 0.24) \times (39.6 + 0.24) + 1.5 \times (3.6 + 0.24) + (3.6 + 0.24) \times 2 \times 2 - 4.74 \times (3.6 - 0.24) = 293.64$ m²

2. 挖沟槽土方。

1—1 剖: $a = 0.46 \times 2 = 0.92$ m, $H = 0.98 - 0.3 = 0.68$ m

$L_{1-1} = 9 \times 2 + 2 \times 2 + 4.74 \times 2 + 1.5 \times 2 + (4.74 + 2.26 - 0.68) \times 8 + (2.26 - 0.68) \times 2 = 88.20$

$V_{1-1} = 0.92 \times 0.68 \times 88.2 = 55.18$ m³

2—2 剖: $a = 0.34 \times 2 = 0.68$ m, $H = 0.98 - 0.3 = 0.68$ m

$L_{2-2} = 39.6 \times 2 + 3.6 - 0.92 = 81.88$ m

$V_{2-2} = 0.68 \times 0.68 \times 81.88 = 37.86$ m³

$V_{沟槽} = 55.18 + 37.86 = 93.04$ m³

(1) 分部分项工程量清单见表 2.5。

表 2.5　分部分项工程表清单

序号	项目编码	项目名称	项目特征	计量单位	工程量
1	010101001001	人工平整场地	(1)土壤类别：二类土 (2)弃土运距：由投标人根据施工现场实际情况自行考虑，决定报价	m²	293.64
2	010101002001	挖沟槽土方	(1)土壤类别：二类土 (2)挖土深度：0.68 m (3)弃土运距：由投标人根据施工现场实际情况自行考虑，决定报价	m³	93.04

(2) 工程量计算表见表 2.6。

表 2.6　工程量计算表

序号	项目编码	工程项目及说明	变量	工程量计算式	单位	数量
1	010101001001	人工平整场地	S	$S = (9 - 2 + 0.24) \times (39.6 + 0.24) + 1.5 \times (3.6 + 0.24) + (3.6 + 0.24) \times 2 \times 2 - 4.74 \times (3.6 - 0.24) = 293.64$ m²	m²	293.64
2	010101002001	挖沟槽土方	V	1—1 剖: $a = 0.46 \times 2 = 0.92$ m $H = 0.98 - 0.3 = 0.68$ m $L_{1-1} = 9 \times 2 + 2 \times 2 + 4.74 \times 2 + 1.5 \times 2 + (4.74 + 2.26 - 0.68) \times 8 + (2.26 - 0.68) \times 2 = 88.20$ m $V_{1-1} = 0.92 \times 0.68 \times 88.2 = 55.18$ m³ 2—2 剖: $a = 0.34 \times 2 = 0.68$ m $H = 0.98 - 0.3 = 0.68$ m $L_{2-2} = 39.6 \times 2 + 3.6 - 0.92 = 81.88$ m $V_{2-2} = 0.68 \times 0.68 \times 81.88 = 37.86$ m³ $V_{沟槽} = 55.18 + 37.86 = 93.04$ m³	m³	93.04

H1 -3 土方工程工程量清单编制

一、题目

某工程基础平面图、剖面图如图 2.4 所示，图中土壤类别为二类土，±0.000 以下砖基础用 M5 水泥砂浆砌筑，地圈梁为 C20 钢筋混凝土，基础垫层为 C15 素混凝土，地面为 150 mm 厚3:7 灰土垫层、40 mm 厚细石混凝土找平层、20 mm 厚1:2.5 水泥砂浆面层，防潮层为防水砂浆。已知设计室外地坪为以下各种工程量：混凝土基础垫层体积14.50 m³，地圈梁体积5.70 m³，砖基础体积25.90 m³。弃土运距200 m。

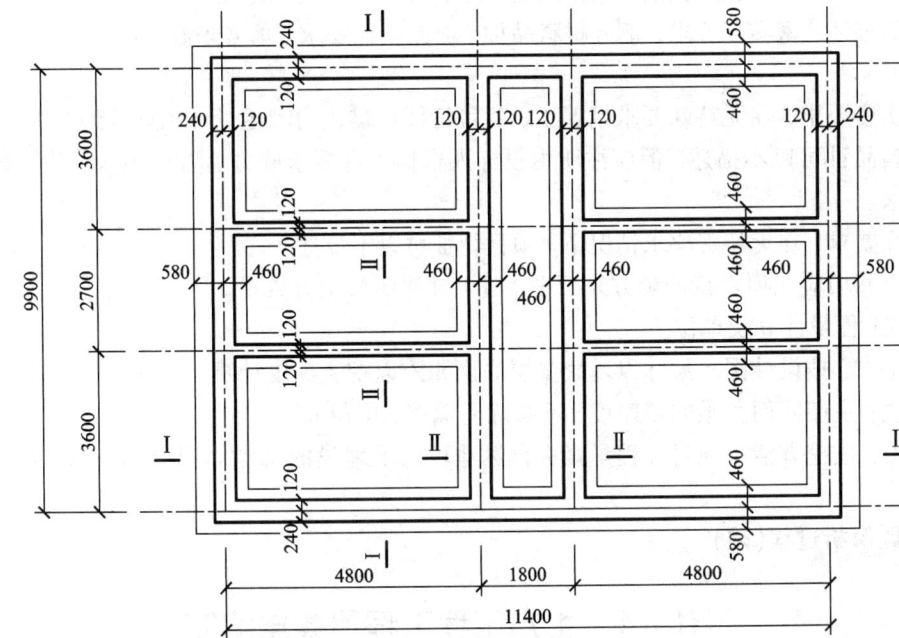

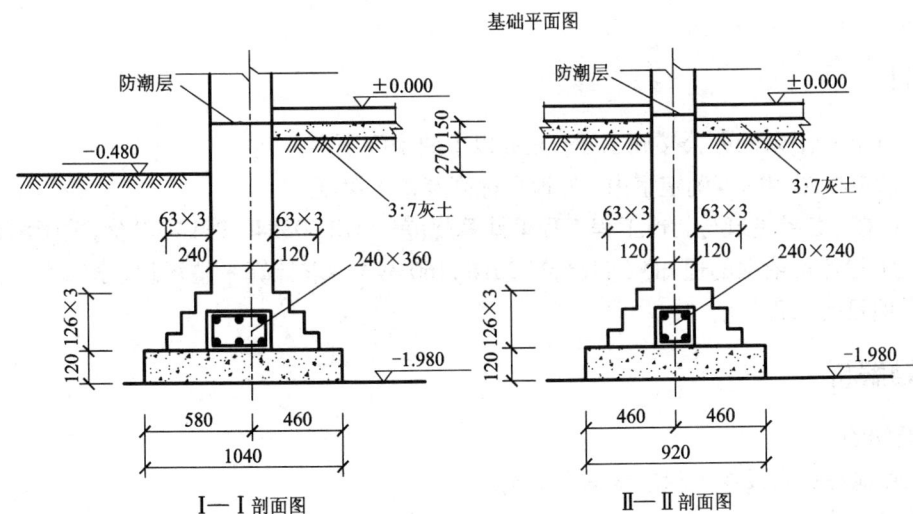

图 2.4　基础示意图

问题一：请根据图例内容确定室内、外地坪标高及挖土深度。计算外墙中心线及内墙净长线。

问题二：请按《房屋建筑与装饰工程工程量计算规范》（GB 50854—2013）中的计算规则计算挖基础土方、室内回填、基础回填工程量，并按《关于调整补充增值税条件下建设工程计价依据的通知》（湘建价〔2016〕160号）编制上述项目的工程量清单。

二、试题解析

（一）试题知识点

1. 确定室内、外地坪标高及挖土深度，主要考核识图能力。

2. 清单编制要点。

（1）项目特征描述。

挖沟槽土方需描述：土壤类别、挖土深度、弃土运距。描述具体要求详见试题 H1-2 解析。

回填方需描述：密实度要求、填方材料品种、填方粒径要求、填方来源、运距。

其中：

填方密实度要求，在无特殊要求情况下，项目特征可描述为满足设计和规范的要求。

填方材料品种可以不描述，但应注明由投标人根据设计要求验方后方可填入，并符合相关工程的质量规范要求。

填方粒径要求，在无特殊要求情况下，项目特征可以不描述。

如需买土回填应在项目特征填方来源中描述，并注明买土方数量。

（2）清单工程量计算及单位。

挖沟槽土方：按设计图示尺寸以基础垫层底面积乘以挖土深度计算，单位 m^3。

室内回填：主墙间面积乘回填厚度，不扣除间隔墙，单位 m^3。

基础回填：按挖方清单项目工程量减去自然地坪以下埋设的基础体积（包括基础垫层及其他构筑物），单位 m^3。

（二）试题解析过程（略）

H1-4 土方工程工程量清单编制

一、题目

根据实训任务一附录的办公楼施工图，完成以下两个问题。

问题一：请根据图例内容确定室内、外地坪标高及挖土深度。

问题二：试按《房屋建筑与装饰工程工程量计算规范》（GB 50854—2013）以及《关于调整补充增值税条件下建设工程计价依据的通知》（湘建价〔2016〕160号）要求计算平整场地、挖基坑土方工程量，并编制这两个项目的工程量清单。

二、试题解析

（一）试题知识点

1. 室内、外地坪标高及挖土深度根据图纸确定。

2. 清单编制要点。

（1）项目特征描述。

描述具体要求详见试题 H1-1 和 H1-2 解析。

（2）清单工程量计算及单位。

挖沟槽土方：按设计图示尺寸以基础垫层底面积乘以挖土深度计算，单位 m^3。

室内回填：主墙间面积乘以回填厚度，不扣除间隔墙，单位 m^3。计算公式：回填厚度＝室内外地坪高差－室内地坪构造层总厚度

基础回填：按挖方清单项目工程量减去自然地坪以下埋设的基础体积（包括基础垫层及其他构筑物），单位 m^3。

（二）试题解析过程（略）

2.2 桩与地基基础工程工程量清单编制

H1-5 桩与地基基础工程工程量清单编制

一、题目

某工程桩基础有泥浆护壁成孔灌注桩48根。设计桩长20 m，桩顶距自然地面5 m，桩径1.00 m，混凝土强度等级C30（砾40）；每根桩钢筋笼设计质量为450 kg，泥浆外运6 km。

问题一：泥浆护壁成孔灌注桩的清单单位包括哪些？该清单的工程内容包含哪些？

问题二：按《房屋建筑与装饰工程工程量计算规范》（GB 50854—2013）及《关于调整补充增值税条件下建设工程计价依据的通知》（湘建价〔2016〕160号）要求编制该桩基础工程量清单。

二、试题解析

（一）试题知识点

1. 本题主要考点是泥浆护壁成孔灌注桩的清单编制。泥浆护壁成孔灌注桩是指在泥浆护壁条件下成孔，采用水下灌注混凝土的桩。

2. 清单编制要点。

（1）项目特征描述。

项目特征需描述：地层情况、空桩长度、桩长、桩径、成孔方法、护筒类型、长度、混凝土种类、强度等级。

①地层情况：地层情况按《房屋建筑与装饰工程工程量计算规范》（GB 50854—2013）中表 A.1-1 和表 A.2-1 的规定，并根据岩土工程勘察报告按单位工程各地层所占比例（包括范围值）进行描述。对无法准确描述的地层情况，可注明由投标人根据岩土工程勘察报告自行决定报价。

②空桩长度、桩长：桩长应包括桩尖。空桩长度＝孔深－桩长，孔深为自然地面至设计桩底的深度。

③成孔方法：泥浆护壁成孔灌注桩的成孔方法包括冲击钻成孔、冲抓锥成孔、回旋钻成孔、潜水钻成孔、泥浆护壁的旋挖成孔等。

（2）清单工程量计算及单位。

泥浆护壁成孔灌注桩计算方法有三种，可根据工程实际自行选择：

①以米计量，按设计图示尺寸以桩长（包括桩尖）计算，单位 m。

②以立方米计量，按不同截面在桩上范围内以体积计算，单位 m^3。

③以根计量，按设计图示数量计算，单位 根。

④以质量计量：钢筋工程量按质量计算，单位吨。

（二）试题解析过程

问题一：

1. 泥浆护壁成孔灌注桩的清单工程计算及单位：

（1）以米计量，按设计图示尺寸以桩长（包括桩尖）计算，单位 m。

（2）以立方米计量，按不同截面在桩上范围内以体积计算，单位 m³。

（3）以根计量，按设计图示数量计算，单位根。

2. 该清单的工程内容包含：①护筒埋设；②成孔、固壁；③混凝土制作、运输、灌注、养护；④土方、废泥浆外运；⑤打桩场地硬化及泥浆池、泥浆沟。

问题二：

1. 分部分项工程量清单见表 2.7。

表 2.7　分部分项工程量清单

序号	项目编码	项目名称	项目特征	计量单位	工程量
1	010302001001	泥浆护壁成孔灌注桩	（1）地层情况：详见地勘报告 （2）空桩长度、桩长：空桩长度 5 m，设计桩长 20 m （3）桩径：1.0 m （4）成孔方法：机械钻孔 （5）混凝土种类、强度等级：C30（40） （6）泥浆外运：运距 6 km	根	48
2	010515004001	钢筋笼		t	21.6

2. 工程量计算表见表 2.8。

表 2.8　工程量计算表

序号	项目编码	工程项目及说明	变量	工程量计算式	工程量单位	工程量数量
1	010302001001	泥浆护壁成孔灌注桩	N	按根计算，根据题干，根数为 48 根	根	48
2	010515004001	钢筋笼	W	质量 = 48 × 450 ÷ 1000 = 21.6 t	t	21.6

H1 –6　桩与地基基础工程工程量清单编制

一、题目

某工程 110 根 C60 预应力钢筋混凝土管桩，桩外径 φ600 mm，壁厚 100 mm，每根桩总长 25 m，每根桩顶连接构造（假设）钢托板 3.5 kg、圆钢骨架 38 kg，桩顶灌注混凝土（C30 砾 40）1.5 m 高，设计桩顶标高 –3.5 m，现场自然地坪标高 –0.45 m，现场条件允许可以不发生场内运桩。

问题一：请根据已知条件计算打桩深度。

问题二：按《房屋建筑与装饰工程工程量计算规范》（GB 50854—2013）及《关于调整补充增值税条件下建设工程计价依据的通知》（湘建价〔2016〕160 号）要求编制该管桩工程量清单。

二、试题解析

（一）试题知识点

1. 本题主要考点是预应力钢筋混凝土管桩的清单编制。管桩的打桩深度为桩长加空桩长度。

计算公式：$L = 25 + 3.6 - 0.45 = 28.15$ m。

2. 清单编制要点。

（1）项目特征描述。

项目特征需描述：地层情况，送桩深度，桩长，桩外径，壁厚，桩倾斜度，沉桩方法，桩尖类型，混凝土强度等级，填充材料种类，防护材料种类。

①地层情况按《房屋建筑与装饰工程工程量计算规范》（GB 50854—2013）中表 A.1 –1 和表 A.2 –1 的规定，并根据岩土工程勘察报告按单位工程各地层所占比例（包括范围值）进行描述。对无法准确描述的地层情况，可注明由投标人根据岩土工程勘察报告自行决定报价。

②项目特征中的桩截面、混凝土强度等级、桩类型等可直接用标准图代号或设计桩型进行描述。

③预制钢筋混凝土管桩桩顶与承台的连接构造按《房屋建筑与装饰工程工程量计算规范》（GB 50854—2013）附录 E 相关项目列项。

（2）清单工程量计算及单位。

预制钢筋混凝土管桩计算方法有三种，可根据工程实际自行选择：

①以米计量，按设计图示尺寸以桩长（包括桩尖）计算。

②以立方米计量，按设计图示截面积乘以桩长（包括桩尖）以实体体积计算。

③以根计量，按设计图示数量计算。

（二）试题解析过程（略）

H1 –7　桩与地基基础工程工程量清单编制

一、题目

某工程采用潜水钻机钻孔混凝土灌注桩，土壤类别为二类土，单根桩设计长度为 8.5 m，共计桩数 156 根，桩截面 φ800 mm，混凝土强度等级 C30（砾 40），泥浆运输在 5 km 以内。

问题一：钻孔混凝土灌注桩的清单单位包括哪些？该清单的工程内容包含哪些？

问题二：请按《房屋建筑与装饰工程工程量计算规范》（GB 50854—2013）及《关于调整补充增值税条件下建设工程计价依据的通知》（湘建价〔2016〕160 号）要求计算钻孔混凝土灌注桩的工程量并编制工程量清单。

二、试题解析

（一）试题知识点

1. 本题主要考点是潜水钻机钻孔混凝土灌注桩的清单编制。

2. 本题清单编制要点同试题 H1 –5。

（二）试题解析过程（略）

H1-8 桩与地基基础工程工程量清单编制

一、题目

某工程用截面 400 mm×400 mm、长 12 m 预制钢筋混凝土方桩 280 根，设计桩长 24 m（包括桩尖），采用轨道式柴油打桩机，土壤类别为一类土，采用包钢板焊接接桩，已知桩顶标高为 -4.1 m，室外设计地面标高为 -0.30 m。

问题一：请根据已知条件确定打桩深度。

问题二：请按《房屋建筑与装饰工程工程量计算规范》（GB 50854—2013）及《关于调整补充增值税条件下建设工程计价依据的通知》（湘建价〔2016〕160号）要求编制该桩基础工程量清单。

二、试题解析

（一）试题知识点

1. 本题主要考点是预制钢筋混凝土方桩的清单编制。

2. 本题清单编制要点同试题 H1-5。

（二）试题解析过程（略）

2.3 砌筑工程工程量清单编制

H1-9 砌筑工程工程量清单编制

一、题目

根据实训任务一附件的办公楼施工图、《房屋建筑与装饰工程工程量计算规范》（GB 50854—2013）和《关于调整补充增值税条件下建设工程计价依据的通知》（湘建价〔2016〕160号），完成以下分部分项工程的工程量清单编制。

问题一：请确定该工程外墙的墙厚、层高。

问题二：完成一层②轴线内墙和一层 A 轴线外墙的砌筑工程量清单的编制。

二、试题解析

（一）试题知识点

1. 本题主要考点是砖墙的清单编制。

2. 清单编制要点。

（1）项目特征描述。

项目特征描述的主要内容有：砖品种、规格、强度等级，墙体类型，砂浆强度等级、配合比。

（2）计算规则。

按设计图示尺寸以体积计算。扣除门窗、洞口、嵌入墙内的钢筋混凝土柱、梁、圈梁、挑梁、过梁及凹进墙内的壁龛、管槽、暖气槽、消火栓箱所占体积；不扣除梁头、板头、檩头、垫块、木楞头、沿缘木、木砖、门窗走头、砖墙内加固钢筋、木筋、铁件、钢管及单个面积不大于 0.3 m² 的孔洞所占的体

积；亦不增加凸出墙面的腰线、挑檐、压顶线、窗台线、虎头砖、门窗套的体积；凸出墙面的砖垛墙体体积并入计算。框架间墙：不分内外墙按墙体净尺寸以体积计算。

具体计算时，框架结构间砌体墙可按下式进行计算：

$$V = [墙长 \times 墙高 - 门窗面积] \times 墙厚 - 应扣除嵌入墙体的其他构件体积 + 应增加的突出墙面的体积$$

墙长：框架柱间净长。

墙高：有框架梁，算至梁底。

应扣除体积：门窗洞口、过人洞、空圈、嵌入墙内的钢筋混凝土柱、梁、过梁、圈梁、凹进墙内的壁龛、管槽、暖气槽、消火栓箱等所占体积。

不扣除体积：每个面积在 0.3 m² 以内的孔洞、梁头、板头、檩头、门窗走头、垫块、木砖、砖墙内加固钢筋、铁件、钢管等所占体积；

不增加体积：凸出墙面的窗台虎头砖、压顶线、山墙泛水、门窗套、腰线、挑檐等体积亦不增加。

应增加体积：凸出墙面的砖垛墙体体积。

（二）试题解析过程

问题一：

外墙的墙厚：370 mm；层高：3.6 m

问题二：

一层②轴线内墙和一层 A 轴线外墙的砌筑工程量清单的编制如下。

1. 分部分项工程量清单见表 2.9。

表 2.9　分部分项工程量清单

序号	项目编码	项目名称	项目特征	计量单位	工程量
1	010401004001	多孔砖墙（240墙）	（1）砖品种、规格、强度等级：MU10 烧结多孔砖 （2）墙体类型：内墙，混水墙 （3）砂浆强度等级、配合比：M5 混合砂浆 （4）墙厚：240 mm	m³	6.42
2	010401004002	多孔砖墙（370墙）	（1）砖品种、规格、强度等级：MU10 烧结多孔砖 （2）墙体类型：外墙，混水墙 （3）砂浆强度等级、配合比：M5 混合砂浆 （4）墙厚：370 mm	m³	13.77

2. 工程量计算表见表 2.10。

表 2.10　工程量计算表

序号	项目编码	工程项目及说明	变量	工程量计算式	工程量 单位	工程量 数量
1	010401004001	多孔砖墙（②轴线内墙）	②轴线内墙总体积	3.21 + 3.21 = 6.42	m³	6.42
			一层	墙体积 = (5.1 × 3.1 − 2.16) × 0.24 − 0.07 = 3.21 m³ 其中： 墙长：6.0 − 0.5 − 0.4 = 5.1 m 墙高：3.6 − 0.5 = 3.1 m 门窗面积： M − 2：0.9 × 2.4 = 2.16 m² 过梁体积（按图纸说明）： M − 2：(0.9 + 0.5) × 0.2 × 0.24 = 0.07 m³	m³	3.21
			二层	同首层 墙体积 = 3.21 m³	m³	3.21
2	010401004002	多孔砖墙（A 轴线外墙）	A 轴线外墙总体积	7.02 + 6.75 = 13.77	m³	13.77
			一层	墙体积 = (10.4 × 3.1 − 2.7 × 2 − 6.48) × 0.37 − (0.15 × 2 + 0.21) = 7.02 m³ 其中： 墙长：11.7 − 0.5 − 0.4 × 2 = 10.4 m 墙高：3.6 − 0.5 = 3.1 m 门窗面积： C − 1：1.5 × 1.8 = 2.7 m² M − 1：2.4 × 2.7 = 6.48 m² 过梁体积（按图纸说明）： C − 1：(1.5 + 0.5) × 0.2 × 0.37 = 0.15 m³ M − 1：(2.4 + 0.5) × 0.2 × 0.37 = 0.21 m³	m³	7.02
			二层	墙体积 = (10.4 × 2.9 − 2.7 × 2 − 5.13) × 0.37 − (0.15 × 2 + 0.21) = 6.75 m³ 其中： 墙长：11.7 − 0.5 − 0.4 × 2 = 10.4 m 墙高：3.6 − 0.7 = 2.9 m 门窗面积： C − 1：1.5 × 1.8 = 2.7 m² MC − 1：1.5 × 1.8 + 0.9 × 2.7 = 5.13 m² 过梁体积（按图纸说明）： M − 1：(1.5 + 0.5) × 0.2 × 0.37 = 0.15 m³ MC − 2：(2.4 + 0.5) × 0.2 × 0.37 = 0.21 m³	m³	6.75

H1 −10　砌筑工程工程量清单编制

一、题目

根据实训任务一附件的办公楼施工图、《房屋建筑与装饰工程工程量计算规范》(GB 50854—2013)和《关于调整补充增值税条件下建设工程计价依据的通知》(湘建价〔2016〕160 号)，完成以下分部分项工程的工程量清单编制。

问题一：请确定该工程外墙的墙厚，层高。

问题二：完成一层③轴线内墙和一层 C 轴线外墙砌筑工程量清单的编制。

二、试题解析

参考试题 H1 −9。

H1 −11　砌筑工程工程量清单编制

一、题目

问题一：根据实训任务一附件的办公楼施工图计算外墙中心线及内墙净长线。

问题二：按《房屋建筑与装饰工程工程量计算规范》(GB 50854—2013)和《关于调整补充增值税条件下建设工程计价依据的通知》(湘建价〔2016〕160 号)，编制首层砖墙砌筑项目的工程量清单。

二、试题解析

参考试题 H1 −9。

H1 −12　砌筑工程工程量清单编制

一、题目

问题一：根据实训任务一附件的办公楼施工图计算外墙中心线及内墙净长线长度。

问题二：按《房屋建筑与装饰工程工程量计算规范》(GB 50854—2013)和《关于调整补充增值税条件下建设工程计价依据的通知》(湘建价〔2016〕160 号)，编制二层砖墙砌筑项目的工程量清单。

二、试题解析

参考试题 H1 −9。

2.4 混凝土及钢筋混凝土工程工程量清单编制

H1－13 混凝土及钢筋混凝土工程工程量清单编制

一、题目

根据实训任务一附件的办公楼施工图、《房屋建筑与装饰工程工程量计算规范》(GB 50854—2013)和《关于调整补充增值税条件下建设工程计价依据的通知》(湘建价〔2016〕160 号)，完成以下分部分项工程的工程量清单编制。

问题一：请指出该工程的结构类型，以及基础、柱、梁、板的混凝土强度。

问题二：完成基础 J1、标高 7.2 m 处 A 轴 KL7 和 Z1 混凝土工程量清单的编制。

二、试题解析

（一）试题知识点

1. 本题主要考点是钢筋混凝土基础、梁及柱的工程量清单编制。

2. 清单编制要点。

（1）项目特征描述。

项目特征需描述：混凝土种类、混凝土强度等级。

（2）基础、梁、柱的工程量计算规则：均按图示尺寸实体体积以立方米计算。

计算公式：阶梯独立基础工程量 = 各阶混凝土体积之和。

梁的工程量按图示断面尺寸乘以梁长以立方米计算。梁与混凝土柱连接时，梁长算至柱侧面。梁、板同时现浇时套有梁板定额。

矩形柱的工程量以图示断面尺寸乘以柱高且以立方米计算。有梁板的柱高，应自柱基上表面（或楼板上表面）至上一层楼板上表面之间的高度计算。

（二）试题解析过程

问题一：

结构类型：框架结构

独立柱基混凝土强度：C20

基础梁、框架结构柱、梁、板的混凝土强度：C25

问题二：

1. 工程量计算表见表 2.11。

表 2.11 工程量计算表

序号	项目名称	工程量计算式
1	J1 基础	$V = (2 \times 2 \times 0.4 + 1.2 \times 1.2 \times 0.3) \times 4 = 8.128 \ m^3$
2	标高 7.23 m 处 A 轴 KL7 梁	$V = 0.37 \times 0.7 \times (11.7 - 0.5 \times 2 - 0.4 \times 2) = 2.564 \ m^3$
3	Z1 柱	$V = 0.5 \times 0.5 \times (0.8 + 7.2) \times 4 = 8.0 \ m^3$

2. 分部分项工程量清单见表 2.12。

表 2.12 分部分项工程量清单

序号	项目编码	项目名称	项目特征	计量单位	工程量
1	010501003001	独立基础	（1）混凝土种类：商品混凝土 （2）混凝土强度等级：C20	m^3	8.128
2	010505001001	有梁板	（1）混凝土种类：商品混凝土 （2）混凝土强度等级：C25	m^3	2.564
3	010502001001	矩形柱	（1）混凝土种类：商品混凝土 （2）混凝土强度等级：C25	m^3	8.0

H1－14 混凝土及钢筋混凝土工程工程量清单编制

一、题目

根据实训任务一附件的办公楼施工图、《房屋建筑与装饰工程工程量计算规范》(GB 50854—2013)和《关于调整补充增值税条件下建设工程计价依据的通知》(湘建价〔2016〕160 号)，完成以下分部分项工程的工程量清单编制。

问题一：请指出该工程的结构类型，以及基础、柱、梁、板的混凝土强度。

问题二：完成现浇混凝土楼梯、标高 3.6 m 处 A 轴 KL2 混凝土工程量清单的编制。

二、试题解析

（一）试题知识点

1. 本题主要考点是楼梯及有梁板的工程量清单编制。

2. 清单编制要点。

（1）项目特征描述。

项目特征需描述：混凝土种类、混凝土强度等级。

（2）清单工程量计算规则。

整体楼梯包括休息平台、平台梁、斜梁及楼梯的连接梁，按水平投影面积计算，不扣除宽度小于等于 500 mm 的楼梯井，伸入墙内部分不另增加。

整体楼梯与楼板的分界线为它们相连接的楼梯梁，整体楼梯算至楼梯梁外边线，没有楼梯梁时，可按梯段最上一踏步边缘加 300 mm 计算。

（二）试题解析过程（略）

H1－15 混凝土及钢筋混凝土工程工程量清单编制

一、题目

根据实训任务一附件的办公楼施工图、《房屋建筑与装饰工程工程量计算规范》(GB 50854—2013)和《关于调整补充增值税条件下建设工程计价依据的通知》(湘建价〔2016〕160 号)，完成以下分部分项工程的工程量清单编制。

问题一：请指出该工程的结构类型，以及基础、柱、梁、板的混凝土强度。

问题二：完成 J2 混凝土基础、②轴 KL9 混凝土梁、Z2 混凝土柱工程量清单的编制。

二、试题解析

参考试题 H1－13。

H1－16　混凝土及钢筋混凝土工程工程量清单编制

一、题目

根据实训任务一附件的办公楼施工图、《房屋建筑与装饰工程工程量计算规范》（GB 50854—2013）和《关于调整补充增值税条件下建设工程计价依据的通知》（湘建价〔2016〕160 号），完成以下分部分项工程的工程量清单编制。

问题一：请指出该工程的结构类型，以及基础、柱、梁、板的混凝土强度。

问题二：完成 J3 混凝土基础、B 轴 KL1 混凝土梁、Z3 混凝土柱工程量清单的编制。

二、试题解析

参考试题 H1－13。

2.5　钢筋工程工程量清单编制

H1－17　钢筋工程工程量清单编制

一、题目

问题一：根据实训任务一附件的办公楼施工图描述 Z1 的配筋。

问题二：按《房屋建筑与装饰工程工程量计算规范》（GB 50854—2013）和《关于调整补充增值税条件下建设工程计价依据的通知》（湘建价〔2016〕160 号），完成 Z1 钢筋工程（计算一根内侧纵筋、一根箍筋）的工程量清单编制。

二、试题解析

（一）试题知识点

1. 编制说明的主要内容：包括工程概况、编制依据、特殊材料和设备情况说明、其他需特殊说明的问题、按规定计算的标底价或投标报价、优惠比例等内容。

2. 钢筋工程量计算规则：区别不同钢筋种类和规格，分别按设计长度乘以单位质量且以吨计算。

（1）钢筋每米长质量 $=0.00617d^2$（kg/m），其中 d 为钢筋直径，以 mm 为单位。

（2）现浇混凝土构件钢筋图示用量 ＝（构件长度－两端保护层＋弯钩长度＋弯起增加长度＋钢筋搭接或锚固长度）×每米钢筋的质量。

3. 钢筋长度计算公式：

（1）单根纵筋长度 ＝基础内长度＋柱总长度－保护层＋柱顶弯锚长度。

（2）基础内长度 ＝基础高度－保护层厚度＋基础底部弯折长度。

4. 解题过程：计算工程量、编制分部分项工程清单、编写编制说明。

（二）试题解析过程

问题一：

Z1 的配筋：角筋为 4 根直径 25 mm 的二级钢筋，b 边一侧中部筋为 3 根直径 22 mm 的二级钢筋，h 边一侧中部筋为 3 根直径 22 mm 的二级钢筋，箍筋类型为（1）5×5，直径 10 mm，一级钢筋，加密区间距 100 mm，非加密区间距 200 mm。

问题二：

计算 b 侧中部钢筋：B22 钢筋

1. 根据图纸结构说明第四条可知，柱保护层厚度为 30 mm、基础内保护厚度为 40 mm。

2. 根据《国家建筑标准设计图集 16G101－1》（第 57 页）受拉钢筋基本锚固长度为：

抗震锚固长度 $Lae = 40d = 40 \times 22 = 880$ mm。

3. 判断柱插筋在基础内锚固方式为直锚还是弯锚（hj 为基础高）：

①当 $hj - c \geqslant lae$ 时，插筋伸至基础底弯折 max（6d，150），即基础内长度 $a = hj - c + \max(6d, 150)$。

②当 $hj - c < lae$ 时，插筋伸至基础底弯折 15d，即基础内长度 $a = hj - c + 15d$。

本题中 $hj - c = 700 - 40 = 660$ mm，$lae = 880$ mm，$hj - c < lae$，所以插筋伸至基础底弯折 15d。

4. 判断内侧钢筋在柱顶锚固方式为直锚还是弯锚（hb 为梁高）：

①当 $hb - c < lae$ 时，柱纵筋伸至柱顶，弯折 12d，即锚固长度为 $hb - c + 12d$。

②当 $hb - c \geqslant lae$ 时，可直锚，纵筋伸至柱顶并且 $\geqslant lae$，即锚固长度为 $hb - c$。

本题中 $hb - c = 370 - 30 = 340$mm，$lae = 880$ mm，$hb - c < lae$，所以柱伸至柱顶，弯折 12d。

5. 单根纵筋长度 ＝基础内长度＋柱总长度－保护层＋柱顶弯锚长度

6. 单根箍筋长度：外大箍长度 $=(b - 2c) \times 2 + (h - 2c) \times 2 + [1.9d + \max(10d, 75)] \times 2$。

7. 工程量计算表见表 2.13。

表 2.13　工程量计算表

序号	项目名称	工程量计算式
1	$D = 22$	内侧纵筋： $L = (0.3 + 0.4 - 0.04 + 15 \times 0.022) + (0.8 + 7.2) - 0.03 + 12 \times 0.022 = 9.224$ m 单根质量 $= 9.224 \times 2.98 \div 1000 = 0.027$ t
2	$D = 10$	外箍筋： $L = (0.5 - 2 \times 0.03) \times 2 + (0.5 - 2 \times 0.03) \times 2 + [1.9 \times 0.01 + \max(0.1, 0.075)] \times 2$ $= 1.998$ m 单根质量 $= 1.998 \times 0.617 \div 1000 = 0.001$ t

8. 分部分项工程量清单见表 2.14。

表 2.14　分部分项工程量清单

序号	项目编码	项目名称	项目特征	计量单位	工程量
1	010515001001	现浇混凝土钢筋	钢筋种类、规格：$D = 22$ mm，HRB335级钢筋	t	0.027
2	010515001002	现浇混凝土钢筋	钢筋种类、规格：$D = 10$ mm，HPB300级钢筋	t	0.001

H1 −18　钢筋工程工程量清单编制

一、题目

问题一：根据实训任务一附件的办公楼施工图画出标高 ±0.000 m 处 A 轴 JKL7 的截面配筋。

问题二：按《房屋建筑与装饰工程工程量计算规范》(GB 50854—2013)和《关于调整补充增值税条件下建设工程计价依据的通知》(湘建价〔2016〕160 号)，完成标高 ±0.000 m 处 A 轴 JKL7 钢筋工程(计算上部通长钢筋、一根箍筋)的工程量清单编制。

二、试题解析

(一)试题知识点

1.编制说明的主要内容：包括工程概况、编制依据、特殊材料和设备情况说明、其他需特殊说明的问题、按规定计算的标底价或投标报价、优惠比例等内容。

2.钢筋工程量计算规则：区别不同钢筋种类和规格，分别按设计长度乘以单位质量以吨计算。

(1)钢筋每米长质量 $= 0.00617d^2$(kg/m)，其中 d 为钢筋直径，以 mm 为单位。

(2)现浇混凝土构件钢筋图示用量 = (构件长度 − 两端保护层 + 弯钩长度 + 弯起增加长度 + 钢筋搭接或锚固长度) × 每米钢筋的质量。

3.钢筋长度计算公式：

(1)单根上部贯通筋长度 = 净跨长 + 两端支座锚固长度。

(2)单根外大箍长度 = (梁宽 − 2 × 保护层厚度) + (梁高 − 2 × 保护层厚度) + [1.9d + max(10d，75)] ×2。

4.解题过程：计算工程量、编制分部分项工程清单、编写编制说明。

(二)试题解析过程

问题一：

标高 ±0.000 m 处 A 轴 JKL7 的截面配筋如图 2.5 所示。

问题二：

1.根据结构说明，已知梁保护层：25 mm。

2.根据《国家建筑标准设计图集 16G101 −1》(第 57 页)受拉钢筋基本锚固长度为：

抗震锚固长度 $La_E = 40d = 40 \times 25 = 1000$ mm。

3.判断梁上部钢筋在端部支座锚固方式为直锚还是弯锚(hc 为支座宽)：

①当 $hc − c \geqslant La_E$ 时，采用直锚，即端部内直锚长度为 max(lae，$0.5hc + 5d$)。

②当 $hc − c < La_E$ 时，采用弯锚，即端部内弯锚长度为 $hc − c + 15d$。

此题中 $hc − c = 500 − 25 = 475$ mm，$La_E = 1000$ mm，$hc − c < lae$，所以梁在支座端部弯锚。

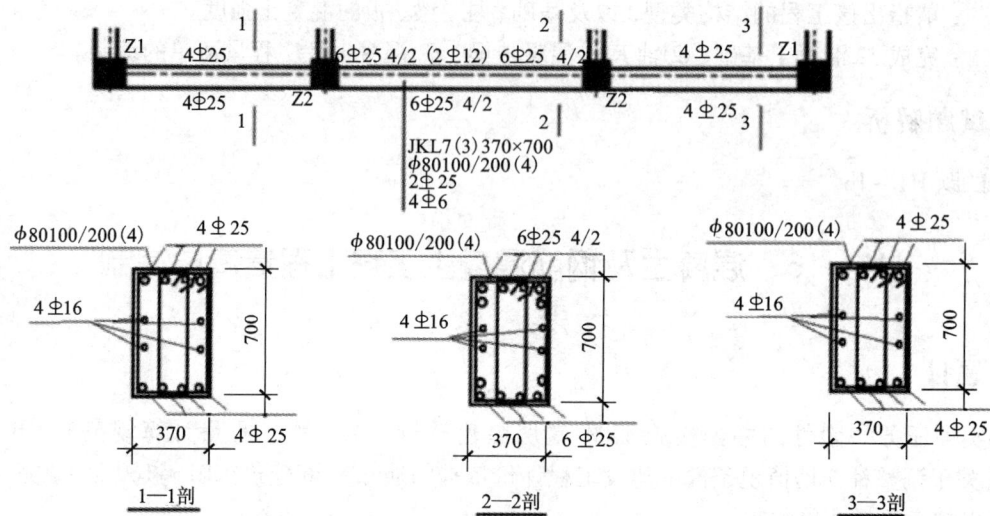

图 2.5　JKL7 的截面配筋图

4.单根上部钢筋长度 = 净跨长 + ($hc − c + 15d$) × 2。

5.单根箍筋长度：外大箍长度 = ($b − 2c$) × 2 + ($h − 2c$) × 2 + [1.9d + max(10d，75)] × 2。

6.工程量计算表见表 2.15。

表 2.15　工程量计算表

序号	项目名称	工程量计算式
1	$D = 25$	上部通长筋： $L = (11.7 − 0.25 \times 2) + (0.5 − 0.025 + 15 \times 0.025) \times 2 = 12.9$ m 单根质量 $= 12.9 \times 3.85 \div 1000 = 0.050$ t
2	$D = 8$	外箍筋： $L = (0.37 − 2 \times 0.025) \times 2 + (0.7 − 2 \times 0.025) \times 2 + [1.9 \times 0.008 + max(0.08, 0.075)] \times 2 = 2.130$ m 单根质量 $= 2.130 \times 0.395 \div 1000 = 0.00084 \approx 0.001$ t

7.分部分项工程量清单见表 2.16.

表 2.16　分部分项工程量清单

序号	项目编码	项目名称	项目特征	计量单位	工程量
1	010515001001	现浇混凝土钢筋	钢筋种类、规格：$D = 25$ mm，HRB335 级钢筋	t	0.050
2	010515001002	现浇混凝土钢筋	钢筋种类、规格：$D = 8$ mm，HPB300 级钢筋	t	0.001

H1-19 钢筋工程工程量清单编制

一、题目

问题一：根据实训任务一附件的办公楼施工图画出标高3.6 m处(①~②轴线间部分)A轴KL3的截面配筋。

问题二：根据实训任务一附件的办公楼施工图、《房屋建筑与装饰工程工程量计算规范》(GB 50854—2013)和《关于调整补充增值税条件下建设工程计价依据的通知》(湘建价〔2016〕160号)，完成标高3.6 m处A轴KL3钢筋工程的工程量清单编制(计算上部通长钢筋及一根箍筋)。

二、试题解析

参考试题H1-18。

H1-20 钢筋工程工程量清单编制

一、题目

问题一：根据实训任务一附件的办公楼施工图写出标高3.6 m处③~④轴现浇板的配筋。

问题二：按《房屋建筑与装饰工程工程量计算规范》(GB 50854—2013)和《关于调整补充增值税条件下建设工程计价依据的通知》(湘建价〔2016〕160号)，完成标高3.6 m处③~④轴现浇板钢筋工程(计算板底钢筋、A轴线边支座负筋)的工程量清单编制。

二、试题解析

(一)试题知识点

1. 板钢筋长度计算方法。

(1)板下部钢筋长度。

①端部支座为梁时，单根长度 = 板净跨长度 + max(5d，梁宽/2)。

②端部支座为剪力墙时，单根长度 = 板净跨长度 + max(5d，墙厚/2)。

(2)支座负筋长度。

①单侧支座负筋，单根长度 = 单侧端部支座内边线往内延伸长度 + (板厚 - 2 × 保护层厚度) + (端部支座宽度 - 保护层厚度 + 15d)。

②双侧支座负筋，单根长度 = 单侧延伸长度 × 2 + (板厚 - 2 × 保护层厚度) × 2。

(二)试题解析过程

1. 根据结构说明，已知板保护层：15 mm，梁保护层：25 mm，板厚：100 mm。

2. 根据图纸结构设计说明第四大点"材料及结构说明"中第2点"所有板底受力筋长度为梁中心线长度 + 100 mm"，可以得出此题板底受力筋长度 = 梁中心线长度 + 100。

3. 单侧支座负筋，单根长度 = 单侧端部支座内边线往内延伸长度 + (板厚 - 2 × 保护层厚度) + (端部支座宽度 - 保护层厚度 + 15d)。

4. 工程量计算表见表2.17。

表2.17 工程量计算表

序号	项目名称	工程量计算式
1	$D = 12$	底部钢筋： $L = (3.6 - 0.12 + 0.185) + 0.1 + 6.25 \times 0.012 \times 2 = 3.915$ m 单根质量 $= 3.915 \times 0.888 \div 1000 = 0.004$ t
2	$D = 8$	支座负筋： $L = (0.8 - 0.12) + (0.1 - 2 \times 0.015) + (0.37 - 0.025 + 15 \times 0.008) = 1.215$ m 单根质量 $= 1.215 \times 0.395 \div 1000 = 0.0005$ t

5. 分部分项工程量清单见表2.18。

表2.18 分部分项工程量清单

序号	项目编码	项目名称	项目特征	计量单位	工程量
1	010515001001	现浇混凝土钢筋	钢筋种类、规格：$D = 12$ mm，HPB300级钢筋	t	0.004
2	010515001002	现浇混凝土钢筋	钢筋种类、规格：$D = 8$ mm，HPB300级钢筋	t	0.0005

2.6 钢结构工程工程量清单编制

H1-21 钢结构工程工程量清单编制

一、题目

已知：L125×10的理论质量是19.133 kg/m，L110×10的理论质量是16.69 kg/m，L110×8的理论质量是13.532 kg/m，8 mm厚的钢板理论质量是62.8 kg/m²。(汽车起重机吊装，刷红丹防锈漆2道、面刷绿色调和漆2道)，如图2.6所示。

问题一：请解释L125×10、L110×10和L110×8的含义。

问题二：按《房屋建筑与装饰工程工程量计算规范》(GB 50854—2013)和《关于调整补充增值税条件下建设工程计价依据的通知》(湘建价〔2016〕160号)，完成钢托架项目(含制作、安装、油漆等工程内容)的工程量清单编制。

二、试题解析

(一)试题知识点

1. 金属结构制作型钢材料按设计图示尺寸以质量计算。不扣除孔眼的质量，焊条、铆钉、螺栓等已包括在内，不另增加质量。在计算不规则多边形钢板质量时，均以其最大外围尺寸、以矩形面积计算。

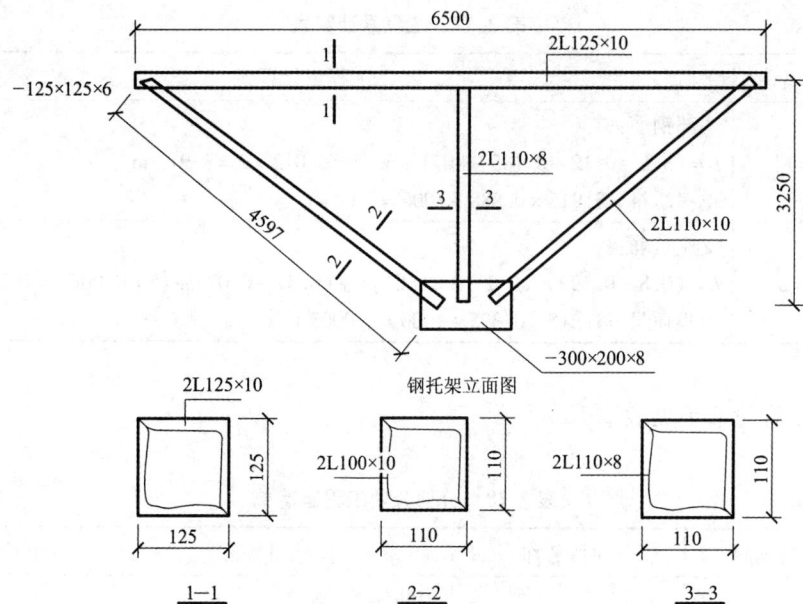

图 2.6 钢托架示意图

2. 钢结构制作工程量。

$$G = V \times \rho$$

式中：V——钢材的体积；

ρ——钢材的密度，$\rho = 7.85 \ t/m^3$。

（二）试题解析过程

问题一：

L125 × 10 表示等边角钢，边长 125 mm，厚度 10 mm。

L110 × 10 表示等边角钢，边长 110 mm，厚度 10 mm。

L110 × 8 表示等边角钢，边长 110 mm，厚度 8 mm。

问题二：

1. 分部分项工程量清单见表 2.19。

表 2.19 分部分项工程量清单

序号	项目编码	项目名称	项目特征	计量单位	工程量
1	010602002001	钢托架	1. 钢材品种、规格：角钢 L125 × 10、L110 × 10、L110 × 8 2. 单榀质量： L125 × 10 为 19.133 kg/m； L110 × 10 为 16.69 kg/m； L110 × 8 为 13.532 kg/m； 3. 安装高度：汽车起重机吊装 4. 螺栓种类：无 5. 探伤要求：无 6. 防火要求：无	t	0.647
2	011405001001	金属面油漆	钢托架刷红丹防锈漆 2 道、面刷绿色调和漆 2 道	t	0.647

2. 工程量计算表见表 2.20。

表 2.20 工程量计算表

序号	项目名称	工程量计算式
1	钢托架	2L125 × 10： $G = 6.5 \times 19.133 \times 2 = 248.73 \ kg$ 2L110 × 10： $G = 4.597 \times 16.69 \times 2 \times 2 = 306.9 \ kg$ 2L110 × 8： $G = 3.25 \times 13.532 \times 2 = 87.96 \ kg$ 8 mm 钢板： $G = 0.3 \times 0.2 \times 62.8 = 3.77 \ kg$ 合计：$G = 248.73 + 306.9 + 87.96 + 3.77 = 647.36 \ kg = 0.647 \ t$
2	钢托架油漆	同上 0.647 t

H1 –22 钢结构工程工程量清单编制

一、题目

已知：8 mm 厚钢板的理论质量是 62.8 kg/m^2，5 mm 厚钢板的理论质量是 39.2 kg/m^2，[25a 的理论质量是 27.4 kg/m。汽车运输 2 km，汽车起重机吊装，空腹柱示意图如图 2.7 所示。

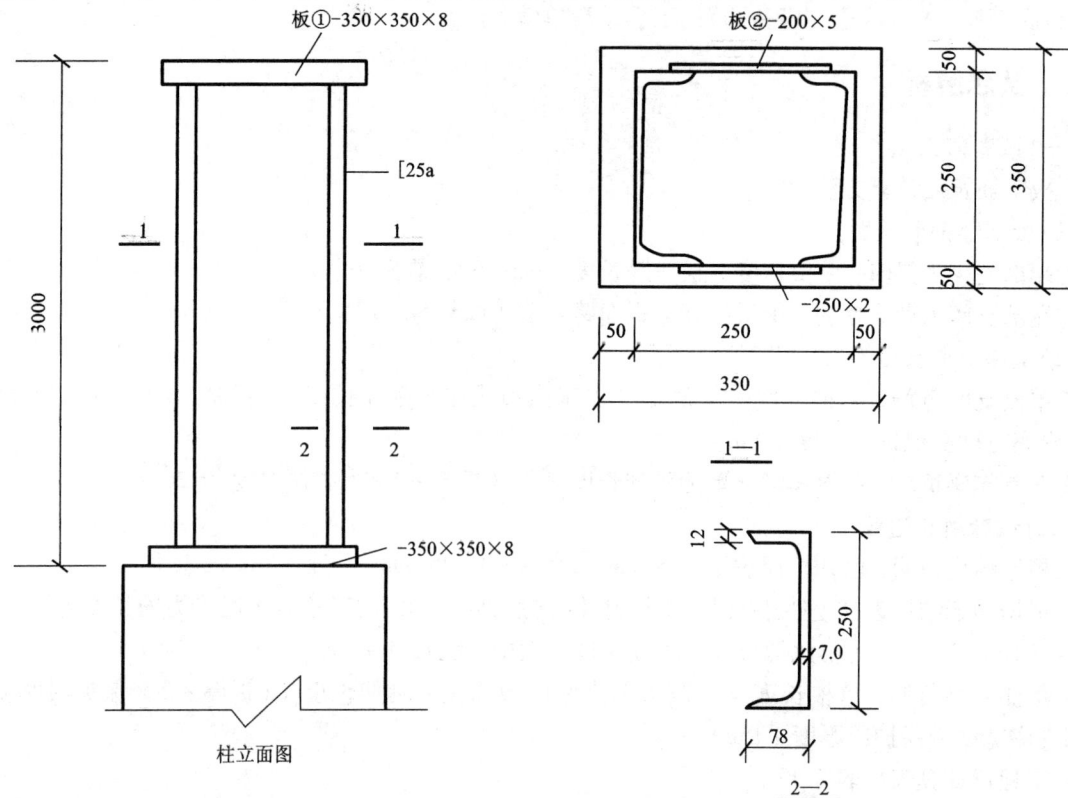

图 2.7 空腹柱示意图

问题一：请解释[25a 的含义。

问题二：按《房屋建筑与装饰工程工程量计算规范》(GB 50854—2013)和《关于调整补充增值税条件下建设工程计价依据的通知》(湘建价〔2016〕160 号)，完成空腹柱项目(含制作、运输、安装等工程内容)的工程量清单编制。

二、试题解析

(一)试题知识点

参考试题 H1 - 22。

(二)试题解析过程

问题一：

[25a 表示宽度 250 mm 的槽钢。

问题二(略)

2.7　屋面及防水工程工程量清单编制

H1 -23　屋面及防水工程工程量清单编制

一、题目

问题一：根据实训任务一附件的办公楼施工图写出标高 7.2 m 处屋面防水的做法。

问题二：按《房屋建筑与装饰工程工程量计算规范》(GB 50854—2013)和《关于调整补充增值税条件下建设工程计价依据的通知》(湘建价〔2016〕160 号)，完成标高 7.2 m 处(女儿墙以内范围)屋面卷材防水工程的工程量清单编制，其中防水卷材在女儿墙处的上翻高度为 250 mm。

二、试题解析

(一)试题知识点

1. 工程量清单编制说明：包括工程概况、编制依据、特殊材料和设备情况说明、其他需特殊说明的问题、按规定计算的标底价或投标报价、优惠比例等内容。

2. 计算规则：

屋面卷材防水工程量计算规则，按设计图示尺寸以面积计算。

(1)斜屋顶(不包括平屋顶找坡)按斜面积计算，平屋顶按水平投影面积计算。

(2)不扣除房上烟囱、风帽底座、风道、屋面小气窗和斜沟所占面积。

(3)屋面的女儿墙、伸缩缝和天窗等处的弯起部分，并入屋面工程量内。

3. 解题过程：计算工程量、编制分部分项工程量清单、编写编制说明。

(二)试题解析过程

问题一：

标高 7.2 m 处屋面防水的做法：C25 钢筋混凝土板；20 mm 厚最薄处 1:10 水泥珍珠岩找坡 2%；20 mm 厚 1:2 水泥砂浆找平；SBS 改性沥青防水卷材刷基层处理剂一遍；M2.5 砂浆砌巷砖三皮，中距 500 mm；35 mm 厚 490 mm×490 mm，C20 预制混凝土板架顶隔热层。

问题二：

1. 工程量计算表见表 2.21。

表 2.21　工程量计算表

项目名称	工程量计算式
SBS 卷材防水	$S_{屋面卷材} = (12.2 - 0.18 \times 2) \times (6.5 - 0.18 \times 2) + (12.2 - 0.18 \times 2 + 6.5 - 0.18 \times 2) \times 2 \times 0.25 = 81.69 \ m^2$

2. 分部分项工程量清单见表 2.22。

表 2.22　分部分项工程量清单

项目编码	项目名称	项目特征	计量单位	工程量
010902001001	屋面卷材防水	(1)卷材品种、规格、厚度：SBS 改性沥青防水卷材刷基层处理剂一遍 (2)防水层数 (3)防水层做法	m²	81.69

H1 -24　屋面及防水工程工程量清单编制

一、题目

问题一：根据实训任务一附件的办公楼施工图写出天沟及雨篷的防水卷材处屋面防水的做法。

问题二：根据实训任务一附件的办公楼施工图、《房屋建筑与装饰工程工程量计算规范》(GB 50854—2013)和《关于调整补充增值税条件下建设工程计价依据的通知》(湘建价〔2016〕160 号)，完成天沟及雨篷的防水卷材项目的工程量清单编制。

二、试题解析

参考试题 H1 - 23。

H1 -25　屋面及防水工程工程量清单编制

一、题目

已知某工程女儿墙厚 240 mm，屋面卷材在女儿墙处卷起高度 200 mm，如图 2.8 所示，屋面做法如下：

①4 mm 厚高聚物改性沥青卷材防水层一道；

②20 mm 厚 1:3 水泥砂浆找平层；

③1:6 水泥焦渣找坡 2%，最薄处 30 mm 厚；

④60 mm 厚聚苯乙烯泡沫塑料板保温层；

⑤现浇钢筋混凝土板。

问题一：请根据图纸描述该屋面的防水做法。

问题二：根据《房屋建筑与装饰工程工程量计算规范》(GB 50854—2013)和《关于调整补充增值税条件下建设工程计价依据的通知》(湘建价〔2016〕160号)，完成屋面卷材防水工程量清单编制。

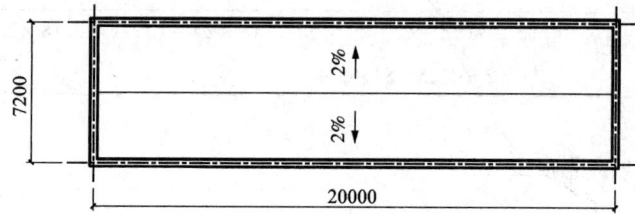

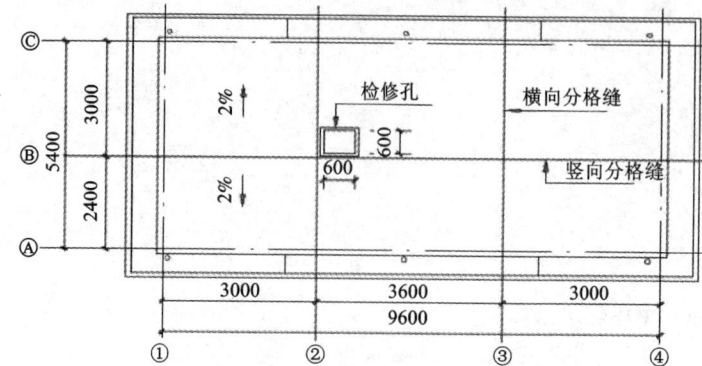

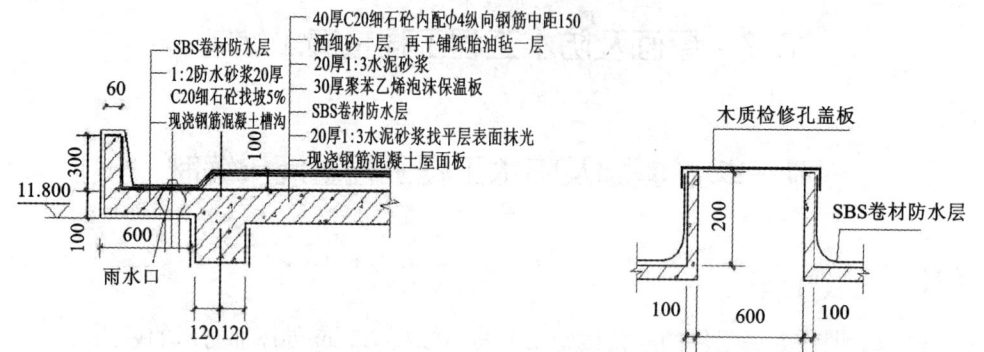

图2.8　屋面示意图

二、试题解析

（一）试题知识点

参考试题 H1 - 23。

（二）试题解析过程

1. 分部分项工程量清单。见表2.23。

表 2.23　分部分项工程量清单

项目编码	项目名称	项目特征	计量单位	工程量
010902001001	屋面卷材防水	(1)卷材种类、规格、厚度：4 mm 高聚物改性沥青防水卷材 (2)防水层数：一层 (3)防水层做法	m²	148.22

2. 工程量计算表见表2.24。

表 2.24　工程量计算表

项目名称	工程量计算式
屋面卷材防水	$S = 19.76 \times 6.96 + (19.76 + 6.96) \times 2 \times 0.2 = 148.22 \ m^2$

H1 -26　屋面及防水工程工程量清单编制

一、题目

如图2.9所示，计算屋面卷材防水工程的清单工程量，并列出相应项目清单。(室外标高 -0.30 m)

问题一：请根据图纸描述该屋面的防水做法。

问题二：根据《房屋建筑与装饰工程工程量计算规范》(GB 50854—2013)和《关于调整补充增值税条件下建设工程计价依据的通知》(湘建价〔2016〕160号)，完成屋面卷材防水工程量清单编制。

图2.9　屋面及防水工程示意图

二、试题解析

参考试题 H1 -23

2.8　建筑模板工程工程量清单编制

H1 -27　建筑模板工程工程量清单编制

一、题目

问题一：请根据实训任务一附件的办公楼施工图描述标高 3.6 m 处框架梁 KL3 模板底模长度以及侧模的高度。

问题二：根据实训任务一附件的办公楼施工图、《房屋建筑与装饰工程工程量计算规范》(GB 50854—2013)和《关于调整补充增值税条件下建设工程计价依据的通知》(湘建价〔2016〕160 号)，完成标高 3.6 m 处框架梁 KL3 模板工程量清单编制，其中模板采用竹胶合板模板、钢支撑。

二、试题解析

(一)试题知识点

1. 现浇混凝土及钢筋混凝土模板工程量,除另有规定者外,均应区别模板的不同材质,按混凝土与模板接触面的面积,以平方米计算。

2. 现浇钢筋混凝土框架模板。

现浇钢筋混凝土墙框架分别按梁、板、柱、墙有关规定计算,附墙柱并入墙内工程量计算。分界规定如下:

(1)柱、墙:底层以基础顶面为界算至上层楼板表面;楼层当前层楼面为界至上层楼板表面(有柱帽的柱应扣除柱帽部分量)。

计算公式:柱模板工程量＝柱截面周长×柱高。

(2)有梁板:主梁算至柱或混凝土墙侧面;次梁算至主梁侧面;伸入砌体墙内的梁头与梁垫模板并入梁内,板算至梁的侧面。

(3)无梁板:板算至边梁的侧面,柱帽部分按接触面积计算工程量套用柱帽项目。

3. 现浇钢筋混凝土墙、板。

现浇钢筋混凝土墙、板上单孔面积在 $0.3 \ m^2$ 以内的孔洞不予扣除,洞侧壁模板亦不增加,单孔面积在 $0.3 \ m^2$ 以外时,应予扣除,洞侧壁模板面积并入墙、板模板工程量内。

4. 现浇钢筋混凝土悬挑(雨篷、阳台)。

现浇钢筋混凝土悬挑板(雨篷、阳台)按图示外挑部分尺寸的水平投影面积计算。挑出墙外的牛腿梁及板边模板不另计算。

5. 现浇钢筋混凝土楼梯:现浇钢筋混凝土楼梯以图示尺寸的水平投影面积计算,不扣除小于 500 mm 楼梯井所占面积。楼梯的踏步、踏步板平台梁等侧面模板不另计算。

6. 参见《房屋建筑与装饰工程工程量计算规范》(GB 50854—2013)中的模板工程清单项目表附录。

(二)试题解析过程

问题一:

3.6 m 处框架梁 KL3 模板底模长度: $L = 12.2 - 0.5 \times 2 - 0.4 \times 2 = 10.4 \ m$。

侧模的高度:外侧 $H = 0.5$,内侧 $H = 0.5 - 0.1 = 0.4$。

问题二:

1. 分部分项工程量清单见表 2.25。

表 2.25 分部分项工程量清单表

项目编码	项目名称	项目特征	计量单位	工程量
011702006001	框架梁模板	(1)钢模板、钢支撑 (2)含模板制作、安装拆除等全部工作内容	m^2	12.78

2. 工程量计算表见表 2.26。

表 2.26 工程量计算表

项目名称	工程量计算式
框架梁模板	KL3: $S = (12.2 - 0.5 \times 2 - 0.4 \times 2) \times (0.37 + 0.5 \times 2 - 0.1) - 0.1 \times (4.5 - 0.25) = 12.78 \ m^2$

H1-28 建筑模板工程工程量清单编制

一、题目

问题一:请根据实训任务一附件的办公楼施工图描述现浇混凝土柱 Z1(①与 A 轴相交处)模板高度。

问题二:根据实训任务一附件的办公楼施工图、《房屋建筑与装饰工程工程量计算规范》(GB 50854—2013)和《关于调整补充增值税条件下建设工程计价依据的通知》(湘建价〔2016〕160 号),完成现浇混凝土柱 Z1(①与 A 轴相交处)模板工程量清单编制,其中模板采用竹胶合板模板、钢支撑。

二、试题解析

(一)试题知识点

参考试题 H1-27。

(二)试题解析过程

问题一:

现浇混凝土柱 Z1(①与 A 轴相交处)模板高度:从 -0.8 到 7.2,高 7.2 + 0.8 = 8.0 m。

问题二:

1. 分部分项工程量清单见表 2.27。

表 2.27 分部分项工程量清单

项目编码	项目名称	项目特征	计量单位	工程量
011702002001	矩形柱模板	(1)支模采用竹胶板、钢支撑施工工艺 (2)含模板制作、安装拆除等全部工作内容	m^2	14.47

2. 工程量计算表见表 2.28。

表 2.28 工程量计算表

项目名称	工程量计算式
矩形柱模板	Z1: $S = 0.5 \times 4 \times 8 - (0.3 \times 0.7 \times 2 + 0.37 \times 0.5 + 0.37 \times 0.7 \times 3 + 0.13 \times 0.1 \times 2 \times 2 + 0.1 \times 0.5 \times 2) = 14.47 \ m^2$

H1-29 建筑模板工程工程量清单编制

一、题目

某办公楼工程现浇框架结构,其二层结构平面图如图 2.10 所示,已知设计室内地坪 ±0.00,柱基

顶面标高 −0.90 m，楼面结构标高 6.5 m，板厚度 120 mm；支模采用竹胶板、钢支撑施工工艺。

问题一：请描述标框架梁 KL1 模板底模长度以及侧模的高度。

问题二：根据《房屋建筑与装饰工程工程量计算规范》（GB 50854—2013）和《关于调整补充增值税条件下建设工程计价依据的通知》（湘建价〔2016〕160 号），完成该层梁、板的模板工程量清单编制。

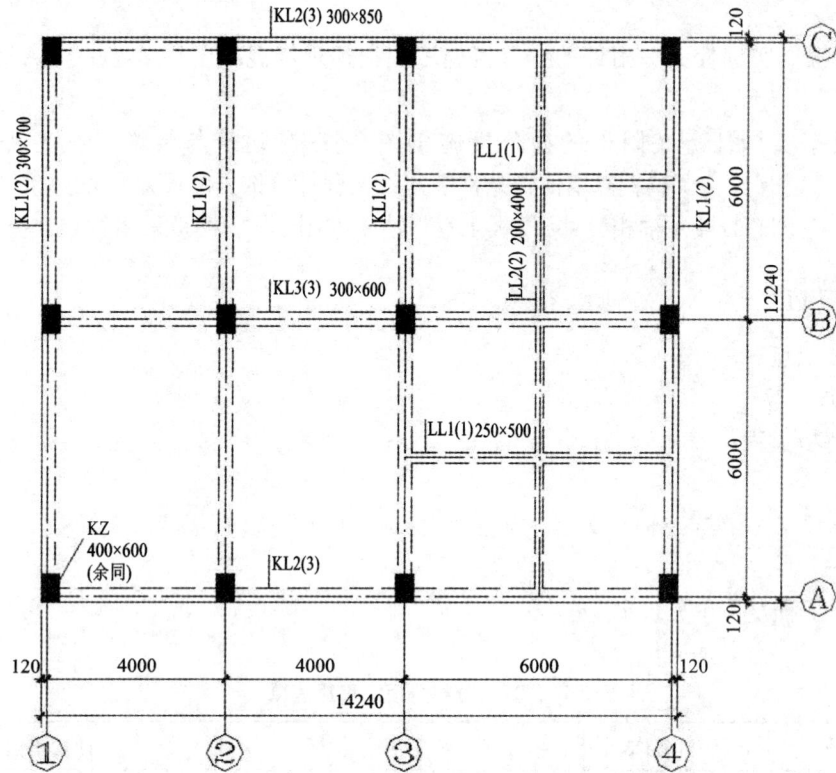

二层结构平面图

图 2.10　二层结构平面图

二、试题解析

参考试题 H1–27。

H1–30　建筑模板工程工程量清单编制

一、题目

某办公楼工程现浇框架结构（图 2.11），板厚 80 mm，支模采用组合钢模、钢支撑施工工艺。

问题一：请描述标 KL1、LL1 模板的底模长度。

问题二：根据《房屋建筑与装饰工程工程量计算规范》（GB 50854—2013）和《关于调整补充增值税条件下建设工程计价依据的通知》（湘建价〔2016〕160 号），完成梁、板的模板工程量清单编制。

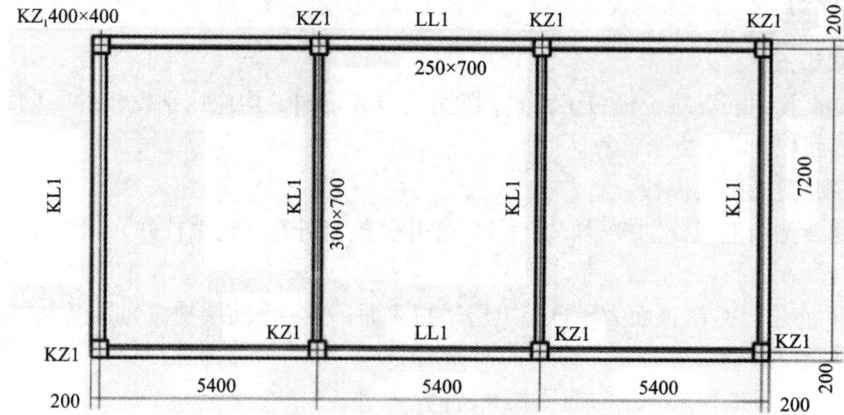

图 2.11　框架结构平面图

二、试题解析

参考试题 H1–27。

2.9　脚手架工程工程量清单编制

H1–31　脚手架工程工程量清单编制

一、题目

问题一：请根据实训任务一附件的办公楼施工图描述该工程首层的层高和净高。

问题二：根据实训任务一附件的办公楼施工图、《房屋建筑与装饰工程工程量计算规范》（GB 50854—2013）和《关于调整补充增值税条件下建设工程计价依据的通知》（湘建价〔2016〕160 号），完成首层里脚手架工程量清单编制。

二、试题解析

（一）试题知识点

1. 里脚手架：里脚手架也叫内墙脚手架，也就是室内沿墙体搭设的脚手架。里脚手架主要用于内外墙的装修及室内装修的需要。

2. 砌筑里脚手架，按内墙垂直投影面积计算，不扣除门窗洞口的面积。

计算公式：里脚手架工程量 = $L_内$ × 内墙砌筑高度。

3. 清单编制相关内容参见《房屋建筑与装饰工程工程量计算规范》（GB 50854—2013）中的脚手架工程清单项目表附录。

（二）试题解析过程

问题一：

首层层高：3.6 m，净高：3.5 m。

问题二：

1. 工程量清单见表 2.29。

表 2.29　工程量清单

项目编码	项目名称	项目特征	计量单位	工程量
011701003001	里脚手架	(1)搭设方式 (2)搭设高度：3.5 m (3)脚手架材质	m²	44.33

2. 工程量计算表见表 2.30。

表 2.30　工程量计算表

项目名称	工程量计算式
里脚手架	$S = (6.0 - 0.25 \times 2 - 0.4) \times 2 \times (3.6 - 0.5) + (4.5 - 2 \times 0.2) \times (3.6 - 0.5) = 44.33 \ m^2$

H1 –32　脚手架工程工程量清单编制

一、题目

问题一：请根据实训任务一附件的办公楼施工图描述该工程的檐口高度、外墙外边线长度。

问题二：根据实训任务一附件的办公楼施工图、《房屋建筑与装饰工程工程量计算规范》（GB 50854—2013）和《关于调整补充增值税条件下建设工程计价依据的通知》（湘建价〔2016〕160 号），完成外墙脚手架工程量清单编制。

二、试题解析

（一）试题知识点

1. 外脚手架指为建筑施工而搭设在外墙外边线外的上料、堆料与施工作业用的临时结构架。搭设形式有单排（一排立杆）和双排（两排立杆）之分。

2. 外脚手架工程量按外墙外边线长度乘以外墙砌筑高度，以平方米计算，不扣除门、窗、空圈洞口等所占面积。突出墙外宽度在 24 cm 以内的墙垛、附墙烟囱等不计算外脚手架工程量；宽度超过 24 cm 以外的，按图示尺寸展开面积计算，并入外脚手架工程量之内。

计算公式：外脚手架工程量 $= L_{外} \times$ 外墙砌筑高度 + 应墙加面积。

3. 檐高指设计室外地坪至檐口的高度，突出主体建筑屋顶的电梯间、水箱间等不计入檐高之内。

4. 工程量清单编制参见清单规范（GB 50854—2013）中脚手架工程清单项目表附录。

（二）试题解析过程

问题一：

檐口高度：$H = 7.1 + 0.45 = 7.55 \ m$

外墙外边线长：$L_{外} = (12.2 + 6.5) \times 2 = 37.4 \ m$

问题二：

1. 工程量清单见表 2.31。

表 2.31　工程量清单

项目编码	项目名称	项目特征	计量单位	工程量
011701002001	外脚手架	(1)搭设方式 (2)搭设高度：6.95 m (3)脚手架材质	m²	259.93

2. 工程量计算表见表 2.32。

表 2.32　工程量计算表

项目名称	工程量计算式
外脚手架	$S = 37.4 \times (7.2 + 0.45 - 0.7) = 259.93 \ m^2$

H1 –33　脚手架工程工程量清单编制

一、题目

问题一：根据实训任务一附件的办公楼施工图计算二层内墙里脚手架搭设高度，

问题二：根据《房屋建筑与装饰工程工程量计算规范》（GB 50854—2013）和《关于调整补充增值税条件下建设工程计价依据的通知》（湘建价〔2016〕160 号），完成二层内墙里脚手架工程量清单编制。

二、试题解析

参考试题 H1 –31。

H1 –34　脚手架工程工程量清单编制

一、题目

某办公楼如图 2.12 所示，墙厚 0.24 m，板厚 0.12 m，脚手架采用钢管架。

问题一：请根据图纸描述该工程各层的层高和建筑的檐口高度。

问题二：根据所附施工图纸、《房屋建筑与装饰工程工程量计算规范》（GB 50854—2013）和《关于调整补充增值税条件下建设工程计价依据的通知》（湘建价〔2016〕160 号），完成外脚手架、里脚手架的工程量清单编制。

二、试题解析

参考试题 H1 –31、H1 –32。

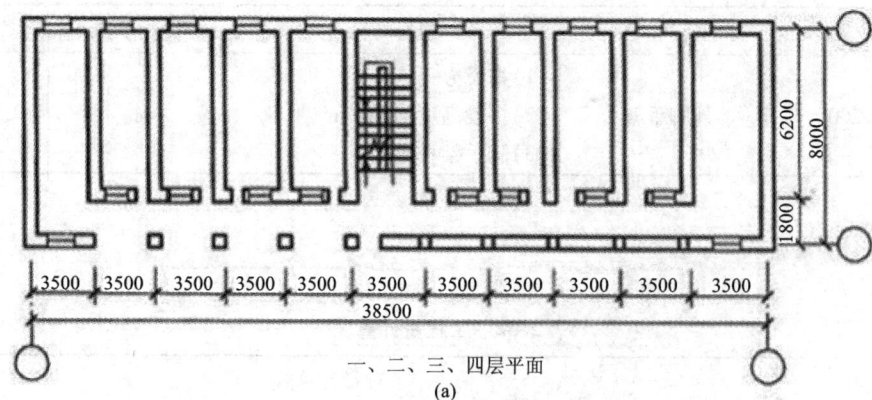

一、二、三、四层平面
(a)

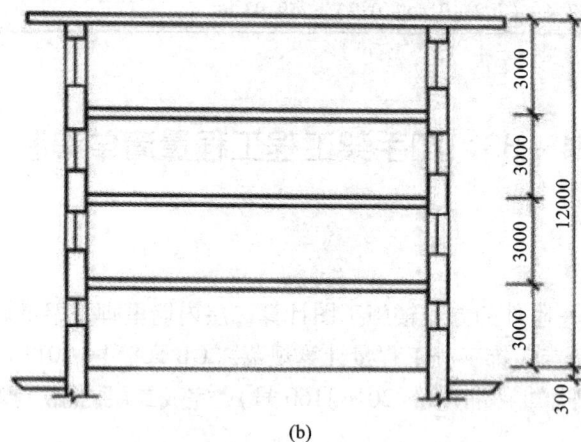

(b)

图 2.12　某办公楼示意图

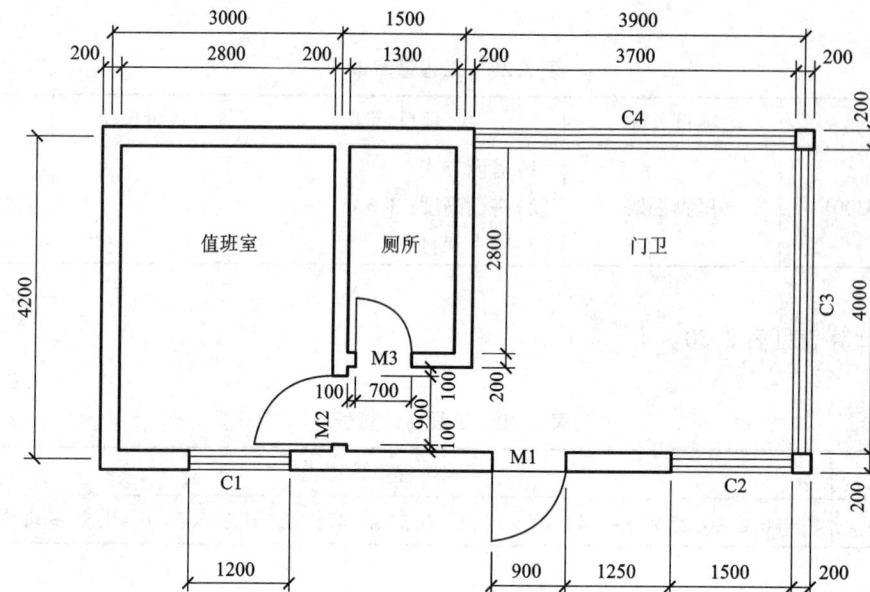

图 2.13　某工程平面图

2.10　楼地面工程工程量清单编制

H1–35　楼地面工程工程量清单编制

一、题目

如图 2.13 所示,地面做法为:80 mm 厚碎石垫层,60 mm 厚 C10 混凝土垫层,20 mm 厚水泥砂浆找平层,厕所铺设陶瓷地砖,其他铺设企口木地板。

问题一:请描述该工程地面有哪几种做法。

问题二:请按《房屋建筑与装饰工程工程量计算规范》(GB 50854—2013)和《关于调整补充增值税条件下建设工程计价依据的通知》(湘建价〔2016〕160 号)要求编制楼地面工程量清单。

二、试题解析

(一)试题知识点

1. 楼地面可根据面层装饰材料分别编码列项。块料楼地面包括陶瓷地面砖、玻璃地砖、缸砖、陶瓷锦砖、水泥花砖、广场砖等。如有地面垫层内容,垫层应单独列项,混凝土垫层按《房屋建筑与装饰工程工程量计算规范》(GB 50854—2013)中"E.1 垫层"项目编码列项,除混凝土以外的其他材料垫层按"D.4 垫层"项目编码列项。

2. 块料楼地面工程量清单计算规则:按设计图示尺寸以面积计算。门洞、空圈、暖气包槽、壁龛的开口部分并入相应的工程量内。

3. 竹木(复合)地板清单工程量计算规则:按设计图示尺寸以面积计算。门洞、空圈、暖气包槽、壁龛的开口部分并入相应的工程量内。

4. 混凝土垫层、碎石垫层清单工程量计算规则:按设计图示尺寸以立方米计算。

5. 清单列项参见《房屋建筑与装饰工程工程量计算规范》(GB 50854—2013)中楼地面工程清单项目表附录 L。

(二)试题解析过程

问题一:

该工程地面的做法有:80 mm 厚碎石垫层,60 mm 厚 C10 混凝土垫层,20 mm 厚水泥砂浆找平层,陶瓷地砖面层,企口木地板面层。

问题二:

1. 工程量计算表见表 2.33。

表2.33　工程量计算表

序号	清单项目编码	清单项目名称	工程量计算式	计量单位	工程量
1	011102003001	陶瓷地砖地面	$S_{陶瓷地砖地面} = S_{厕所地面面积} + S_{厕所门洞开口} = 2.8 \times 1.3 + 0.7 \times 0.2 = 3.64 + 0.14 = 3.78 \ \text{m}^2$	m²	3.78
2	011104002001	企口木地板地面	$S_{企口木地板地面} = S_{值班室地面} + S_{门卫地面} + S_{过道地面} + S_{门洞开口} = 11.2 + 14.8 + 1.65 + 0.5 = 28.15 \ \text{m}^2$ $S_{值班室地面} = 4.0 \times 2.8 = 11.20 \ \text{m}^2$ $S_{门卫地面} = 4.0 \times 3.7 = 14.80 \ \text{m}^2$ $S_{过道地面} = (0.9 + 0.1 + 0.1) \times (1.3 + 0.2) = 1.65 \ \text{m}^2$ $S_{门洞开口} = 0.7 \times 0.2 + 0.9 \times 0.2 \times 2 = 0.50 \ \text{m}^2$	m²	28.15
3	010404001001	碎石垫层	$V_{碎石垫层} = S_{总} \times 垫层厚 = 31.29 \times 0.08 = 2.50 \ \text{m}^3$ $S_{总} = S_{厕所地面} + S_{值班室地面} + S_{门卫地面} + S_{过道地面}$ $= 3.64 + 11.2 + 14.8 + 1.65 = 31.29 \ \text{m}^2$	m³	2.50
4	010501001001	混凝土垫层	$V_{混凝土垫层} = S_{总} \times 垫层厚 = 31.29 \times 0.06 = 1.88 \ \text{m}^3$	m³	1.88

2.分部分项工程量清单见表2.34。

表2.34　分部分项工程量清单

工程名称：地面装饰工程　　　　　　　标段：　　　　　　　　　　　　　第1页共1页

序号	项目编码	项目名称	项目特征	计量单位	工程量
1	011102003001	陶瓷地砖地面	(1)20 mm 厚水泥砂浆找平层 (2)面铺陶瓷地砖	m²	3.78
2	011104002001	企口木地板地面	(1)20 mm 厚水泥砂浆找平层 (2)面铺企口木地板	m²	28.15
3	010404001001	碎石垫层	80 mm 厚碎石垫层	m³	2.50
4	010501001001	混凝土垫层	60 mm 厚 C10 混凝土垫层	m³	1.88

H1-36　楼地面工程工程量清单编制

一、题目

某工程如图2.14所示，墙厚240 mm，轴线居中。M1 宽2000 mm，M2、M3 宽均为1500 mm，窗台离地高度均为900 mm。地面做法：3∶7 灰土垫层厚150 mm，C10 混凝土垫层厚100 mm，1∶3 水泥砂浆抹面厚20 mm，1∶3 水泥砂浆踢脚线高 150 mm。

问题一：请描述该工程的地面做法。

问题二：请按《房屋建筑与装饰工程工程量计算规范》(GB 50854—2013)和《关于调整补充增值税

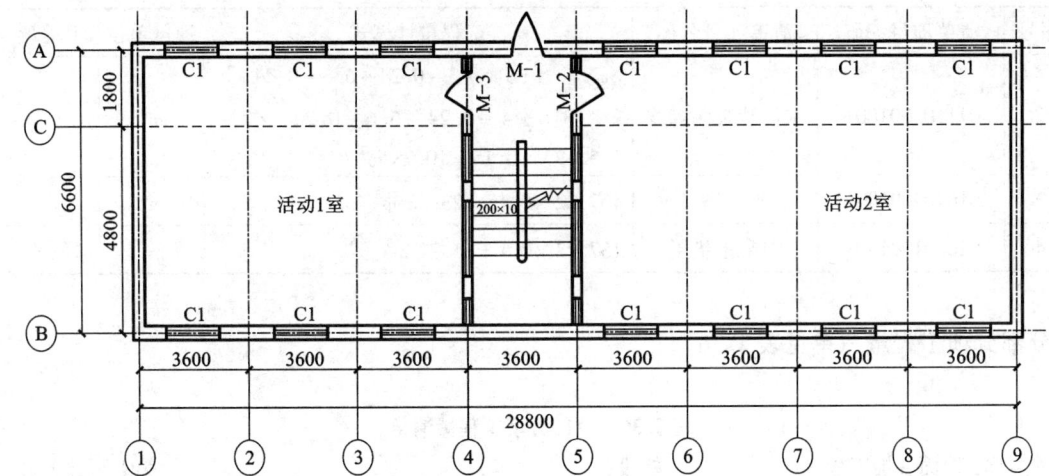

图2.14　一层平面图

条件下建设工程计价依据的通知》(湘建价〔2016〕160 号)要求编制该工程活动室 1 及活动室 2 的水泥砂浆楼地面及水泥砂浆踢脚线工程量清单。

二、试题解析

(一)试题知识点

1. 水泥砂浆楼地面清单工程量计算规则：按设计图示尺寸以面积计算。扣除凸出地面构筑物、设备基础、室内管道、地沟等所占面积，不扣除间壁墙及不大于 0.3 m² 的柱、垛、附墙烟囱及孔洞所占面积。门洞、空圈、暖气包槽、壁龛的开口部分不增加面积。

2. 踢脚线清单工程量可按平方米或米计量。以平方米计量，按设计长度乘以高度以面积计算；以米计量，按延长米计算。

3. 参见《房屋建筑与装饰工程工程量计算规范》(GB 50854—2013)中楼地面工程清单项目表附录 L。

(二)试题解析过程

问题一：

该工程地面的做法有：3∶7 灰土垫层厚 150 mm，C10 混凝土垫层厚 100 mm，1∶3 水泥砂浆抹面厚20 mm，1∶3 水泥砂浆踢脚线高 150 mm。

问题二：

1. 工程量计算表见表2.35。

表2.35　工程量计算单

序号	清单项目编码	清单项目名称	工程量计算式	计量单位	工程量
1	011101001001	水泥砂浆楼地面	$S_{楼地面} = (3.6 \times 3 - 0.24) \times (6.6 - 0.24) + (3.6 \times 4 - 0.24) \times (6.6 - 0.24) = 157.22 \ \text{m}^2$	m²	157.22

序号	清单项目编码	清单项目名称	工程量计算式	计量单位	工程量
2	011105001001	水泥砂浆踢脚线	$S_{踢脚线} = [(3.6 \times 3 - 0.24 + 6.6 - 0.24) \times 2 + (3.6 \times 4 - 0.24 + 6.6 - 0.24) \times 2 - 1.5 \times 2] \times 0.15 = 10.78\ m^2$	m^2	10.78
3	010404001001	灰土垫层	$157.22 \times 0.15 = 23.58\ m^3$	m^3	23.58
4	010501001001	混凝土垫层	$157.22 \times 0.1 = 15.72\ m^3$	m^3	15.72

2.分部分项工程量清单见表2.36。

表2.36　分部分项工程量清单

工程名称:地面装饰工程　　　　标段:　　　　　　　　第1页共1页

序号	项目编码	项目名称	项目特征	计量单位	工程量
1	011101001001	水泥砂浆楼地面	1:3 水泥砂浆抹面厚 20 mm	m^2	157.22
2	011105001001	水泥砂浆踢脚线	1:3 水泥砂浆踢脚线高 150 mm	m^2	10.78
3	010404001001	灰土垫层	3:7 灰土垫层厚 150 mm	m^3	23.58
4	010501001001	混凝土垫层	C10 混凝土垫层厚 100 mm	m^3	15.72

H1 –37　楼地面工程工程量清单编制

一、题目

问题一:根据实训任务一附件的办公楼施工图列出该工程"地19"的做法。

问题二:按《房屋建筑与装饰工程工程量计算规范》(GB 50854—2013)和《关于调整补充增值税条件下建设工程计价依据的通知》(湘建价〔2016〕160 号)要求编制该工程陶瓷地砖地面及相应一楼地面陶瓷踢脚线工程量清单(地19)。

二、试题解析

参考试题 H1 –35、H1 –36。

H1 –38　楼地面工程工程量清单编制

一、题目

某砖混结构传达室的平面图和剖面图如图2.15 所示,地面 C15 素混凝土垫层 80 mm 厚,1:3 水泥砂浆面层 20 mm 厚,1:3 水泥砂浆踢脚 120 mm 高、20 mm 厚。门 M –1(1 个):1800 mm ×2700 mm,窗 C –1(2 个):1500 mm ×1800 mm,窗 C –2(3 个):1500 mm ×600 mm。

问题一:请根据图纸确定该工程的散水宽度、墙体厚度。

问题二:请按《房屋建筑与装饰工程工程量计算规范》(GB 50854—2013)和《关于调整补充增值税

条件下建设工程计价依据的通知》(湘建价〔2016〕160 号)要求编制该工程楼地面及踢脚线工程量清单。

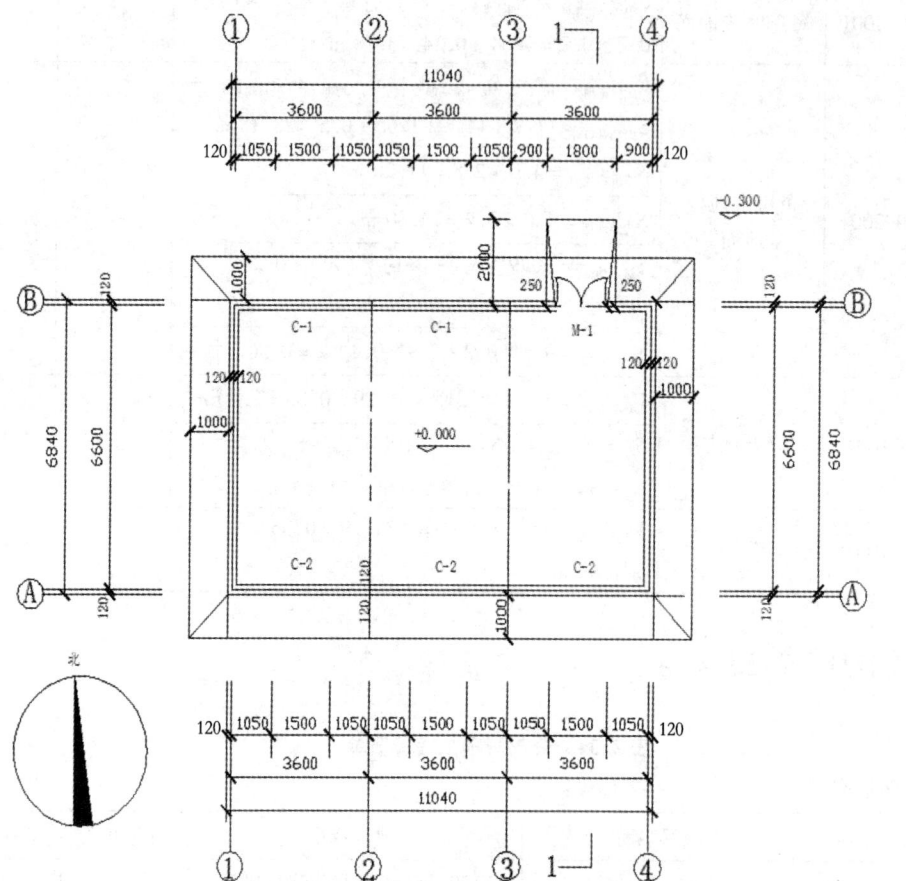

一层平面图1:100

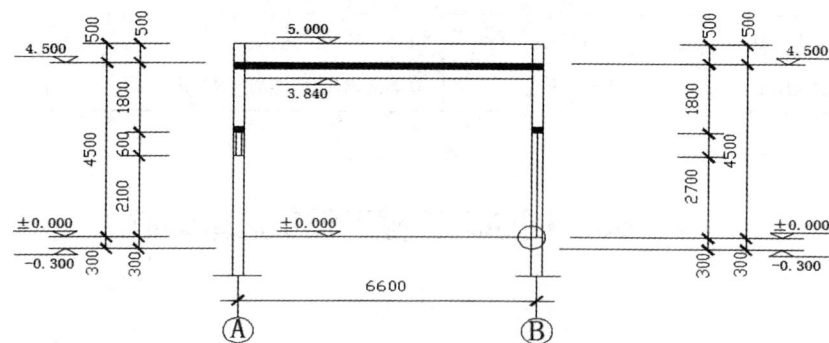

1—1剖面图1:100

图2.15　传达室平、剖面图

二、试题解析

参考试题 H1 -35、H1 -36。

H1 -39 楼地面工程工程量清单编制

一、题目

某公司仓库平面图如图 2.16 所示,现需要地面做整体水磨石面面层,做法如下:80 mm 细石混凝土垫层;25 mm 厚 1:3 干硬性水泥砂浆找平;水磨石面层。

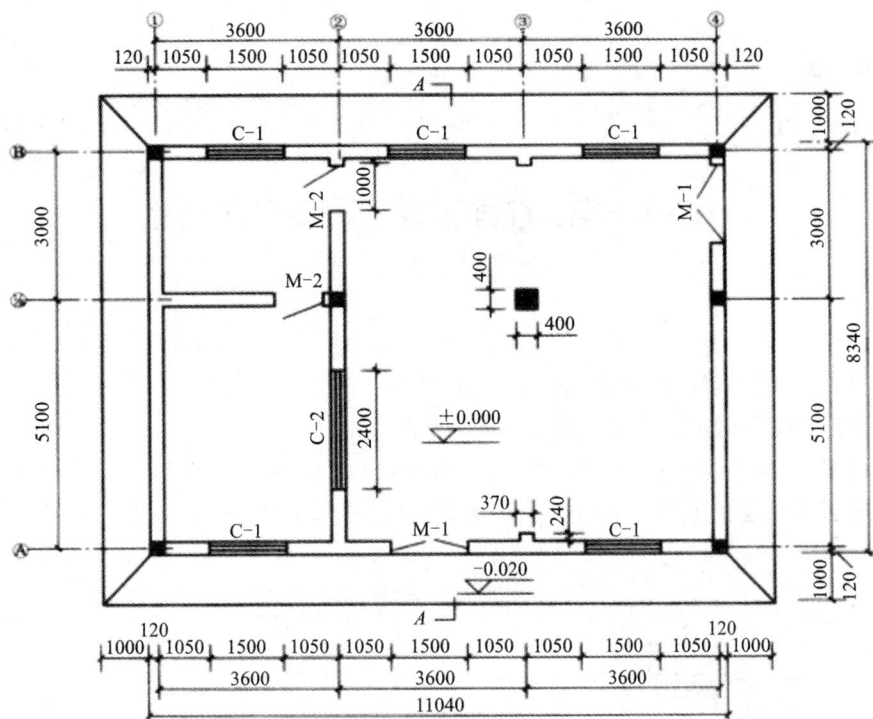

图 2.16 仓库平面图

问题一:请根据图纸确定该工程的散水宽度、室内地坪高。

问题二:请按《房屋建筑与装饰工程工程量计算规范》(GB 50854—2013)和《关于调整补充增值税条件下建设工程计价依据的通知》(湘建价〔2016〕160 号)要求编制楼地面工程量清单。

二、试题解析

参考试题 H1 -35、H1 -36。

2.11　墙、柱面工程工程量清单编制

H1 -40　墙、柱面工程工程量清单编制

一、题目

某砖混结构工程如图 2.17 所示,墙厚均为 240 mm,内墙面抹 1:2 水泥砂浆底,1:3 石灰砂浆找平层,麻刀石灰浆面层,共 20 mm 厚。内墙裙高 900 mm,采用 1:3 水泥砂浆打底(19 mm 厚),1:2.5 水泥砂浆面层(6 mm 厚)。

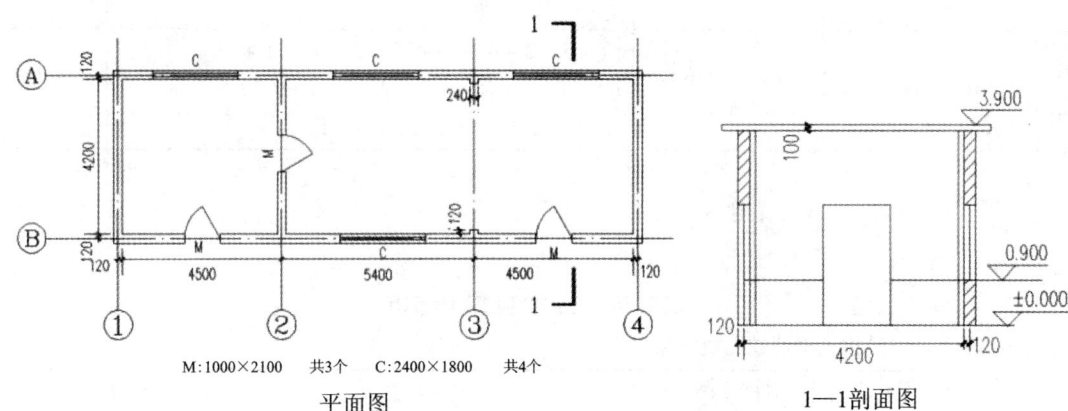

M:1000×2100　共3个　　C:2400×1800　共4个

平面图　　　　　　　　　1—1剖面图

图 2.17　某工程平、剖面图

问题一:请根据图纸确定楼层净高。

问题二:请按《房屋建筑与装饰工程工程量计算规范》(GB 50854—2013)和《关于调整补充增值税条件下建设工程计价依据的通知》(湘建价〔2016〕160 号)要求编制内墙面抹灰工程量清单。

二、试题解析

(一)试题知识点

1. 抹灰类饰面根据所用材料和施工方式的不同分为一般抹灰和装饰抹灰,使用时注意应按规范所列的一般抹灰与装饰抹灰进行区别编码列项。墙面一般抹灰包括:石灰砂浆、水泥混合砂浆、水泥砂浆、聚合物水泥砂浆、膨胀珍珠岩水泥砂浆和麻刀灰、纸筋石灰石膏灰等。墙面装饰抹灰是在一般抹灰的基础上再做不同施工操作方法的饰面层,"抹装饰面"是指装饰抹灰的饰面层,包括:水刷石、水磨石、斩假石(剁斧石)、干黏石、假面砖、拉条灰、拉毛灰、甩毛灰、扒拉石、喷毛灰、喷涂、喷砂、滚涂、弹涂等。

2. 墙面一般抹灰、墙面装饰抹灰清单工程量均按设计图示尺寸以面积计算。扣除墙裙、门窗洞口及单个大于 0.3 m² 的孔洞面积,不扣除踢脚线、挂镜线和墙与构件交接处的面积,门窗洞口和孔洞的侧壁及顶面不增加面积,附墙柱、梁、垛、烟囱侧壁并入相应的墙面面积内。

3. 参见《房屋建筑与装饰工程工程量计算规范》(GB 50854—2013)中墙柱面工程清单项目表附录 M。

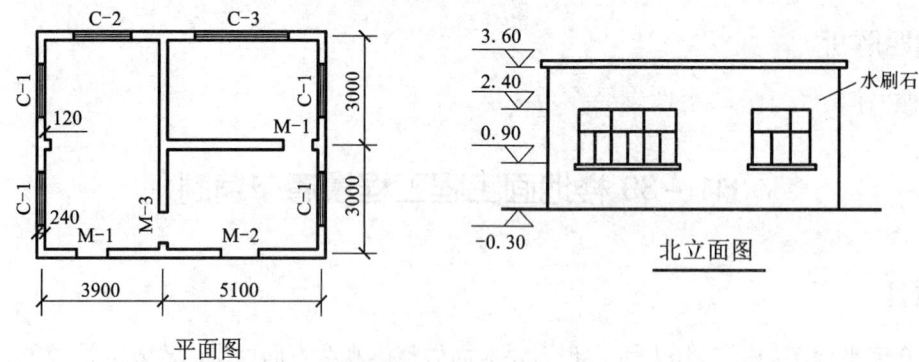

图 2.18 某工程平、立面图

(二)试题解析过程

问题一：

楼层净高为 3.9 - 0.1 = 3.8 m。

问题二：

1.工程量计算单见表 2.37。

表 2.37 工程量计算单

序号	清单项目编码	清单项目名称	工程量计算式	计量单位	工程量
1	011201001001	墙面一般抹灰（内墙）	$[(4.5\times2-0.48+4.2\times2-0.48)+(9.9\times2-0.48+4.2\times2-0.48+0.12\times4)]\times2.9-4\times1.0\times1.2-2.4\times1.8\times4=105.98$ m²	m²	105.98
2	011201001002	墙面一般抹灰（内墙裙）	$[(4.5\times2-0.48+4.2\times2-0.48)+(9.9\times2-0.48+4.2\times2-0.48+0.12\times4)]\times0.9-4\times1.0\times0.9=36.14$ m²	m²	36.14

3.分部分项工程量清单见表 2.38。

表 2.38 分部分项工程量清单

工程名称：某砖混结构工程墙柱面装饰工程　　　　标段：　　　　第 1 页共 1 页

序号	项目编码	项目名称	项目特征	计量单位	工程量
1	011201001001	墙面一般抹灰（内墙）	(1)墙体类型：砖墙 (2)底层厚度：1:2 水泥砂浆底 (3)找平层厚度：1:3 石灰砂浆找平 (4)面层厚度：麻刀石灰砂浆面层	m²	105.98
2	011201001002	墙面一般抹灰（内墙裙）	(1)墙体类型：砖墙 (2)底层厚度：1:3 水泥砂浆底(19 mm) (3)面层厚度：1:2.5 水泥砂浆面层(6 mm)	m²	36.14

H1 -41　墙、柱面工程工程量清单编制

一、题目

如图 2.18 所示，内墙面为 1:2 水泥砂浆，外墙面为普通水泥白石子水刷石，门窗尺寸分别为：M -1：900 mm ×2000 mm；M -2：1200 mm ×2000 mm；M -3：1000 mm ×2000 mm；C -1：1500 mm ×1500 mm；C -2：1800 mm ×1500 mm；C -3：3000 mm ×1500 mm。

问题一：请根据图纸确定室外地坪标高。

问题二：请按《房屋建筑与装饰工程工程量计算规范》(GB 50854—2013)和《关于调整补充增值税条件下建设工程计价依据的通知》(湘建价〔2016〕160 号)要求编制内、外墙面装饰工程量清单。

二、试题解析

参考试题 H1 -40。

H1 -42　墙、柱面工程工程量清单编制

一、题目

某公厕墙柱面装饰图如图 2.19 所示。

问题一：请根据图纸确定室外地坪标高、楼层净高。

问题二：请按《房屋建筑与装饰工程工程量计算规范》(GB 50854—2013)和《关于调整补充增值税条件下建设工程计价依据的通知》(湘建价〔2016〕160 号)要求编制外墙面装饰工程量清单。

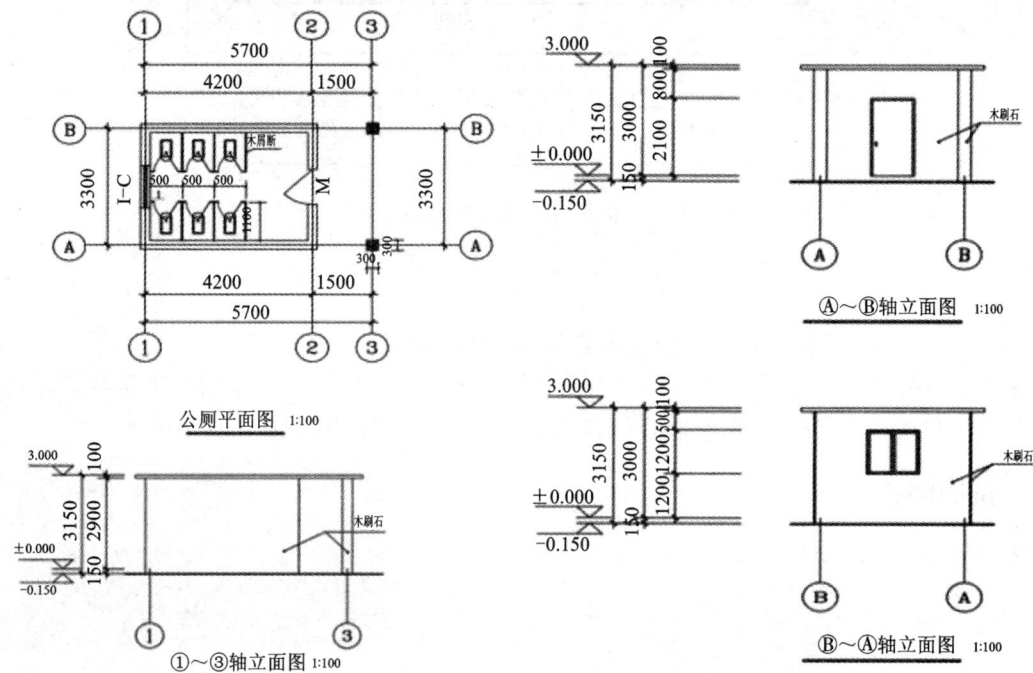

图 2.19 某公厕墙柱面装饰图

设计说明

(一)工程概况

本工程为××公厕装饰工程。

(二)设计做法

1.公厕内蹲位采用木质隔断,隔断高1800 mm,隔断门材质与隔断相同。

2.内墙面墙裙高1200 mm,采用10 mm厚1:2水泥砂浆粘贴300 mm×400 mm白色面砖,墙裙上方抹1:1:4混合砂浆两遍。

3.外墙面及柱面采用1:1水泥彩色石渣浆做水刷石效果。

4.门窗侧面均抹1:1水泥砂浆两遍,侧面宽度为150 mm。

(三)说明

1.门尺寸为:M:1000 mm×2100 mm,C:1200 mm×1200 mm。

2.图中未注明单位均为mm。

3.墙厚为240 mm砖墙。

二、试题解析

参考试题H1-40。

H1-43 墙、柱面工程工程量清单编制

一、题目

某砖混结构传达室的平面图和剖面图如图2.20所示,内墙面20 mm厚1:1:6混合砂浆抹灰,白色乳胶漆两遍。其中,门M-1(1个):1800 mm×2700 mm;窗C-1(2个):1500 mm×1800 mm;窗C-2(3个):1500 mm×600 mm;楼板厚度为100 mm。

问题一:请根据图纸确定室内地坪标高、散水宽度。

问题二:请按《房屋建筑与装饰工程工程量计算规范》(GB 50854—2013)和《关于调整补充增值税条件下建设工程计价依据的通知》(湘建价[2016]160号)要求编制内墙面抹灰及涂料工程量清单。

二、试题解析

(一)试题知识点

1.墙面一般抹灰、墙面装饰抹灰清单工程量均按设计图示尺寸以面积计算。扣除墙裙、门窗洞口及单个大于0.3 m² 的孔洞面积,不扣除踢脚线、挂镜线和墙与构件交接处的面积,门窗洞口和孔洞的侧壁及顶面不增加面积。附墙柱、梁、垛、烟囱侧壁并入相应的墙面面积内。

2.墙面涂料清单计算规则:按设计图示尺寸以面积计算。

(二)试题解析过程

问题一:

室内地坪标高:±0.00 m。散水宽度:1000 mm。

问题二:

1.工程量计算单见表2.39。

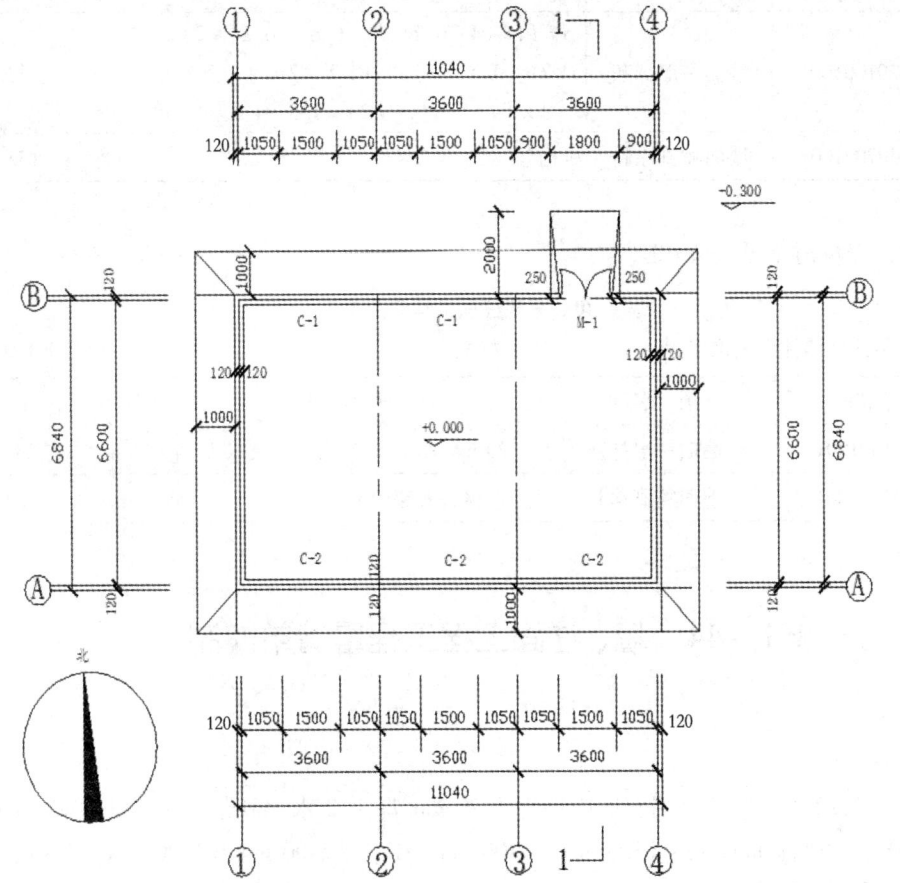

一层平面图1:100

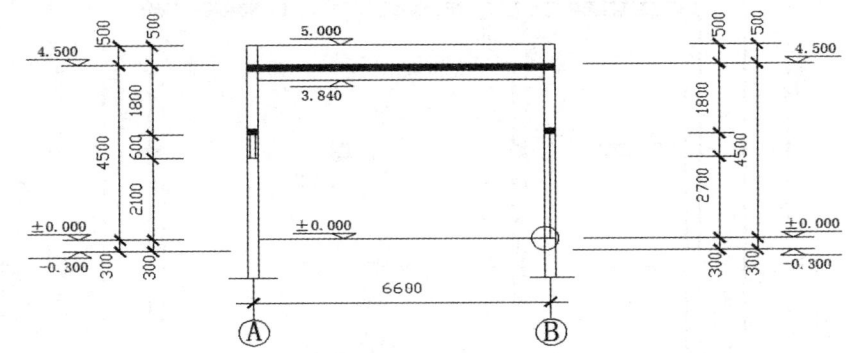

1-1剖面图1:100

图2.20 传达室平面图、剖面图

表 2.39　工程量计算单

序号	清单项目编码	清单项目名称	工程量计算式	计量单位	工程量
1	011201001001	墙面一般抹灰	$S = (11.04 - 0.24 \times 2 + 6.84 - 0.24 \times 2)$ $\times 2 \times (4.5 - 0.1) - (1.8 \times 2.7 + 1.5 \times 1.8 \times 2 + 1.5 \times 0.6 \times 3) = 135.94 \text{ m}^2$	m²	135.94
2	011407001001	墙面喷刷涂料	同上	m²	135.94

2. 分部分项工程量清单见表 2.40。

表 2.40　分部分项工程量清单

工程名称：某传达室墙柱面装饰工程　　　　　　标段：　　　　　　　　第 1 页共 1 页

序号	项目编码	项目名称	项目特征	计量单位	工程量
1	011201001001	墙面一般抹灰	20 mm 厚 1:1:6 混合砂浆抹灰	m²	135.94
2	011407001001	墙面喷刷涂料	白色乳胶漆两遍	m²	135.94

H1 -44　墙、柱面工程工程量清单编制

一、题目

如图 2.21、图 2.22 所示，某公司仓库内墙面为 20 mm 厚 1:2 水泥砂浆；外墙贴面砖，4 mm 厚瓷砖胶黏剂，揉挤压实。外墙面 C - 1：1500 mm×2100 mm，C - 2：2400 mm×2100 mm；M - 1：1500 mm ×3100 mm。内墙面 M - 2：1000 mm×3100 mm。

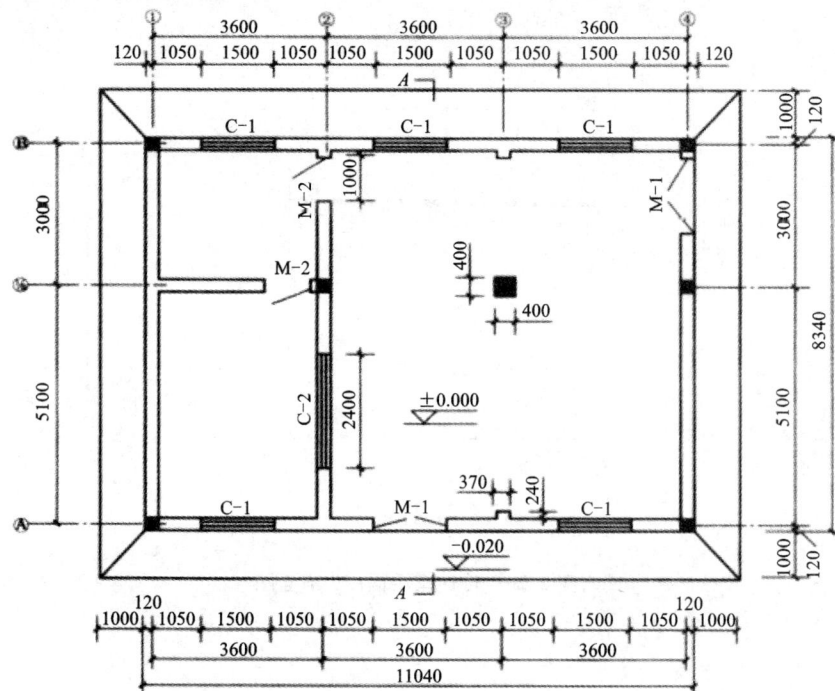

图 2.21　平面图

问题一：请根据图纸确定室内地坪标高、楼层净高。

问题二：请按《房屋建筑与装饰工程工程量计算规范》(GB 50854—2013)和《关于调整补充增值税条件下建设工程计价依据的通知》(湘建价〔2016〕160 号)要求编制外墙面砖工程量清单。

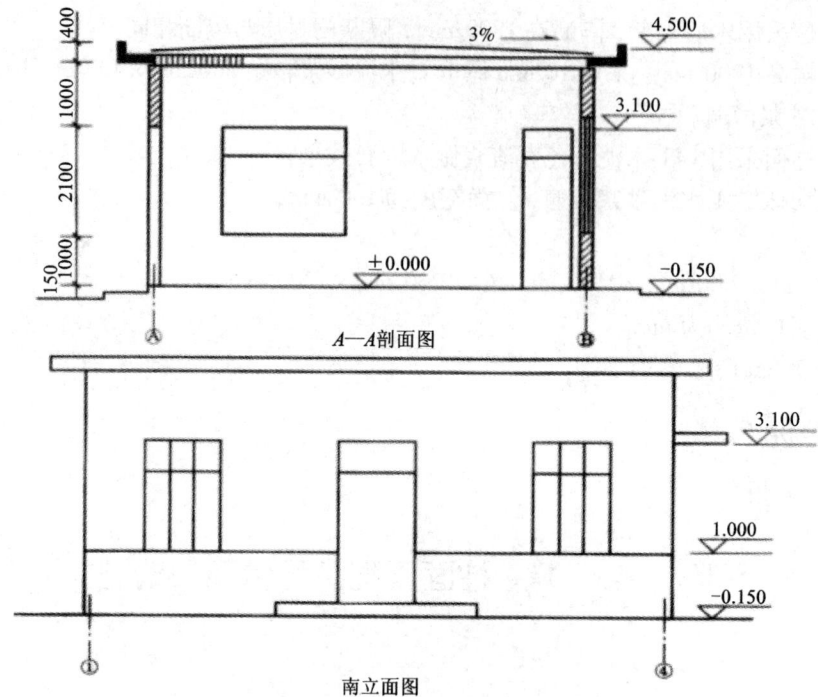

图 2.22　剖面图、立面图

二、试题解析

参考试题 H1 -40。

2.12　天棚工程工程量清单编制

H1 -45　天棚工程工程量清单编制

一、题目

某工程天棚平面如图 2.23 所示，设计为 U38 不上人型轻钢龙骨石膏板吊顶，龙骨网格 350 mm ×350 mm。

问题一：请根据图纸计算吊顶跌级高差。

问题二：请按《房屋建筑与装饰工程工程量计算规范》(GB 50854—2013)和《关于调整补充增值税条件下建设工程计价依据的通知》(湘建价〔2016〕160 号)要求编制该天棚吊顶工程量清单。

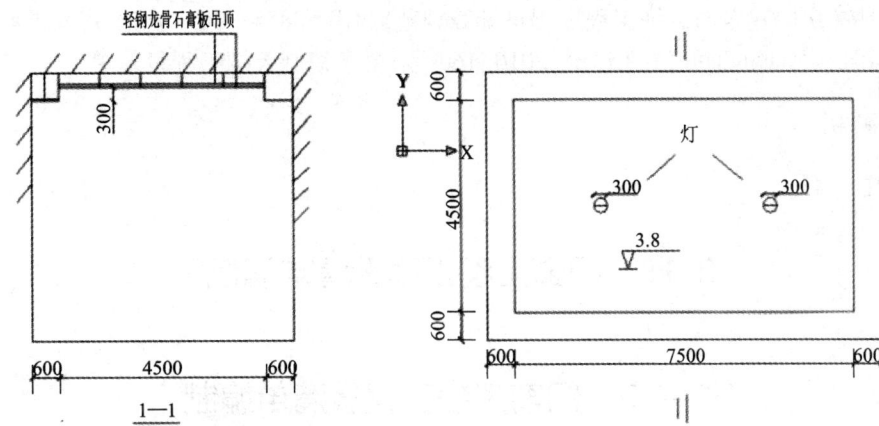

图 2.23　天棚示意图

二、试题解析

(一)试题知识点

1.根据《房屋建筑与装饰工程工程量计算规范》(GB 50854—1013)附录 N,天棚工程共计 4 个小节 10 个项目,包括天棚抹灰、天棚吊顶、采光天棚、天棚其他装饰。

2.吊顶天棚的吊顶开式指平面、跌级、锯齿形、吊挂式、藻井式以及矩形、弧形、拱形等,应在清单项目特征中进行描述,并且分不同形式单列编码。同一个工程中,如果龙骨材料种类、规格、中距有所不同,或者虽然龙骨材料种类、规格、中距相同但基层或面层材料的品种、规格、品牌不同,都应分别编码列项。

3.吊顶天棚清单工程量计算规则:按设计图示尺寸以水平投影面积计算。天棚面中的灯槽及跌级、锯齿形、吊挂式、藻井式天棚面积不展开计算。不扣除间壁墙、检查口、附墙烟囱、柱垛和管道所占面积,扣除单个大于 0.3 m² 的孔洞、独立柱及与天棚相连的窗帘盒所占的面积。

4.参见《房屋建筑与装饰工程工程量计算规范》(GB 50854—2013)中天棚工程清单项目表附录 N。

(二)试题解析过程

问题一:

吊顶跌级高差:$H = 300$ mm。

问题二:

1.工程量计算单见表 2.41。

表 2.41　工程量计算单

清单项目编码	清单项目名称	工程量计算式	计量单位	工程量
011302001001	不上人型轻钢龙骨石膏板吊顶	$S = (7.5 + 0.6 \times 2) \times (4.5 + 0.6 \times 2) = 49.59$ m²	m²	49.59

2.分部分项工程量清单见表 2.42。

表 2.42　分部分项工程量清单

工程名称:某工程天棚装饰工程　　　　标段:　　　　　　第 1 页共 1 页

项目编码	项目名称	项目特征	计量单位	工程量
011302001001	不上人型轻钢龙骨石膏板吊顶	1.吊顶形式:跌级; 2.U38 不上人型轻钢龙骨,中距 350 mm × 350 mm; 3.面层为石膏板吊顶。	m²	49.59

H1 –46　天棚工程工程量清单编制

一、题目

如图 2.24 所示,已知会议室吊顶面为纸面石膏板,墙厚均为 240 mm。

问题一:根据图示计算出跌级高差。

问题二:请按《房屋建筑与装饰工程工程量计算规范》(GB 50854—2013)和《关于调整补充增值税条件下建设工程计价依据的通知》(湘建价〔2016〕160 号)要求编制该天棚饰面板的工程量清单。

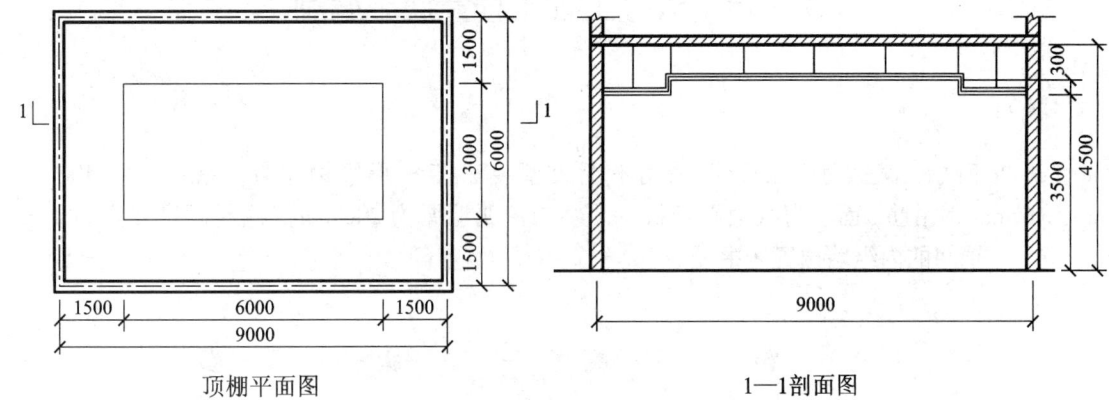

顶棚平面图　　　　　　　　　　1—1剖面图

图 2.24　天棚示意图

二、试题解析

参考试题 H1 –45。

H1 –47　天棚工程工程量清单编制

一、题目

问题一:请根据实训任务一附件的办公楼施工图描述"顶 3"的做法。

问题二:根据实训任务一附件的办公楼施工图,请按《房屋建筑与装饰工程工程量计算规范》(GB 50854—2013)和《关于调整补充增值税条件下建设工程计价依据的通知》(湘建价〔2016〕160 号)

要求编制该工程混合砂浆顶棚(表面喷涂仿瓷涂料两遍)(顶3)工程量清单。

二、试题解析

(一)试题知识点

1.根据《房屋建筑与装饰工程工程量计算规范》(GB 50854—1013)附录N,天棚工程共计4个小节10个项目,包括天棚抹灰、天棚吊顶、采光天棚、天棚其他装饰。

2.吊顶天棚的吊顶开式指平面、跌级、锯齿形、吊挂式、藻井式以及矩形、弧形、拱形等,应在清单项目特征中进行描述,并且分不同形式单列编码。同一个工程中,如果龙骨材料种类、规格、中距有所不同,或者虽然龙骨材料种类、规格、中距相同但基层或面层材料的品种、规格、品牌不同,都应分别编码列项。

3.吊顶天棚清单工程量按设计图示尺寸以水平投影面积计算。天棚面中的灯槽及跌级、锯齿形、吊挂式、藻井式天棚面积不展开计算。须注意清单计算规则是不展开计算的,但定额的天棚装饰面层工程是按主墙间实钉展开面积以平方米计算的。天棚吊顶不扣除柱、垛所占面积,但应扣除独立柱所占面积。柱垛是指与墙体相连的柱突出墙面部分。

4.参见《房屋建筑与装饰工程工程量计算规范》(GB 50854—2013)中天棚工程清单项目表附录N。

(二)试题解析过程

参考试题H1-45。

H1-48 天棚工程工程量清单编制

一、题目

如图2.25所示,某大厅吊顶天棚采用不上人型装配式U形轻钢龙骨,龙骨间距400 mm×400 mm,$\phi6$ mm钢吊筋,面层为纸面石膏板。图中未注明墙厚为200 mm,柱断面尺寸为500 mm×500 mm,A、B轴间的内纵墙位置居中。

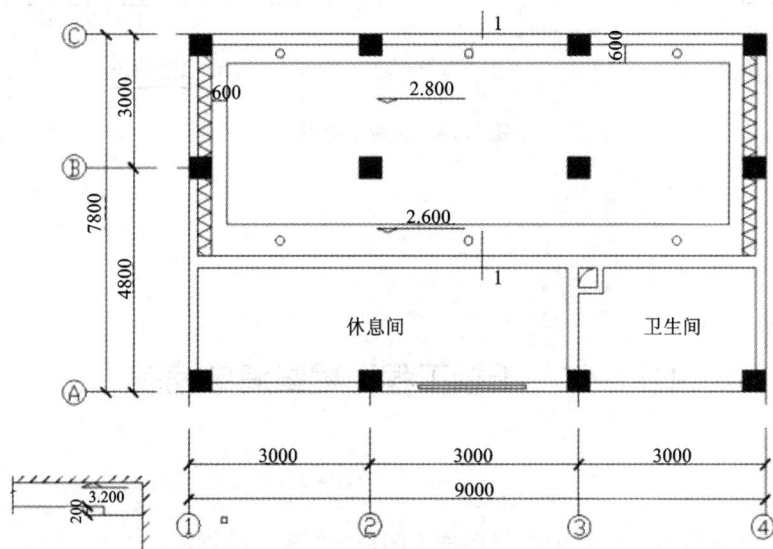

图2.25 天棚示意图

问题一:根据图示计算出跌级高差。

问题二:请按《房屋建筑与装饰工程工程量计算规范》(GB 50854—2013)和《关于调整补充增值税条件下建设工程计价依据的通知》(湘建价〔2016〕160号)要求编制天棚工程量清单。

二、试题解析

参考试题H1-45。

2.13 门窗工程工程量清单编制

H1-49 门窗工程工程量清单编制

一、题目

问题一:请根据实训任务一附件的办公楼施工图描述该工程门的类型、尺寸。

问题二:根据实训任务一附件的办公楼施工图、《房屋建筑与装饰工程工程量计算规范》(GB 50854—2013)和《关于调整补充增值税条件下建设工程计价依据的通知》(湘建价〔2016〕160号),完成门工程量清单编制。

二、试题解析

(一)试题知识点

1.根据《房屋建筑与装饰工程工程量计算规范》(GB 50854—2013)附录H,门窗工程共计10个小节55个项目,包括木门、金属门、金属卷帘门、厂库房大门、特种门、其他门、木窗、金属窗、门窗套、窗台板、窗帘、窗帘盒、窗帘轨工程。

2.门窗按不同材质、不同编号分别编码列项。

3.工程量按樘或平方米计量。若以樘计量,按设计图示以数量计算,项目特征必须描述洞口尺寸,没有洞口尺寸必须描述门框、窗框外围尺寸;若以平方米计量,按设计图示洞口尺寸以面积计算,若无设计图示洞口尺寸,按门框、窗框外围以面积计算,项目特征可不描述洞口尺寸及框的外围尺寸。

4.参见《房屋建筑与装饰工程工程量计算规范》(GB 50854—2013)中金属门和木门的工程清单项目表附录H。

(二)试题解析过程

问题一:

1.铝合金地弹门(M-1),洞口尺寸:2400 mm×2700 mm,46系列(2.0 mm厚)。

2.镁板门(M-2),洞口尺寸:900 mm×2400 mm。

3.镁板门(M-3),洞口尺寸:900 mm×2100 mm。

4.塑钢门联窗(MC-1),门尺寸:900 mm×2700 mm,窗尺寸:1500 mm×1800 mm,80系列(5 mm厚,白色)。

问题二:

1.工程量计算单见表2.43。

表 2.43 工程量计算单

序号	清单项目编码	清单项目名称	工程量计算式	计量单位	工程量
1	010802001001	铝合金地弹门(M-1)	N=1(樘)	樘	1
2	010801001001	镁板门(M-2)	N=4(樘)	樘	4
3	010801001002	镶板门(M-3)	N=2(樘)	樘	2
4	010802001002	塑钢门联窗(MC-1)	N=1(樘)	樘	1

2. 分部分项工程量清单见表2.44。

表 2.44 分部分项工程量清单

工程名称:某办公楼门工程　　　　标段:　　　　　　　　　　第1页 共1页

序号	项目编码	项目名称	项目特征	计量单位	工程量
1	010802001001	铝合金地弹门(M-1)	(1)M-1:2400 mm×2700 mm (2)铝合金地弹门(46系列,2.0 mm厚)	樘	1
2	010801001001	镁板门(M-2)	(1)M-2:900 mm×2400 mm (2)镁板门	樘	4
3	010801001002	镶板门(M-3)	(1)M-3:900 mm×2100 mm (2)镶板门	樘	2
4	010802001002	塑钢门联窗(MC-1)	(1)MC-1:门尺寸 900 mm×2700 mm, 窗尺寸 1500 mm×1800 mm (2)塑钢门联窗(80系列,5 mm厚,白色)	樘	1

H1-50 门窗工程工程量清单编制

一、题目

问题一:请根据实训任务一附件的办公楼施工图描述该工程窗的类型、尺寸。

问题二:根据实训任务一附件的办公楼施工图,按照《房屋建筑与装饰工程工程量计算规范》(GB 50854—2013)和《关于调整补充增值税条件下建设工程计价依据的通知》(湘建价〔2016〕160号)的要求,完成窗工程量清单编制。

二、试题解析

(一)试题知识点

1. 根据《房屋建筑与装饰工程工程量计算规范》(GB 50854—2013)附录H,门窗工程共计10个小节55个项目,包括木门、金属门、金属卷帘门、厂库房大门、特种门、其他门、木窗、金属窗、门窗套、窗台板、窗帘、窗帘盒、窗帘轨工程。

2. 门窗按不同材质、不同编号分别编码列项。

3. 工程量按樘或平方米计量。若以樘计量,按设计图示以数量计算,项目特征必须描述洞口尺寸,没有洞口尺寸必须描述门框、窗框外围尺寸;若以平方米计量,按设计图示以面积计算,

若无设计图示洞口尺寸,按门框、窗框外围以面积计算,项目特征可不描述洞口尺寸或框的外围尺寸。

4. 参见《房屋建筑与装饰工程工程量计算规范》(GB 50854—2013)中金属窗的工程清单项目表附录H。

(二)试题解析过程

问题一:

1. 铝合金推拉窗(C-1),洞口尺寸:1500 mm×1800 mm,96系列(带纱推拉窗)。

2. 铝合金推拉窗(C-2),洞口尺寸:1800 mm×1800 mm,96系列(带纱推拉窗)。

问题二:

1. 工程量计算单见表2.45。

表 2.45 工程量计算单

序号	清单项目编码	清单项目名称	计算式	计量单位	工程量
1	010807001001	金属窗	N=8(樘)	樘	8
2	010807001002	金属窗	N=2(樘)	樘	2
3	010807004001	金属纱窗	N=8(樘)	樘	8
4	010807004002	金属纱窗	N=2(樘)	樘	2

2. 分部分项工程量清单见表2.46。

表 2.46 分部分项工程量清单

工程名称:某办公楼窗工程　　　　标段:　　　　　　　　　　第1页 共1页

序号	项目编码	项目名称	项目特征	计量单位	工程量
1	010807001001	金属窗	铝合金推拉窗(C-1),洞口尺寸:1500 mm×1800 mm,96系列(带纱推拉窗)	樘	8
2	010807001002	金属窗	铝合金推拉窗(C-2),洞口尺寸:1800 mm×1800 mm,96系列(带纱推拉窗)	樘	2
3	010807004001	金属纱窗	铝合金纱窗,纱窗框 750 mm×1800 mm	樘	8
4	010807004002	金属纱窗	铝合金纱窗,纱窗框 900 mm×1800 mm	樘	2

H1-51 门窗工程工程量清单编制

一、题目

已知某工程门窗表如图 2.26 所示。

问题一:请根据图纸描述 M1、M2、C2、C3 的尺寸、数量。

问题二:请按《房屋建筑与装饰工程工程量计算规范》(GB 50854—2013)和《关于调整补充增值税条件下建设工程计价依据的通知》(湘建价〔2016〕160号)要求编制该工程 M1、M2、C2、C3 的工程量清单。

类型	设计编号	洞口尺寸(mm) 宽×高	樘数	开启方式	采用标准图集及编号 图集代号	编号	材料 框材	扇材	过梁	备注
门	M1	900×2100	2	平开	982J681	GJM101G-1021		实木夹板门、底漆一遍，咖啡色调和漆二遍	GL09242	
	M2	1000×2100	9	平开	982J681	GJM101G-1021		实木夹板门、底漆一遍，咖啡色调和漆二遍	GL10242	
	M3	1500×2100	2	平开	982J681	GJM924G-1521		实木夹板门、底漆一遍，咖啡色调和漆二遍	GL15242	
	M4	800×2100	4	平开	07ZTJ603	PPM1-0821		塑钢门	GL08121	
窗	C1	2400×2400	2	平开	03J603-2	见大样	铝合金型材	中空玻璃(6+6A+6 厚)		窗台300
	C2	2400×1800	4	平开	03J603-2	WPLC55BC118-1.52	铝合金型材	中空玻璃(6+6A+6 厚)		窗台900
	C3	1800×1800	1	平开	03J603-2	WPLC55BC94-1.52	铝合金型材	中空玻璃(6+6A+6 厚)	CL18242	窗台900
	C4	1500×1800	4	平开	03J603-2	WPLC55BC118-1.52	铝合金型材	中空玻璃(6+6A+6 厚)		窗台900
	C5	4800×1500	1	平开	03J603-2	见大样	铝合金型材	中空玻璃(6+6A+6 厚)		窗台900

图 2.26 门窗表图

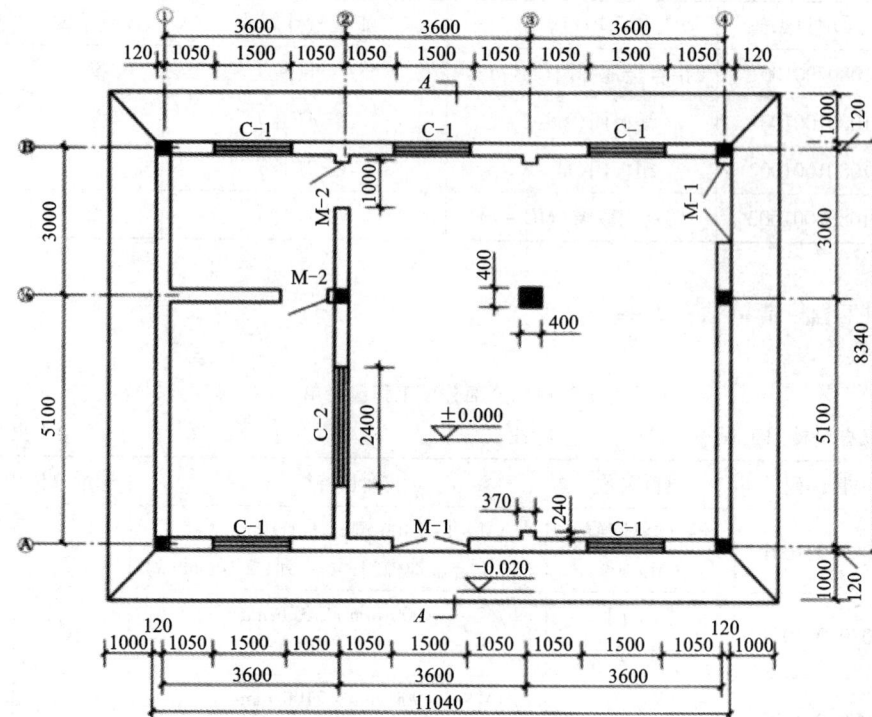

图 2.27 某仓库平面图

二、试题解析

参考试题 H1-49、H1-50。

H1-52 门窗工程工程量清单编制

一、题目

如图 2.27、图 2.28 所示，某公司仓库外墙面 C-1：1500 mm×2100 mm，C-2：2400 mm×2100 mm，均为双层空腹钢窗；M-1：1500 mm×3100 mm，为木质防火门。内墙面 M-2：1000 mm×3100 mm，为半玻璃镶板门。

问题一：请根据图纸描述 C-1、C-2 的窗台高度。

问题二：请按《房屋建筑与装饰工程工程量计算规范》(GB 50854—2013)和《关于调整补充增值税条件下建设工程计价依据的通知》(湘建价〔2016〕160 号)要求编制门窗工程量清单。

二、试题解析

参考试题 H1-49、H1-50。

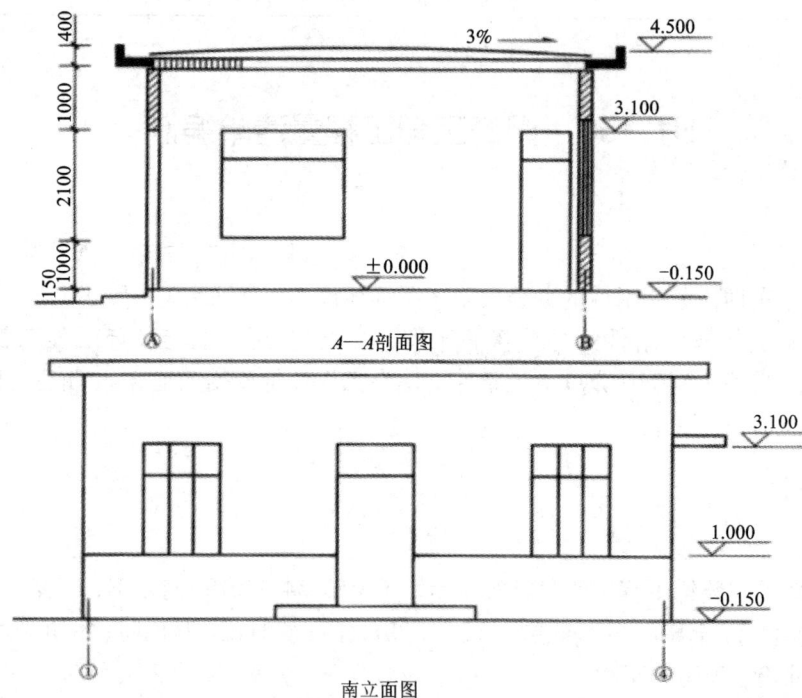

图 2.28 某仓库剖面图、立面图

模块三 工程量清单计价

第3章 岗位核心技能

3.1 建筑分部分项工程项目组价列项与工程量计算

H2-1 建筑分部分项工程项目组价列项与工程量计算

一、题目

某砖混结构工程图如下图3.1所示,墙身为M5混合砂浆砌筑标准砖,一砖半混水砖墙。室外地坪标高 -0.15 m,GZ(370 mm×370 mm)从基础圈梁(370×240 mm)底(-0.3 m)到板顶,门窗洞口上全部采用预制过梁。门窗洞尺寸:M1为1500 mm×2700 mm;M2为1000 mm×2700 mm;C1为1800 mm×1800 mm。

问题一:请正确指出本工程的外墙墙厚和外墙中心线长度。

问题二:请填制实心砖墙的工程量计算单,并完成项目清单编制与定额列项的工作。

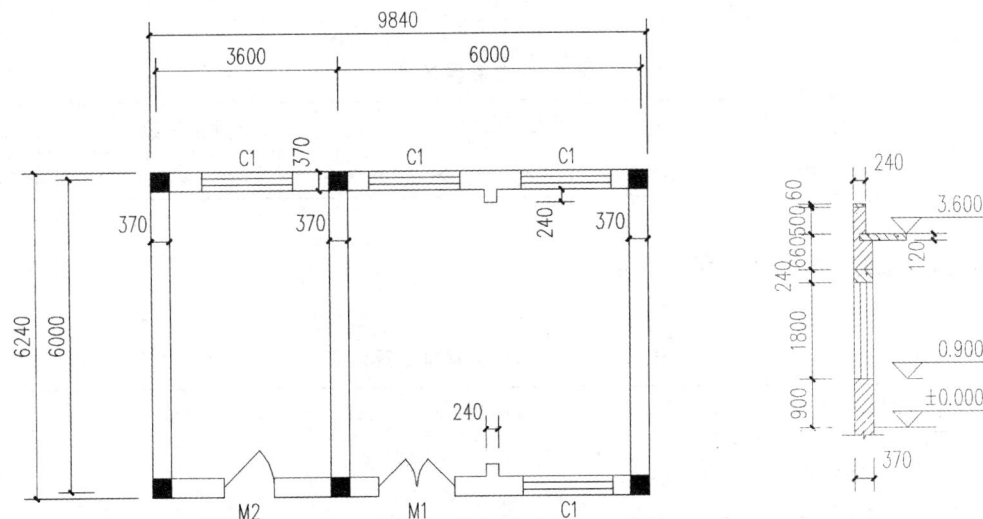

图3.1 某砖混结构工程图

二、试题解析

(一)试题知识点

1.实心砖墙的工程量计算规则。

按设计图示尺寸以体积计算。

扣除门窗洞口、过人洞、空圈、嵌入墙内的钢筋混凝土柱、梁、圈梁、挑梁、过梁及凹进墙内的壁龛、管槽、暖气槽、消火栓箱所占体积,不扣除梁头、板头、檩头、垫木、木楞头、沿缘木、木砖、门窗走头、砖墙内加固钢筋、木筋、铁件、钢管及单个面积不大于 $0.3\ m^2$ 的孔洞所占的体积。凸出墙面的腰线、挑檐、压顶、窗台线、虎头砖、门窗套的体积亦不增加。凸出墙面的砖垛并入墙体体积内计算。

(1)墙长度:外墙按中心线、内墙按净长计算。

(2)墙高度:

①外墙:斜(坡)屋面无檐口天棚者算至屋面板底;有屋架且室内外均有天棚者算至屋架下弦底另加 200 mm;无天棚者算至屋架下弦底另加300 mm,出檐宽度超过600 mm 时按实砌高度计算;与钢筋混凝土楼板隔层者算至板顶。平屋顶算至钢筋混凝土板底。

②内墙:位于屋架下弦者,算至屋架下弦底;无屋架者算至天棚底另加100 mm;有钢筋混凝土楼板隔层者算至楼板顶;有框架梁时算至梁底。

③女儿墙:从屋面板上表面算至女儿墙顶面(如有混凝土压顶时算至压顶下表面)。

④内、外山墙:按其平均高度计算。

墙体计算公式: $V_{墙体} = (L_{长度} \times H_{墙体高度} - S_{门窗洞口}) \times B_{墙体厚度} - V_{扣除}$

(3)框架间墙:不分内外墙按墙体净尺寸以体积计算。

(4)围墙:高度算至压顶上表面(如有混凝土压顶时算至压顶下表面),围墙柱并入围墙体积内。

2.构造柱现浇混凝土工程量计算规则。

构造柱按全高计算,嵌接墙体部分(马牙槎)并入柱身体积。

构造柱计算公式: $V = $ 构造柱核心区混凝土体积 + 构造柱马牙槎体积

$= [S(构造柱截面面积) + 0.03 \times h(墙厚)] \times H(柱高) \times N(马牙槎个数)$

(二)试题解析过程

问题一:

外墙墙厚:370 mm

外墙中心线长度: $L_{外} = (9.84 - 0.37 + 6.24 - 0.37) \times 2 = 30.68$ m

问题二:

1.实心砖墙的工程量计算表见表3.1。

表3.1 工程量计算表

序号	项目名称	工程量计算式	计量单位	数量
1	370 mm 厚砖墙	$L_{外} = (9.84 - 0.37 + 6.24 - 0.37) \times 2 = 30.68$ m $L_{内} = 6.24 - 0.37 \times 2 = 5.5$ m $S_{mc} = 1.5 \times 2.7 + 1 \times 2.7 + 1.8 \times 1.8 \times 4 = 19.71$ m $V_{gl} = 0.24 \times [(1.5 + 0.5) + (1 + 0.5) + (1.8 + 0.5) \times 4] \times 0.37$ $\quad = 1.128$ m³ $V_{gz} = 0.37^2 \times 3.6 \times 6 = 2.957$ m³ $V_{增} = 0.24^2 \times 3.6 \times 2 = 0.415$ m³ $V_{砖} = [(30.68 + 5.5) \times 3.6 - 19.71] \times 0.37 - (1.128 + 2.957) +$ $\quad 0.415 = 37.23$ m³	m³	37.23

41

续表 3.1

序号	项目名称	工程量计算式	计量单位	数量
2	240 mm 厚女儿墙	(1)墙长: $L = (6 + 9.6) \times 2 = 31.2$ m (2)女儿墙体积: $V_1 = 0.24 \times 31.2 \times 0.5 = 3.74$ m³	m³	3.74

2. 项目清单编制与定额列项见表 3.2。

表 3.2 项目清单编制与定额列项

清单序号	清单号或定额号	项目名称	项目特征	计量单位	数量	综合单价	合价
1	010401003001	实心砖墙	(1)标准砖 (2)混水砖墙 (3)370 mm (4)墙高:3.48 m (5)不需勾缝 (6)M5 混合砂浆	m³	37.23		
1.1	A4 – 11	实心砖墙,厚365 mm,M5 混合砂浆		10 m³	3.723		
2	010401003002	实心砖墙	(1)标准砖 (2)混水砖墙、女儿墙 (3)240 mm (4)墙高:0.5 m (5)不需勾缝 (6)M5 混合砂浆	m³	3.74		
2.1	A4 – 10	实心砖墙,厚240 mm,M5 混合砂浆		10 m³	0.374		

H2 -2 建筑分部分项工程项目组价列项与工程量计算

一、题目

某砖混结构工程图如图 3.2 所示,室外地坪标高 -0.15 m,GZ(370 mm × 370 mm)从基础圈梁(370 mm × 240 mm)底(-0.3 m)到板顶,门窗洞口上部全部采用预制过梁。门窗洞尺寸:M1 为 1500 mm × 2700 mm;M2 为 1000 mm × 2700 mm;C1 为 1800 mm × 1800 mm。

问题一:请指出本工程的层高、层数以及结构类型。

问题二:请填制综合脚手架的工程量计算单,并完成项目清单编制与定额列项的工作。

二、试题解析

(一)试题知识点

1. 综合脚手架工程量计算规则:按建筑面积计算。

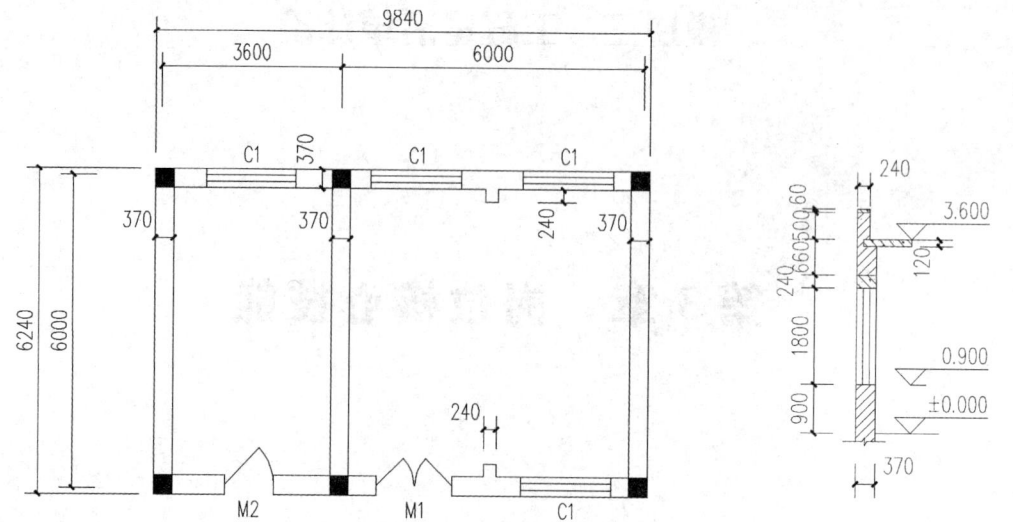

图 3.2 某砖混结构工程图

2. 使用综合脚手架时,不再使用外脚手架、里脚手架等单项脚手架;综合脚手架适用于按"建筑面积计算规则"计算脚手架工程量,但不适用于计算房屋加层、构筑物及附属工程脚手架工程量。

3. 同一建筑物有不同檐高时,按建筑物竖向切面分别按不同檐高列清单项目。

4. 脚手架材质可以不描述,但应注明由投标人根据工程实际情况按照国家现行标准《建筑施工扣件式钢管脚手架安全技术规范》(JGJ 130—2011)、《建筑施工附着升降脚手架管理暂行规定》(湘建〔2000〕230 号)等规范自行确定。

5. 建筑面积计算按《建筑工程建筑面积计算规范》(GB/T 50353—2013)。

(二)试题解析过程

问题一:

本工程的层高:3.6 m;层数:一层;结构类型:砖混结构。

问题二:

1. 综合脚手架的工程量计算表见表 3.3。

表 3.3 工程量计算

序号	项目名称	工程量计算式	计量单位	数量
1	综合脚手架	$S_{综} = S_{建} = 6.24 \times 9.84 = 61.40$ m²	m²	61.40

2. 项目清单编制与定额列项见表 3.4。

表 3.4 项目清单编制与定额列项

清单序号	清单号或定额号	项目名称	项目特征	计量单位	数量	综合单价	合价
1	11701001001	综合脚手架	(1)建筑结构形式:砖混 (2)檐口高度:4.41 m	m²	61.40		
1.1	A12 – 1	综合脚手架单层居民建筑,檐高 10 m 以内		100 m²	0.614		

H2 -3　建筑分部分项工程项目组价列项与工程量计算

一、题目

问题一：根据实训任务一附件的办公楼施工图，指出本工程的室外地坪标高、挖土深度。

问题二：完成该图纸中①轴线上挖基坑土方和独立基础混凝土工程量，并完成项目清单编制与定额列项的工作。其中，土壤类别为坚土，采用人工开挖，基槽及房心采用人工夯填，胶轮车运土，土方运输距离100 m。

二、试题解析

(一)试题知识点

1. 挖基坑土方清单工程量计算规则：按设计图示尺寸以基础垫层底面积乘以挖土深度计算。

基坑挖土体积计算公式：$V_清 = abH$

2. 人工挖基坑土方定额组价工程量按挖土体积计算，计算时应考虑工作面宽，应根据土质类别、挖土深度判断是否需要放坡。如果需要放坡，还应根据土质类别确定放坡系数 K。

基坑挖土体积计算公式：$V = (a + 2c + KH)(b + 2c + KH)H + 1/3 K^2 H^3$

3. 现浇混凝土独立基础清单与定额组价工程量计算规则相同，都是按独立基础体积计算。

阶梯式独立基础计算公式：$V = \sum (独立基础每阶面积 S \times 每阶高度 H)$

(二)试题解析过程

问题一：

室外地坪标高：-0.600 m。

挖土深度：独立基础：$-0.6 - (-1.8) + 0.1 = 1.3$ m。

条形基础：$-0.6 - (-1 - 0.1) = 0.5$ m。

问题二：

1. 挖基坑土方和独立基础混凝土工程量计算表见表3.5。

表3.5　工程量计算表

序号	项目名称	工程量计算式	计量单位	数量
1	挖基坑土方	$V_清 = 1.6^2 \times 1.3 \times 4 = 13.31$ m³	清单：m³	13.31
		$V_定 = [(1.6 + 0.6 + 1.3 \times 0.33)^2 \times 1.3 + 1/3 \times 0.33^2 \times 1.3^3] \times 4 = 36.26$ m³	定额：m³	36.26
2	独立基础混凝土	$V_清 = V_定 = V_j - 1 = 1.4^2 \times 0.3 \times 4 = 2.35$ m³	m³	2.35

2. 项目清单编制与定额列项见表3.6。

表3.6　项目清单编制与定额列项

清单序号	清单号或定额号	项目名称	项目特征	计量单位	数量	综合单价	合价
1	010101004001	挖基坑土方	坚土，挖深1.3 m，土方运距100 m	m³	13.31		

续表3.6

清单序号	清单号或定额号	项目名称	项目特征	计量单位	数量	综合单价	合价
1.1	A1 -5	挖基坑土方，坚土		100 m³	0.3626		
1.2	A1 -12 + A1 -13 ×3.5	土方运距100 m		100 m³	0.3626		
2	010501003001	独立基础混凝土	现浇 C30 混凝土	m³	2.35		
2.1	A5 -77	现浇 C30 混凝土独立基础		10 m³	0.235		

H2 -4　建筑分部分项工程项目组价列项与工程量计算

一、题目

问题一：根据实训任务一附件的办公楼施工图，指出本工程的室外地坪标高、挖土深度。

问题二：完成该图纸中 A 轴线上挖基坑土方和独立基础混凝土工程量，并完成项目清单编制与定额列项的工作。其中，土壤类别为坚土，采用人工开挖，基槽及房心采用人工夯填，胶轮车运土，土方运输距离100 m。

二、试题解析

参考试题 H2 -3。

3.2　建筑分部分项工程项目综合单价的计算

H2 -5　建筑分部分项工程项目综合单价的计算

一、题目

某项目工程量清单及组价工程量计算表见表3.7，请根据此工程量计算表、现行计价文件以及当时当地市场价格信息，按照一般计税法编制该清单项目的综合单价分析表。（结果保留两位小数）主材单价：标准砖240 mm ×115 mm ×53 mm 为308.7 元/m³，水泥32.5 级为0.414 元/kg，中净砂为194 元/m³，水为3.9 元/m³，电为0.906 元/kWh；其余材料及机械单价取定额基价；人工单价为100 元/工日；管理费率为23.33%；利润率为25.42%。

表 3.7　工程量计算表

序号	清单或定额编号	项目名称(含特征)	计算式	计量单位	数量
1	010401003001	实心砖墙 (1)墙体类型:外墙; (2)墙体厚度:240 mm; (3)勾缝要求:原浆勾缝; (4)砂浆强度等级、本合比:M7.5 水泥砂浆		m³	52.598
1.1	A4－10 换	黏土标准砖:厚 240 mm		10 m³	5.26

二、试题解析

(一)试题知识点

1. 综合单价。

综合单价是指完成一个规定计量单位的分部分项工程量清单项目或措施清单项目所需的直接费用(包括人工费、材料费、施工机械使用费)、费用和利润(包括管理费、利润、规费)、增值税以及一定范围内的风险费用。

2. 基期单价=基期人工费+基期材料费+基期机械使用费。

基期人工费=人工工日消耗量×基期人工工资单价。

基期材料费=∑(材料消耗量×相应材料基期单价)。

基期机械使用费=∑(机械台班消耗量×相应机械基期单价)。

3. 市场单价=市场人工费+市场材料费+市场机械使用费。

市场人工费=人工工日消耗量×市场人工工资单价。

市场材料费=∑(材料消耗量×相应材料市场除税单价)。

市场机械使用费=∑(机械台班消耗量×相应机械市场除税单价)。

其中,人工工日消耗量、材料消耗量、机械台班消耗量应根据《湖南省建筑工程消耗量标准》(2014)上下册与《湖南省建筑装饰装修工程消耗量标准》(2014)确定。

根据《湖南省建筑工程消耗量标准》(2014)总说明第十条:用量少、占材料比重小的次要材料合并为其他材料费。其他材料费按该标准第二章至第十章中的材料费乘以3%计取其他材料费。

4. 管理费。

管理费是指建筑安装企业组织施工生产和经营管理所需的费用。构成内容有管理人员的工资、办公费、差旅交通费、固定资产使用费、工具和用具使用费、劳动保险费、工会经费、职工教育经费、财产保险费、财务费、税金(指企业按规定缴纳的房产税、车船使用税、土地使用税、印花税等)、其他费用(包括技术转让费、技术开发费、业务招待费、绿化费、广告费、公证费、法律顾问费、审计费、咨询费等)。

计算公式:管理费=计算基础×管理费率。

5. 利润。

利润是指施工企业完成所承包工程获得的盈利,应按照一定的规定计入工程造价内。实际上利润是施工企业按照国家规定(指导)的利润率,向建设单位计取的费用,作为企业的盈利。

计算公式:利润=计算基础×利润率。

湖南省关于管理费和利润的计算基础和费率标准见表3.8。

表 3.8　施工企业管理费和利润表

序号		项目名称	计费基础	一般计税法费率标准/%		简易计税法费率标准/%	
				企业管理费	利润	企业管理费	利润
1		建筑工程	人工费＋机械费	23.33	25.42	23.34	25.12
2		装饰装修工程	人工费	26.48	28.88	26.81	28.88
3		安装工程	人工费	28.98	31.59	29.34	31.59
4		园林景观绿化	人工费	19.90	21.70	20.15	21.70
5		仿古建筑	人工费＋机械费	24.36	26.54	24.51	26.39
6	市	给排水、燃气工程	人工费	27.82	30.33	25.81	27.80
7	政	道路、桥涵、隧道工程	人工费＋机械费	21.59	23.54	21.82	23.50
8		机械土石方	人工费＋机械费	7.31	7.97	6.83	7.35
9		机械打桩、地基处理(不包括强夯地基)、基坑支护	人工费＋机械费	13.43	14.64	12.67	13.64
10		装配式混凝土－现浇剪力墙	人工费＋机械费	28.12	30.64	28.13	30.28
11		劳务分包企业	人工费	—	—	7	7.36

注:1. 计费基础中的"人工费和机械费"中的人工费均按60元/工日计算。

2. 当采用简易计税法时,机械费直接按湘建价〔2014〕113号文相关规定计算。

3. 当采用一般计税法时,机械费按湘建价〔2014〕113号文相关规定计算,并区别不同单位工程乘以系数:

1)机械土石方、强夯、钢板桩和预制管桩的沉桩、结构吊装等大型机械施工的工程乘以0.92;

2)其他工程乘以0.95。

6. 规费。

规费是指省级政府或省级有关权力部门规定必须缴纳的,应计入建筑安装工程造价的费用。规费应按国家或省级、行业建设主管部门的规定计算,不得作为竞争性费用。工程结算时,规费根据当地政府有关部门的规定,按实际缴纳的费用计算。规费费率表见表3.9。

计算公式:规费=计费基数×规定的费率。

表 3.9　规费费率表

序号	项目名称	一般计税法		简易计税法	
		计费基础	费率/%	计费基础	费率/%
1	工程排污费	直接费用＋管理费＋利润＋总价措施项目费	0.4	直接费用＋管理费＋利润＋总价措施项目费	0.4
2	职工教育经费	人工费	1.5	人工费	1.5
3	工会经费		2		2
4	住房公积金		6		6
5	社会保险费	直接费用＋管理费＋利润＋总价措施项目费	3.18	直接费用＋管理费＋利润＋总价措施项目费	3.18
6	安全生产责任险		0.2		0.2

7. 税金。

按最新的计价文件计取增值税。

(二) 试题解析过程

1. 查《湖南省建筑工程消耗量标准》(2014)93，每 10 m³ 混水砖墙：

定额人工费 = 1064.70 元；定额材料费 = 2642.29 元；定额机械费 = 35.03 元；

综合人工：15.21 工日；标准砖：7.899 m³；水：1.06 m³；M7.5 水泥砂浆：2.25 m³；

200 L 灰浆搅拌机：0.38 台班。

2. 计算人工费、材料费、机械费。

(1) 人工费。

市场人工费：5.26 × 15.21 × 100 = 8000.46 元

取费人工费：5.26 × 15.21 × 60 = 4800.28 元

(2) 材料费。

①标准砖：5.26 × 7.899 × 308.7/(1 + 12.95%) = 11355.55 元

②M7.5 水泥砂浆 (水泥 32.5 级)：5.26 × 2.25 = 11.835 m³

分解 M7.5 水泥砂浆 (水泥 32.5 级)：

a. 水泥：11.835 × 255 × 0.414/(1 + 12.95%) = 1106.17 元

b. 中净砂：11.835 × 1.29 × 194/(1 + 3.6%) = 2858.91 元

c. 水：11.835 × 0.33 × 3.9/(1 + 9%) = 13.97 元

材料费合计：(11355.55 + 19.95 + 1106.17 + 2858.91 + 13.97) × 1.03 = 15815.19 元

③水：5.26 × 1.06 × 3.9/(1 + 9%) = 19.95 元

(3) 机械费。

200 L 灰浆搅拌机台班：5.26 × 0.38 = 1.9988 台班

查《湖南省建筑工程计价办法附录 2014》J6 - 16 可知：

取费机械费：5.26 × 0.38 × [92.19 - 10(人工)] × 0.95 = 156.07 元

市场机械费：5.26 × 0.38 × [92.19 + 8.61(电) × (0.906 - 0.99) + 30(人工)] × 0.95 = 230.66 元

3. 综合单价表见表 3.10。

表 3.10　E.5 清单项目费用计算表 (综合单价表) (一般计税法)

工程名称：某项目工程　　　　标段：

清单编号：010401004001　　　单位：m³

清单名称：多孔砖墙　　　数量：52.6　　　综合单价：585.01 元　　第 1 页　共 1 页

序号	工程内容	计费基础说明	费率/%	金额/元	备注
1	直接费用	1.1 + 1.2 + 1.3		24046.31	
1.1	人工费			8000.46	
1.1.1	取费人工费			4800.28	
1.2	材料费			15815.19	
1.3	机械费			230.66	
1.3.1	取费机械费			156.07	
2	费用和利润	2.1 + 2.2 + 2.3		4082.95	

续表 3.10

序号	工程内容	计费基础说明	费率/%	金额/元	备注
2.1	管理费	1.1.1 + 1.3.1	23.33	1156.32	
2.2	利润	1.1.1 + 1.3.1	25.42	1259.90	
2.3	规费	2.3.1 + 2.3.2 + 2.3.3 + 2.3.4 + 2.3.5		1666.73	
2.3.1	工程排污费	1 + 2.1 + 2.2	0.4	102.14	
2.3.2	职工教育经费和工会经费	1.1	3.5	280.02	
2.3.3	住房公积金	1.1	6	480.03	
2.3.4	安全生产责任险	1 + 2.1 + 2.2	0.2	52.93	
2.3.5	社会保险费	1 + 2.1 + 2.2	2.84	751.61	
3	建安造价	1 + 2		28129.26	
4	销项税额	3 × 税率	9	2531.63	
5	附加税额	(3 + 4) × 税率	0.36	110.39	
6	优惠	1 + 2.1 + 2.2	0		
	建安工程造价	3 + 4 + 5 - 6		30771.27	

注：1. 采用一般计税法时，材料、机械台班单价均执行除税单价。

　　2. 建安费用 = 直接费用 + 费用和利润。

　　3. 综合单价 = 合计 ÷ 数量。

　　4. 本表用于分部分项工程和能计量的措施项目清单与计价。

H2 - 6　建筑分部分项工程项目综合单价的计算

一、题目

某项目工程量清单及组价工程量计算表见表 3.11，请根据此工程量计算单、现行计价文件以及当时当地市场价格信息，按照一般计税法编制该清单项目的综合单价分析表。(结果保留两位小数)

人工单价为 100 元/工日；管理费为 23.33%；利润率为 25.42%。

表 3.11　工程量计算表

序号	清单或定额编号	项目名称 (含特征)	计量单位	数量
1	010101004001	挖基坑土方： (1) 土壤类别：二类土 (2) 挖土深度：2 m 内	m³	29.33
1.1	A1 - 4	人工挖基坑：深度 2 m 以内，普通土	100 m³	0.91

二、试题解析

参考试题 H2 - 5。

H2-7　建筑分部分项工程项目综合单价的计算

一、题目

某现浇混凝土柱项目为 C35 商品混凝土采用垂直运输机械运送施工,其工程量清单及组价工程量计算表见表 3.12,请根据此工程量计算表、现行计价文件以及当时当地市场价格信息,按照一般计税法编制该清单项目的综合单价分析表。(结果保留两位小数)

主材单价:C35 商品混凝土为 510 元/m³,水泥 32.5 级为 0.414 元/kg,中净砂为 194 元/m³,水为 3.9 元/m³,电为 0.906 元/kWh;其余材料及机械单价取定额基价;人工单价为 100 元/工日;管理费率为 23.33%;利润率为 25.42%。

表 3.12　工程量计算表

序号	清单或定额编号	项目名称(含特征)	计量单位	数量
1	010502001001	矩形柱: (1)混凝土种类:商品混凝土 (2)混凝土强度等级:C35	m³	54
1.1	A5-80 换	现浇混凝土柱:普通商品混凝土 C35(水泥砂浆 1:2,水泥 32.5 级)	10 m³	5.4

二、试题解析

参考试题 H2-5。

H2-8　建筑分部分项工程项目综合单价的计算

一、题目

某现浇混凝土有梁板项目为 C30 商品混凝土采用垂直运输机械运送施工,其工程量清单及组价工程量计算表见表 3.13,请根据此工程量计算表、现行计价文件以及当时当地市场价格信息,按照一般计税法编制该清单项目的综合单价分析表。(结果保留两位小数)

主材单价:C30 商品混凝土为 500 元/m³,水泥 32.5 级为 0.414 元/kg,中净砂为 194 元/m³,水为 3.9 元/m³,电为 0.906 元/kWh;其余材料及机械单价取定额基价;人工单价为 100 元/工日;管理费率为 23.33%;利润率为 25.42%。

表 3.13　工程量计算表

序号	清单或定额编号	项目名称(含特征)	计量单位	数量
1	010505001001	有梁板: (1)混凝土种类:商品混凝土 (2)混凝土强度等级:C30	m³	670.6
1.1	A5-86 换	现浇混凝土柱:普通商品混凝土 C30(水泥砂浆 1:2,水泥 32.5 级)	10 m³	67.06

二、试题解析

参考试题 H2-5。

3.3　建筑工程工程量清单计价表的填制及文件的装订

H2-9　建筑工程工程量清单计价表的填制及文件的装订

一、题目

已知湘潭市区某建筑工程为二层框架结构,建筑面积为 590 m²,其按一般计税法计算的单位工程费用计算表见表 3.14,请根据湖南省现行计价办法规定以及表中已有数据,将该表填写完整,完成该建筑工程投标报价文件编制并装订成册。(结果保留两位小数)

其中:管理费率为 23.33%;利润率为 25.42%。

表 3.14　单位工程费用计算表(投标报价)(一般计税法)

工程名称:　　　　　标段:　　　　　名称:

序号	工程内容	计算过程	费率/%	金额/元
1	直接费用			
1.1	人工费			5220.76
1.1.1	其中:取费人工费			3820.06
1.2	材料费			4725.78
1.3	机械费			365.15
1.3.1	其中:取费机械费			362.54
2	费用和利润			
2.1	管理费			
2.2	利润			
2.3	总价措施项目费			
2.3.1	其中:安全文明施工费			
2.4	规费			
2.4.1	工程排污费			
2.4.2	职工教育经费和工会经费			
2.4.3	住房公积金			
2.4.4	安全生产责任险			
2.4.5	社会保险费			
3	建安造价			
4	销项税额			

续表 3.14

序号	工程内容	计算过程	费率/%	金额/元
5	附加税额			
6	其他项目费			10000.00
	建安工程造价			

二、试题解析

(一)试题知识点

1. 单位工程招标控制价(投标报价) = 分部分项工程费 + 总价措施项目费 + 其他项目费 + 规费 + 税金。

2. 分部分项工程费 = $\sum$(分部分项工程量 × 分部分项工程综合单价)。

3. 措施项目清单中的措施项目可以分为两类,其措施项目费的计算相应地有两种方式:可以计算工程量的措施项目,应按分部分项工程量清单的方式采用综合单价计价;不可以计算工程量的措施项目以"项"为单位的方式计价,应包括除规费、税金外的全部费用。

4. 其他项目清单计价主要确定暂列金额、暂估价、计日工、总承包服务费、索赔与现场签证。

5. 规费应根据各地区建设工程计价办法规定的项目、计费基础、费率进行计算,不得作为竞争性费用。规费计算办法见表 3.9。

(二)试题解析过程

1. 计算过程。

直接费用 = 人工费 + 材料费 + 机械费 = 5220.76 + 4725.78 + 365.15 = 10311.69 元

费用和利润 = 管理费 + 利润 + 总价措施项目费 + 规费 = 975.8 + 1063.22 + 551.27 + 939.80 = 3530.09 元

管理费 = (取费人工费 + 取费机械费) × 管理费率 = (3820.06 + 362.54) × 23.33% = 975.80 元

利润 = (取费人工费 + 取费机械费) × 利润率 = (3820.06 + 362.54) × 25.42% = 1063.22 元

总价措施项目费 = 安全文明施工费 = (取费人工费 + 取费机械费) × 费率
= (3820.06 + 362.54) × 13.18% = 551.27 元

规费 = 工程排污费 + 职工教育经费和工会经费 + 住房公积金 + 安全生产责任险 + 社会保险费
= 51.61 + 182.73 + 313.25 + 25.80 + 366.42 = 939.8 元

工程排污费 = (直接费用 + 管理费 + 利润 + 总价措施项目费) × 费率
= (10311.69 + 975.80 + 1063.22 + 551.27) × 0.4% = 51.61 元

职工教育经费和工会经费 = 市场人工费 × 费率 = 5220.76 × 3.5% = 182.73 元

住房公积金 = 市场人工费 × 费率 = 5220.76 × 6% = 313.25 元

安全生产责任险 = (直接费用 + 管理费 + 利润 + 总价措施项目费) × 费率
= (10311.69 + 975.8 + 1063.22 + 551.27) × 0.2% = 25.8 元

社会保险费 = (直接费用 + 管理费 + 利润 + 总价措施项目费) × 费率
= (10311.69 + 975.8 + 1063.22 + 551.27) × 2.84% = 366.42 元

建安造价 = 直接费用 + 费用和利润 = 10311.69 + 3530.09 = 13841.78 元

销项税额 = 建安造价 × 税率 = 13841.78 × 9% = 1245.76 元

附加税额 = (建安造价 + 销项税额) × 税率 = (13841.78 + 1245.76) × 0.36% = 54.32 元

建安工程造价 = 建安造价 + 销项税额 + 附加税额 + 其他项目费
= 13841.78 + 1245.76 + 54.32 + 10000 = 25141.86 元

2. 计算结果见表 3.15。

表 3.15 单位工程费用计算表(投标报价)(一般计税法)

工程名称: 标段: 名称:

序号	工程内容	计费基础说明	费率/%	金额/元	备注
1	直接费用	1.1 + 1.2 + 1.3		10311.69	
1.1	人工费			5220.76	
1.1.1	其中:取费人工费			3820.06	
1.2	材料费			4725.78	
1.3	机械费			365.15	
1.3.1	其中:取费机械费			362.54	
2	费用和利润	2.1 + 2.2 + 2.3 + 2.4		3530.09	
2.1	管理费	1.1.1 + 1.3.1	23.33	975.80	
2.2	利润	1.1.1 + 1.3.1	25.42	1063.22	
2.3	总价措施项目费			551.27	
2.3.1	其中:安全文明施工费	1.1.1 + 1.3.1	13.18	551.27	
2.4	规费	2.4.1 + 2.4.2 + 2.4.3 + 2.4.4 + 2.4.5		939.80	
2.4.1	工程排污费	1 + 2.1 + 2.2 + 2.3	0.4	51.61	
2.4.2	职工教育经费和工会经费	1.1	3.5	182.73	
2.4.3	住房公积金	1.1	6	313.25	
2.4.4	安全生产责任险	1 + 2.1 + 2.2 + 2.3	0.2	25.80	
2.4.5	社会保险费	1 + 2.1 + 2.2 + 2.3	2.84	366.42	
3	建安造价	1 + 2		13841.78	
4	销项税额	3	9	1245.76	
5	附加税额	3 + 4	0.36	54.32	
6	其他项目费			10000.00	
	建安工程造价	3 + 4 + 5 + 6		25141.86	

H2－10　建筑工程工程量清单计价表的填制及文件的装订

一、题目

已知湘潭县城某建筑工程为五层框架结构，建筑面积为3200 m²，其按一般计税法计算的单位工程费用计算表见表3.16，请根据湖南省现行计价办法规定以及表中已有数据，将该表填写完整，完成该建筑工程投标报价文件编制并装订成册。（结果保留两位小数）

其中：管理费率为23.33%；利润率为25.42%。

表3.16　单位工程费用计算表（投标报价）（一般计税法）

工程名称：　　　　　标段：　　　　　名称：

序号	工程内容	计算过程	费率/%	金额/元
1	直接费用			
1.1	人工费			225166.47
1.1.1	其中：取费人工费			139278.23
1.2	材料费			406581.22
1.3	机械费			52355.57
1.3.1	其中：取费机械费			47937.23
2	费用和利润			
2.1	管理费			
2.2	利润			
2.3	总价措施项目费			
2.3.1	其中：安全文明施工费			
2.4	规费			
2.4.1	工程排污费			
2.4.2	职工教育经费和工会经费			
2.4.3	住房公积金			
2.4.4	安全生产责任险			
2.4.5	社会保险费			
3	建安造价			
4	销项税额			
5	附加税额			
6	其他项目费			10000.00
	建安工程造价			

二、试题解析

参考试题 H2－9。

H2－11　建筑工程工程量清单计价表的填制及文件的装订

一、题目

已知湘潭市区某建筑工程为二层砖混结构，建筑面积为1200 m²，其按一般计税法计算的单位工程费用计算表见表3.17，请根据湖南省现行计价办法规定以及表中已有数据，将该表填写完整，完成该建筑工程投标报价文件编制并装订成册。（结果保留两位小数）

其中：管理费率为23.33%；利润率为25.42%

表3.17　单位工程费用计算表（投标报价）（一般计税法）

工程名称：　　　　　标段：　　　　　名称：

序号	工程内容	计算过程	费率/%	金额/元
1	直接费用			
1.1	人工费			126320.82
1.1.1	其中：取费人工费			82383.15
1.2	材料费			222596.49
1.3	机械费			12191.47
1.3.1	其中：取费机械费			11749.29
2	费用和利润			
2.1	管理费			
2.2	利润			
2.3	总价措施项目费			
2.3.1	其中：安全文明施工费			
2.4	规费			
2.4.1	工程排污费			
2.4.2	职工教育经费和工会经费			
2.4.3	住房公积金			
2.4.4	安全生产责任险			
2.4.5	社会保险费			
3	建安造价			
4	销项税额			
5	附加税额			
6	其他项目费			10000.00
	建安工程造价			

二、试题解析

参考试题 H2-9。

H2-12　建筑工程工程量清单计价表的填制及文件的装订

一、题目

已知湘潭县城某建筑工程为六层框架结构，建筑面积为 3590 m²，其按一般计税法计算的单位工程费用计算表见表 3.18，请根据湖南省现行计价办法规定以及表中已有数据，将该表填写完整，完成该建筑工程投标报价文件编制并装订成册。（结果保留两位小数）

其中：管理费率为 23.33%；利润率为 25.42%。

表 3.18　单位工程费用计算表(投标报价)(一般计税法)

工程名称：　　　　标段：　　　　名称：

序号	工程内容	计算过程	费率/%	金额/元
1	直接费用			
1.1	人工费			882633.76
1.1.1	其中:取费人工费			586378.81
1.2	材料费			1302841.95
1.3	机械费			216658.44
1.3.1	其中:取费机械费			191351.35
2	费用和利润			
2.1	管理费			
2.2	利润			
2.3	总价措施项目费			
2.3.1	其中:安全文明施工费			
2.4	规费			
2.4.1	工程排污费			
2.4.2	职工教育经费和工会经费			
2.4.3	住房公积金			
2.4.4	安全生产责任险			
2.4.5	社会保险费			
3	建安造价			
4	销项税额			
5	附加税额			
6	其他项目费			10000.00
	建安工程造价			

二、试题解析

参考试题 H2-9。

3.4　装饰分部分项工程项目组价列项与工程量计算

H2-13　装饰分部分项工程项目组价列项与工程量计算

一、题目

某砖混结构工程图如图 3.3 所示，室外地坪 -0.6 m。门窗洞尺寸：M1 为 1500 mm×2700 mm；M2 为 1000 mm×2700 mm；C1 为 1800 mm×1800 mm。地面面层 800 mm×800 mm 瓷质地板砖，1:4 水泥浆粘贴，踢脚线高 150 mm，用 800 mm×800 mm 瓷质地板砖裁贴。室内墙面及天棚抹混合砂浆，刮仿瓷涂料两遍，面刷墙漆。外墙窗台以下贴 600 mm×300 mm 火烧麻石板，窗台以上贴 95 mm×95 mm 面砖，灰缝宽 10 mm。请按定额计算规则计算室内地面装饰装修工程的工程量，填制工程量计算表，并完成项目清单编制与定额列项的工作。

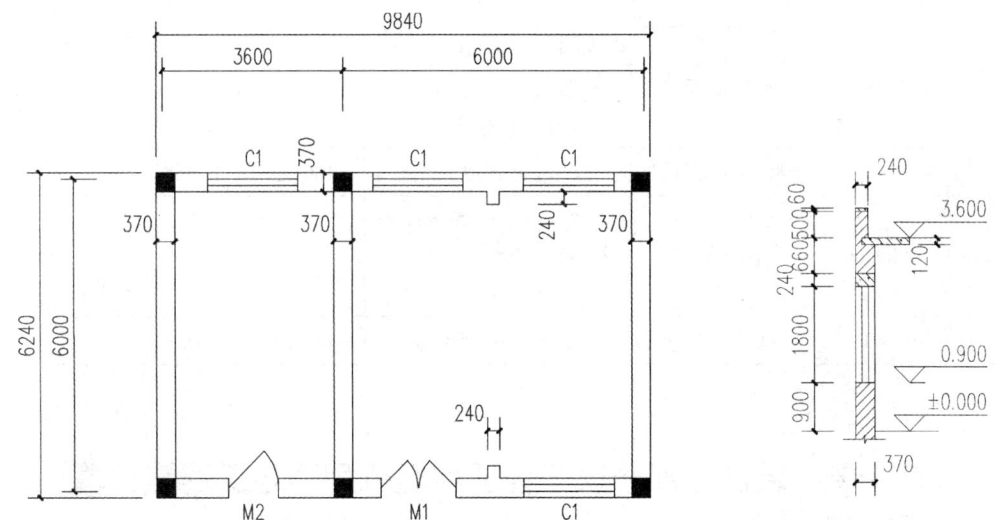

图 3.3　某砖混结构工程图

二、试题解析

(一)试题知识点

1. 块料面层工程量清单计算规则与定额计算规则相同：按设计图示尺寸以面积计算。门洞、空圈、暖气包槽、壁龛的开口部分并入相应的工程量内。

2. 踢脚线清单工程量可以按米计，也可按平方米计，按平方米计时与定额计算规则相同：按实贴长乘高以平方米计算。

3. 楼梯踢脚线在计价时，按相应项目人工、机械乘以 1.15 系数。

（二）试题解析过程

1. 工程量计算表见表 3.19。

表 3.19 工程量计算表

序号	项目名称（含特征）	工程量计算式	计量单位	数量
1	块料地面： (1)800 mm×800 mm 瓷质地板砖 (2)1:4 水泥砂浆粘贴	$S = (9.84 - 0.37 \times 3) \times (6.24 - 0.37 \times 2) - 0.24 \times 0.24 \times 2$（墙垛）$+ (1 + 1.5) \times 0.37$（M1、M2 洞口）$= 48.82 \text{ m}^2$	m²	48.82
2	踢脚线： (1)800 mm×800 mm 瓷质地板砖裁贴 (2)高 150 mm	$S = \big[(6.24 - 0.37 \times 2) \times 4 + (9.84 - 0.37 \times 3) \times 2 - (1.5 + 1)$（M1、M2 洞口）$+ 0.24 \times 4$（墙垛）$\big] \times 0.15 = 5.69 \text{ m}^2$	m²	5.69

2. 项目清单编制与定额列项见表 3.20。

表 3.20 项目清单编制与定额列项

清单序号	清单号或定额号	项目名称	项目特征	计量单位	数量	综合单价	合价
1	011102003001	块料地面	(1)800 mm × 800 mm 瓷质地板砖 (2)1:4 水泥砂浆粘贴	m²	48.82		
1.1	B1－61	800×800 瓷质地板砖，1:4 水泥砂浆粘贴		100 m²	0.4882		
2	011105003001	块料踢脚线	(1)800 mm × 800 mm 瓷质地板砖裁贴 (2)高 150 mm	m²	5.69		
2.1	B1－63	800×800 瓷质地板砖裁贴，高 150 mm		100 m²	0.057		

H2－14 装饰分部分项工程项目组价列项与工程量计算

一、题目

问题一：根据实训任务一附件的办公楼施工图，请描述该工程首层地面的装饰做法。

问题二：完成该图纸中首层地面装饰工程的组价工程量计算，并完成项目清单编制与定额列项的工作。

二、试题解析

参考试题 H2－13。

H2－15 装饰分部分项工程项目组价列项与工程量计算

一、题目

某卧室、客厅两个房间吊顶天棚装修工程具体做法如图 3.4 所示，墙厚 240 mm，轴线居中。

问题一：请描述该工程中天棚的装饰做法。

问题二：请列出项目清单并计算其组价项目的定额工程量，填制工程量计算单。

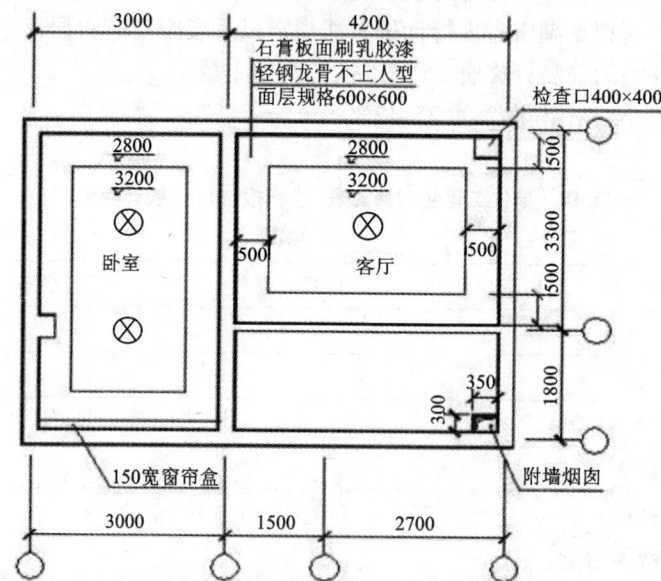

图 3.4 某卧室、客厅吊顶天棚装修图

二、试题解析

（一）试题知识点

1. 吊顶天棚的清单工程量计算规则：按设计图示尺寸以水平投影面积计算。天棚面中的灯槽及跌级、锯齿形、吊挂式、藻井式天棚面积不展开计算。不扣除间壁墙、检查口、附墙烟囱、柱、垛和管道所占面积，扣除单个大于 0.3 m² 的孔洞、独立柱及与天棚相连的窗帘盒所占的面积。

2. 天棚吊顶定额列项与计算。

（1）定额使用说明。

①除部分项目以龙骨、基层、面层合并列项外，其余均以天棚龙骨、基层、面层分别列项编制。

②龙骨的种类、间距、规格以及基层、面层材料的型号、规格应考虑采用常用材料和常用做法，如设计要求不同时，材料可以调整，但人工费、机械费不变。

③天棚面层在同一标高者为平面天棚，天棚面层不在同一标高者为跌级天棚。跌级天棚面层的侧面面层相应项目人工费应乘系数 1.30。

④轻钢龙骨、铝合金龙骨项目如为双层结构，即中、小龙骨紧贴大龙骨底面吊挂人工费；如为单层结构，即大、中龙骨面在同一水平上者，人工费应乘系数 0.85。

⑤平面天棚和跌级天棚指一般直线型天棚，不包括灯光槽的制作安装。艺术造型天棚项目中包括

灯光槽的制作安装。

⑥天棚面层不在同一标高，且高差在 400 mm 以下或三级以内的一般直线型平面天棚，按跌级天棚相应项目执行；高差在 400 mm 以上或超过三级以及圆弧形、拱形等造型天棚，按艺术造型天棚（如图 3.5 所示）相应项目执行。

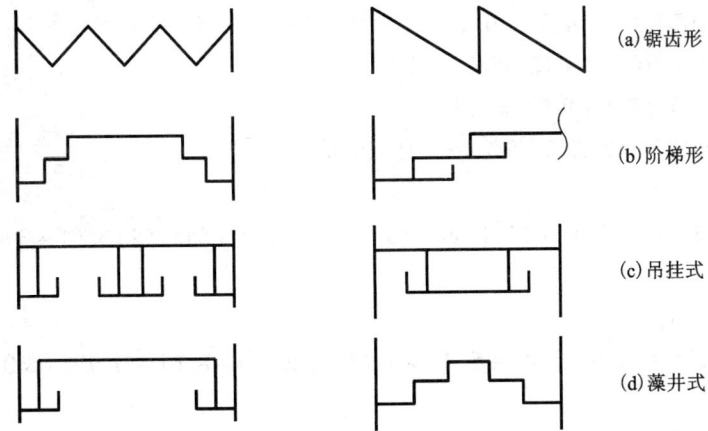

图 3.5 艺术造型天棚示意图

（2）工程量计算规则。

①各种吊顶天棚龙骨按主墙间净空面积计算，不扣除间壁墙、检查口、附墙烟囱、柱、垛和管道所占面积。带梁的天棚抹灰，其梁侧面抹灰并入天棚抹灰工程量内计算。

②天棚基层按展开面积计算。

③天棚装饰面层按主墙间实钉（胶）展开面积以平方米计算，不扣除间壁墙、检查口、附墙烟囱、垛和管道所占面积，但应扣除 0.3 m² 以上的孔洞、独立柱、灯槽及与天棚相连的窗帘盒所占面积。

（二）试题解析过程

问题一：

天棚的装饰做法：石膏板面刷乳胶漆，轻钢龙骨不上人型，面层规格 600 mm×600 mm。

问题二：

1. 工程量计表单见表 3.21。

表 3.21 工程量计算表

序号	项目名称（含特征）	工程量计算式	计量单位	数量
1	吊顶天棚：轻钢龙骨不上人型 600 mm×600 mm 跌级	$S_{龙骨} = (3-0.24)\times[(1.8+3.3-0.24-0.15(窗帘盒)]+(1.5+2.7-0.24)\times(3.3-0.24)=25.12 \text{ m}^2$	m²	25.12
2	石膏板天棚面层安装在 U 型轻钢龙骨上	$S_{面层}=S_{龙骨}+(3-0.24-0.5\times2+1.8+3.3-0.24-0.5\times2)\times0.4\times2+(1.5+2.7-0.24-0.5\times2+3.3-0.24-0.5\times2)\times0.4\times2=25.12+8.51=33.63 \text{ m}^2$	m²	33.63
3	石膏板面刷乳胶漆	$S_{乳胶漆}=S_{面层}=33.63 \text{ m}^2$	m²	33.63

2. 项目清单编制与定额列项见表 3.22。

表 3.22 项目清单编制与定额列项

清单序号	清单号或定额号	项目名称	项目特征	计量单位	数量	综合单价	合价
1	011302001001	吊顶天棚	（1）轻钢龙骨不上人型（2）石膏板面层 600 mm×600 mm（3）石膏板面刷乳胶漆	m²	25.12		
1.1	B3-44		吊顶天棚龙骨轻钢龙骨不上人型，600 mm×600 mm 跌级	100 m²	0.2512		
1.2	B3-115 换		石膏板天棚面层，安装在 U 型轻钢龙骨上	100 m²	0.3363		
2	011404005001	天棚面油漆	石膏板面刷乳胶漆	m²	33.63		
2.1	B5-197		石膏板面刷乳胶漆	100 m²	0.3363		

H2－16 装饰分部分项工程项目组价列项与工程量计算

一、题目

某工程按照施工图纸（如图 3.6 所示）的设计要求施工，地面为陶瓷地砖地面：100 mm 厚 C10 混凝土垫层；找平层为 25 mm 厚 1:4 干硬性水泥砂浆；10 mm 厚地砖（600 mm×600 mm）铺实拍平。

问题一：请描述该工程的楼地面装饰做法。

问题二：请列出该工程楼地面工程清单项目并计算其组价项目的定额工程量，填制工程量计算表。

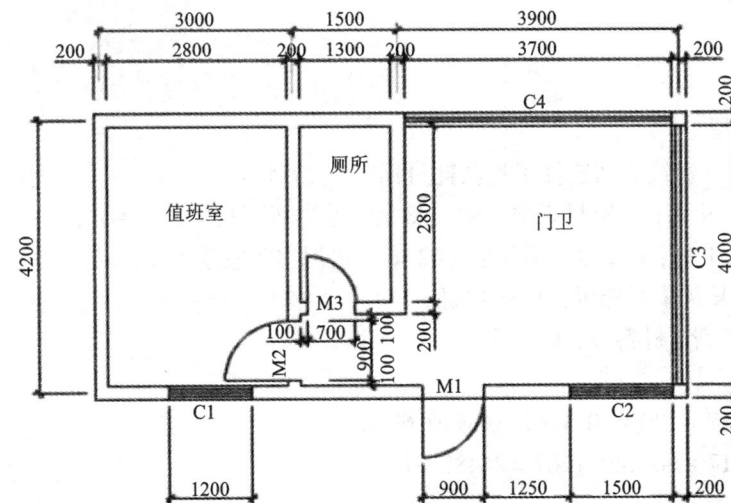

图 3.6 某工程平面图

二、试题解析

参考试题 H2 – 13。

3.5 装饰分部分项工程项目综合单价的计算

H2 – 17 装饰分部分项工程项目综合单价的计算

一、题目

某项目工程量清单及组价工程量计算表见表 3.23,请根据此工程量计算表、现行计价文件以及当时当地市场价格信息,按照一般计税法编制表中清单项目的综合单价分析表。(计算结果保留两位小数)。

主材单价:水泥 32.5 级为 0.414 元/kg,粗净砂为 194 元/m^3,水为 3.9 元/m^3,电为 0.906 元/kWh;其余材料及机械单价取定额基价;人工单价为 120 元/工日;管理费率为 26.48%;利润率为 28.88%。

表 3.23 工程量计算表

序号	清单或定额编号	项目名称(含特征)	计量单位	数量
1	011101001001	水泥砂浆楼地面: (1)找平层厚度、砂浆配合比:30 mm; (2)面层厚度、砂浆配合比:水泥砂浆 1:4	m^2	4012.67
1.1	B1 – 6 换	水泥砂浆楼地面换;水泥砂浆 1:4(32.5 级水泥)	100 m^2	40.127

二、试题解析

(一)试题知识点

参考试题 H2 – 5。

(二)试题解析过程

第一步:查《湖南省建筑装饰装修工程消耗量标准》(2014)P6,每 100 m^2 水泥砂浆楼地面:

基期人工费 = 711.9 元;基期材料费 = 885.98 元;基期机械费 = 31.34 元;

综合人工:10.17 工日;1:2 水泥砂浆:2.02 m^3;水泥 107 胶浆:0.1 m^3;

水:3.8 m^3;200 L 灰浆搅拌机:0.34 台班。

第二步:计算人工费、材料费、机械费

1. 人工费。

市场人工费:10.17 × 120 × 40.1267 = 48970.62 元

取费人工费:10.17 × 60 × 40.1267 = 24485.31 元

2. 材料费。

(1)水泥砂浆 1:4:2.02 × 40.127 = 81.06 m^3

分解 P10 – 6 水泥砂浆 1:4

水泥 32.5 级:81.06 × 0.414 × 306/(1 + 12.95%) = 9091.64 元

粗净砂:81.06 × 194 × 1.22/(1 + 3.6%) = 18518.61 元

水:81.06 × 3.9 × 0.3/(1 + 9%) = 87.01 元

(2)水泥 107 胶浆:0.1 × 40.127 = 4.013 m^3

分解水泥 107 胶浆 1:0.175:0.2

水泥 32.5 级:4.013 × 0.414 × 1526/(1 + 12.95%) = 2244.59 元

107 胶:4.013 × 2 × 267/(1 + 12.95%) = 1897.25 元

水:4.013 × 3.9 × 0.3/(1 + 9%) = 4.31 元

(3)水:3.8 × 40.127 × 3.9/(1 + 9%) = 545.58 元

材料费合计:

(9091.64 + 18518.61 + 87.01 + 2244.59 + 1897.25 + 4.31 + 545.58) × (1 + 3%) = 33357.97 元

3. 机械费。

查附录 J6 – 16 可知:

市场机械价:(3.78 + 0.83 + 3.32 + 5.47 + 0.27 + 1 × 120 + 8.61 × 0.906) × 0.34 × 40.1267 × 0.95 = 1833.59 元

取费机械价:(3.78 + 0.83 + 3.32 + 5.47 + 0.27 + 1 × 60 + 8.61 × 0.99) × 0.34 × 40.1267 × 0.95 = 1065.31 元

直接费用 = 人工费 + 材料费 + 机械费 = 48970.62 + 33357.97 + 1833.63 = 84162.23

第三步:计算管理费、利润、规费

管理费 = 取费人工费 × 管理费率 = 24485.31 × 26.48% = 6483.71 元

利润 = 取费人工费 × 利润率 = 24485.31 × 28.88% = 7071.36 元

第四步:计算规费

工程排污费 =(直接费用 + 管理费 + 利润 + 总价措施项目费)× 费率
= (84162.23 + 6483.71 + 7071.36) × 0.4% = 390.67 元

职工教育经费和工会经费 = 市场人工费 × 费率 = 48970.62 × 3.5% = 1713.97 元

住房公积金 = 市场人工费 × 费率 = 48970.62 × 6% = 2938.24 元

安全生产责任险 =(直接费用 + 管理费 + 利润 + 总价措施项目费)× 费率
= (84162.23 + 6483.71 + 7071.36) × 0.2% = 195.43 元

社会保险费 =(直接费用 + 管理费 + 利润 + 总价措施项目费)× 费率
= (84162.23 + 6483.71 + 7071.36) × 2.84% = 2775.17 元

规费 = 工程排污费 + 职工教育经费和工会经费 + 住房公积金 + 安全生产责任险 + 社会保险费
= 390.87 + 1713.97 + 2938.24 + 195.43 + 2775.17 = 8013.68 元

第五步:计算建安工程总费用

建安造价 = 直接费用 + 费用和利润 = 84162.23 + 21568.75 = 105730.98 元

销项税额 = 建安造价 × 税率 = 105730.98 × 9% = 9515.79 元

附加税额 =(建安造价 + 销项税额)× 税率 = (105730.98 + 9515.79) × 0.36% = 414.89 元

建安工程造价 = 建安造价 + 销项税额 + 附加税额 + 其他项目费
= 105730.98 + 9515.79 + 414.89 = 115661.65 元

第六步:计算综合单价

115661.65/4012.67 = 28.82 元/m^2

第七步:填写综合单价表,表 3.24。

表 3.24　清单项目费用计算表（综合单价表）（一般计税法）（投标报价）

工程名称：某项目　　　　　　　　标段：
清单编号：011101001001　　　　　单位：m²
清单名称：水泥砂浆楼地面　　　　　数量：4012.67　　综合单价：28.82 元/m²　第 1 页　共 1 页

序号	工程内容	计费基础说明	费率/%	金额/元	备注
1	直接费用	1.1＋1.2＋1.3		84162.23	
1.1	人工费			48970.62	
1.1.1	其中：取费人工费			24485.31	
1.2	材料费			33357.97	
1.3	机械费			1833.63	
1.3.1	其中：取费机械费			1065.25	
2	费用和利润	2.1＋2.2＋2.3		21568.75	
2.1	管理费	1.1.1	26.48	6483.71	
2.2	利润	1.1.1	28.88	7071.36	
2.3	规费	2.3.1＋2.3.2＋2.3.3＋2.3.4＋2.3.5		8013.68	
2.3.1	工程排污费	1＋2.1＋2.2	0.4	390.87	
2.3.2	职工教育经费和工会经费	1.1	3.5	1713.97	
2.3.3	住房公积金	1.1	6	2938.24	
2.3.4	安全生产责任险	1＋2.1＋2.2	0.2	195.43	
2.3.5	社会保险费	1＋2.1＋2.2	2.84	2775.17	
3	建安造价	1＋2		105730.98	
4	销项税额	3×税率	9	9515.79	
5	附加税额	（3＋4）×税率	0.36	414.89	
	建安工程造价	3＋4＋5		115661.65	

注：1. 采用一般计税法时，材料、机械台班单价均执行除税单价。
　　2. 建安费用＝直接费用＋费用和利润。
　　3. 综合单价＝合计÷数量。
　　4. 本表用于分部分项工程和能计量的措施项目清单与计价。

H2－18　装饰分部分项工程项目综合单价的计算

一、题目

某项目工程量清单及组价工程量计算表如表 3.25，请根据此工程量计算表、现行计价文件以及当时当地市场价格信息，按照一般计税法编制表中清单项目的综合单价分析表。（计算结果保留两位小数）

主材单价：水泥 32.5 维为 0.414 元/kg，粗净砂为 194 元/m³，水为 3.9 元/m³，电为 0.906 元/kWh；其余材料及机械单价取定额基价；人工单价为 120 元/工日；管理费率为 26.48%；利润率为 28.88%。

表 3.25　工程量计算单

序号	清单或定额编号	项目名称（含特征）	计量单位	数量
1	011201001001	墙面一般抹灰： （1）底层厚度、砂浆配合比：15 mm 厚 1∶1∶6 水泥石灰砂浆 （2）面层厚度、砂浆配合比：5 mm 厚 1∶0.5∶3 水泥石灰砂浆	m²	78
1.1	B2－1 换	一般抹灰墙面、墙裙石灰砂浆两遍砖墙（15 mm 厚 1∶1∶6 水泥石灰砂浆、5 mm 厚 1∶0.5∶3 水泥石灰砂浆，水泥 32.5 级）	100 m²	0.78

二、试题解析

参考试题 H2－17。

H2－19　装饰分部分项工程项目综合单价的计算

一、题目

某项目工程量清单及组价项目工程量计算表见表 3.26，请根据此工程量计算表、现行计价文件以及当时当地市场价格信息，按照一般计税法编制表中清单项目的综合单价分析表。（结果保留两位小数）

主材单价：水泥 32.5 级为 0.414 元/kg，中净砂为 194 元/m³，砾石 10 mm 为 177.11 元/m³，水为 3.9 元/m³，电为 0.906 元/kWh；其余材料及机械单价取定额基价；人工单价为 120 元/工日；管理费率为 26.48%；利润率为 28.88%。

表 3.26　工程量计算表

序号	清单或定额编号	项目名称（含特征）	计量单位	数量
1	011101003001	细石混凝土楼地面： 找平层厚度、砂浆配合比：30 mm 厚 C20 细石混凝土	m²	920.84
1.1	B1－4	细石混凝土 30 mm，砾石最大粒径 10 mm，水泥 32.5 级	100 m²	9.21

二、试题解析

参考试题 H2－17。

H2-20 装饰分部分项工程项目综合单价的计算

一、题目

某项目工程量清单及组价项目工程量计算表如表3.27，请根据此工程量计算表、现行计价文件以及当时当地市场价格信息，按照一般计税法编制表中清单项目的综合单价分析表。(结果保留两位小数)

主材单价：水泥32.5级为0.414元/kg，粗净砂194元/m³，砾石10 mm为177.11元/m³，水为3.9元/m³，电为0.906元/kWh；其余材料及机械单价取定额基价；人工单价为120元/工日；管理费率为26.48%；利润率为28.88%。

表3.27　工程量计算表

序号	清单或定额编号	项目名称(含特征)	计量单位	数量
1	011301001001	天棚抹灰 (1)基层类型：现浇混凝土 (2)抹灰厚度、材料种类：7 mm厚1:1:4水泥石灰砂浆/5 mm厚1:0.5:3水泥石灰砂浆	m²	2538.5
1.1	B3-1	抹灰面层混凝土天棚石灰砂浆现浇	100 m²	25.385

二、试题解析

参考试题H2-17。

3.6 装饰工程工程量清单计价表的填制及文件装订

H2-21 装饰工程工程量清单计价表的填制及文件装订

一、题目

已知湘潭市区某工程为六层框架结构，建筑面积为3000 m²，其按一般计税法计算的装饰装修单位工程费用计算表见表3.28，请根据湖南省现行计价办法规定以及表中已有数据，将该表填写完整，完成该装饰工程投标报价文件编制并装订成册。(结果保留两位小数)

其中：管理费率为26.48%；利润率为28.88%。

表3.28　单位工程费用计算表(投标报价)(一般计税法)

工程名称：　　　　标段：　　　　名称：

序号	工程内容	计算过程	费率/%	金额/元
1	直接费用			
1.1	人工费	按120元/工日计		217067.22
1.1.1	其中：取费人工费			
1.2	材料费			355782.30
1.3	机械费			76657.88
1.3.1	其中：取费机械费			
2	费用和利润			
2.1	管理费			
2.2	利润			
2.3	总价措施项目费			
2.3.1	其中：安全文明施工费			
2.4	规费			
2.4.1	工程排污费			
2.4.2	职工教育经费和工会经费			
2.4.3	住房公积金			
2.4.4	安全生产责任险			
2.4.5	社会保险费			
3	建安造价			
4	销项税额			
5	附加税额			
6	其他项目费			20000
	建安工程造价			

二、试题解析

(一)试题知识点

参考试题H2-9。

(二)试题解析过程

1.计算过程。

人工费(按120元/工日计)=217067.22元；材料费=355782.30元；机械费=76657.88元。

直接费用=人工费+材料费+机械费=649507.40元

取费人工费=(217067.22/120)×60=108533.61元

管理费=108533.61×26.48%=28739.70元

利润=108533.61×28.88%=31344.51元

总价措施项目费 = 安全文明施工费 = 108533.61 × 14.27% = 15487.75 元

工程排污费 = (649507.4 + 28739.70 + 31344.51 + 15487.75) × 0.4% = 2900.32 元

职工教育经费和工会经费 = 217067.22 × 3.5% = 7597.35 元

住房公积金 = 217067.22 × 6% = 13024.03 元

安全生产责任险 = (649507.4 + 28739.70 + 31344.51 + 15487.75) × 0.2% = 1450.16 元

社会保险费 = (649507.4 + 28739.7 + 31344.51 + 15487.75) × 3.18% = 23057.52 元

规费 = 2900.32 + 7597.35 + 13024.03 + 1450.16 + 23057.52 = 48029.38 元

费用和利润 = 28739.70 + 31344.51 + 15487.75 + 48029.38 = 123601.34 元

建安造价 = 649507.40 + 123601.34 = 773108.74 元

销项税额 = 773108.74 × 9% = 69579.78 元

附加税额 = 773108.74 + 69579.79 × 0.36% = 3033.68 元

其他项目费 = 20000 元(已知)

合计 = 773107.74 + 69579.79 + 3033.68 + 20000 = 865721.91 元

2.计算结果见表 3.29。

表 3.29 单位工程费用计算表(一般计税法)

工程名称: 　　标段: 　　名称:

序号	工程内容	计费基础说明	费率/%	金额/元	备注
1	直接费用	1.1 + 1.2 + 1.3		649507.40	
1.1	人工费	按 120 元/工日计		217067.22	
1.1.1	其中:取费人工费	按 60 元/工日计		108533.61	
11.2	材料费			355782.30	
1.3	机械费			76657.88	
1.3.1	其中:取费机械费				
2	费用和利润	2.1 + 2.2 + 2.3 + 2.4		123601.34	
2.1	管理费	1.1.1	26.48	28739.70	
2.2	利润	1.1.1	28.88	31344.51	
2.3	总价措施项目费			15487.75	
2.3.1	其中:安全文明施工费	1.1.1	14.27	15487.75	
2.4	规费	2.4.1 + 2.4.2 + 2.4.3 + 2.4.4 + 2.4.5		48029.38	
2.4.1	工程排污费	1 + 2.1 + 2.2 + 2.3	0.4	2900.32	
2.4.2	职工教育经费和工会经费	1.1	3.5	7597.35	
2.4.3	住房公积金	1.1	6	13024.03	
2.4.4	安全生产责任险	1 + 2.1 + 2.2 + 2.3	0.2	1450.16	
2.4.5	社会保险费	1 + 2.1 + 2.2 + 2.3	3.18	23057.52	
3	建安造价	1 + 2		773108.74	
4	销项税额	3 × 税率	9	69579.79	

续表 3.28

序号	工程内容	计费基础说明	费率/%	金额/元	备注
5	附加税额	(3 + 4) × 税率	0.36	3033.68	
6	其他项目费			20000.00	
	建安工程造价	3 + 4 + 5 + 6		865721.91	

H2 - 22　装饰工程工程量清单计价表的填制及文件装订

一、题目

已知湘潭县城某工程为单层框架结构,建筑面积为 200 m²,其按一般计税法计算的装饰装修单位工程费用计算表见 3.30,请根据湖南省现行计价办法规定以及表中已有数据,将该表填写完整,完成该装饰工程投标报价文件编制并装订成册。(结果保留两位小数)

其中:管理费率为 26.48%;利润率为 28.88%。

表 3.30 单位工程费用计算表(投标报价)(一般计税法)

工程名称: 　　标段: 　　名称:

序号	工程内容	计算过程	费率/%	金额/元
1	直接费用			
1.1	人工费	按 120 元/工日计		11953.12
1.1.1	其中:取费人工费			
1.2	材料费			60597.14
1.3	机械费			1250.54
1.3.1	其中:取费机械费			
2	费用和利润			
2.1	管理费			
2.2	利润			
2.3	总价措施项目费			
2.3.1	其中:安全文明施工费			
2.4	规费			
2.4.1	工程排污费			
2.4.2	职工教育经费和工会经费			
2.4.3	住房公积金			
2.4.4	安全生产责任险			
2.4.5	社会保险费			

续表 3.30

序号	工程内容	计算过程	费率/%	金额/元
3	建安造价			
4	销项税额			
5	附加税额			
6	其他项目费			20000.00
	建安工程造价			

二、试题解析

参考试题 H2-21。

H2-23 装饰工程工程量清单计价表的填制及文件装订

一、题目

已知湘潭市区某工程为五层砖混结构，建筑面积为 3000 m^2，其按一般计税法计算的装饰装修单位工程费用计算表见表 3.31，请根据湖南省现行计价办法规定以及表中已有数据，将该表填写完整，完成该装饰工程投标报价文件编制并装订成册。（结果保留两位小数）

其中：管理费率为 26.48%；利润率为 28.88%。

表 3.31 单位工程费用计算表(投标报价)(一般计税法)

工程名称：　　　　　标段：　　　　　名称：

序号	工程内容	计算过程	费率/%	金额/元
1	直接费用			
1.1	人工费	按 120 元/工日计		116967.56
1.1.1	其中：取费人工费			
1.2	材料费			455382.7
1.3	机械费			79557.31
1.3.1	其中：取费机械费			
2	费用和利润			
2.1	管理费			
2.2	利润			
2.3	总价措施项目费			
2.3.1	其中：安全文明施工费			
2.4	规费			
2.4.1	工程排污费			

续表 3.31

序号	工程内容	计算过程	费率/%	金额/元
2.4.2	职工教育经费和工会经费			
2.4.3	住房公积金			
2.4.4	安全生产责任险			
2.4.5	社会保险费			
3	建安造价			
4	销项税额			
5	附加税额			
6	其他项目费			20000.00
	建安工程造价			

二、试题解析

参考试题 H2-21。

H2-24 装饰工程工程量清单计价表的填制及文件装订

一、题目

已知湘潭县城某工程为两层框架结构，建筑面积为 500 m^2，其按一般计税法计算的装饰装修单位工程费用计算表见表 3.32，请根据湖南省现行计价办法规定以及表中已有数据将该表填写完整，完成该装饰工程投标报价文件编制并装订成册。（结果保留两位小数）

其中：管理费率为 26.48%；利润率为 28.88%。

表 3.32 单位工程费用计算表(投标报价)(一般计税法)

工程名称：　　　　　标段：　　　　　名称：

序号	工程内容	计算过程	费率/%	金额/元
1	直接费用			
1.1	人工费	按 120 元/工日计		107000
1.1.1	其中：取费人工费			
1.2	材料费			250000
1.3	机械费			60000
1.3.1	其中：取费机械费			
2	费用和利润			

续表3.32

序号	工程内容	计算过程	费率/%	金额/元
2.1	管理费			
2.2	利润			
2.3	总价措施项目费			
2.3.1	其中:安全文明施工费			
2.4	规费			
2.4.1	工程排污费			
2.4.2	职工教育经费和工会经费			
2.4.3	住房公积金			
2.4.4	安全生产责任险			
2.4.5	社会保险费			
3	建安造价			
4	销项税额			
5	附加税额			
6	其他项目费			20000.00
	建安工程造价			

二、试题解析

参考试题 H2-21。

3.7　建筑工程计价软件操作

H2-25　建筑工程计价软件操作

一、题目

任选智多星、广联达、清华斯维尔等其中一种计价软件完成表3.33所列项目的一般计税法的清单投标报价文件编制。(结果保留两位小数)

【资料背景】本工程为湘潭市某办公楼,建筑面积为2000 m²,砖混结构,檐口高度为12米。相关人工单价为95元/工日,管理费率为20%,利润率为10%。暂列金额为5000元。

表3.33　E-1单位工程工程量清单与造价表(一般计税法)(投标报价)

工程名称:　　　　标段:　　　　单位工程名称:建筑工程　　　　第　页共　页

序号	项目编码	项目名称	项目特征描述	计量单位	工程量	综合单价	合价	建安费用	销项税额	附加税额
1	010101001001	平整场地	土壤类别:普通土	m²	1171.49					
1.1	A1-3	平整场地		100 m²	16.18					
2	010401004001	多孔砖墙	(1)砖品种、规格、强度等级:多孔砖 (2)砂浆强度等级、配合比:水泥砂浆M7.5(水泥32.5级)	m³	233.73					
2.1	A4-23	页岩多孔砖:厚190 mm		10 m³	23.373					
3	010502004001	矩形柱	(1)混凝土种类:现浇混凝土 (2)混凝土强度等级:C30,砾40 mm,42.5级水泥	m³	57.67					
3.1	A5-80	现拌混凝土承重柱(矩形柱、异形柱)		10 m³	5.767					
4	011701001001	综合脚手架	檐高12 m	m²	2000					
4.1	A12-10	综合脚手架、框架、剪力墙结构、多高层建筑、檐口高15 m以内		100 m²	20					

要求:上交电子成果一份,路径储存在D盘以自己的【场次+模块+工位】命名的文件夹中,内有软件生成文件一份,有多份的以生成文件最后时间的为准,其余无效。文件夹中还应有导出的一系列电子表格文件(需全套)。另外须上交已装订好且自己签【场次+模块+工位】和时间的打印稿一份。

二、试题解析

(一)试题知识点

1.软件操作讲究准确和速度,注意审题,题目信息要求全部输入,项目基本信息、建筑面积、结构类型、檐口高度、项目特征、人材机单价、管理费、利润费率等信息应描述清楚。

2.软件操作过程要细心,不能遗漏,注意试题提交成果要求:

(1)上交电子成果一份,路径储存在D盘以自己的【场次+模块+工位】命名的文件夹中,内有软件生成文件一份。文件夹中还应有导出的一系列电子表格文件(需全套)。

(2)上交已装订好且自己签【场次+模块+工位】和时间的打印稿一份。按题意打印投标报价文件,而不是清单和招标文件。

(二)试题解析过程

第一步:新建单位工程为"湘潭市某办公楼",选择清单计价、建筑工程、一般计税法,纳税地区选择市区,如图3.7所示。

第二步:根据题目信息编写工程概况,如图3.8所示。

第三步:按照题目的费率进行修改,完成费率的设置,如图3.9所示。

第四步:进入分部分项工程输入窗口,输入题目给定的分部分项,如图3.10所示。

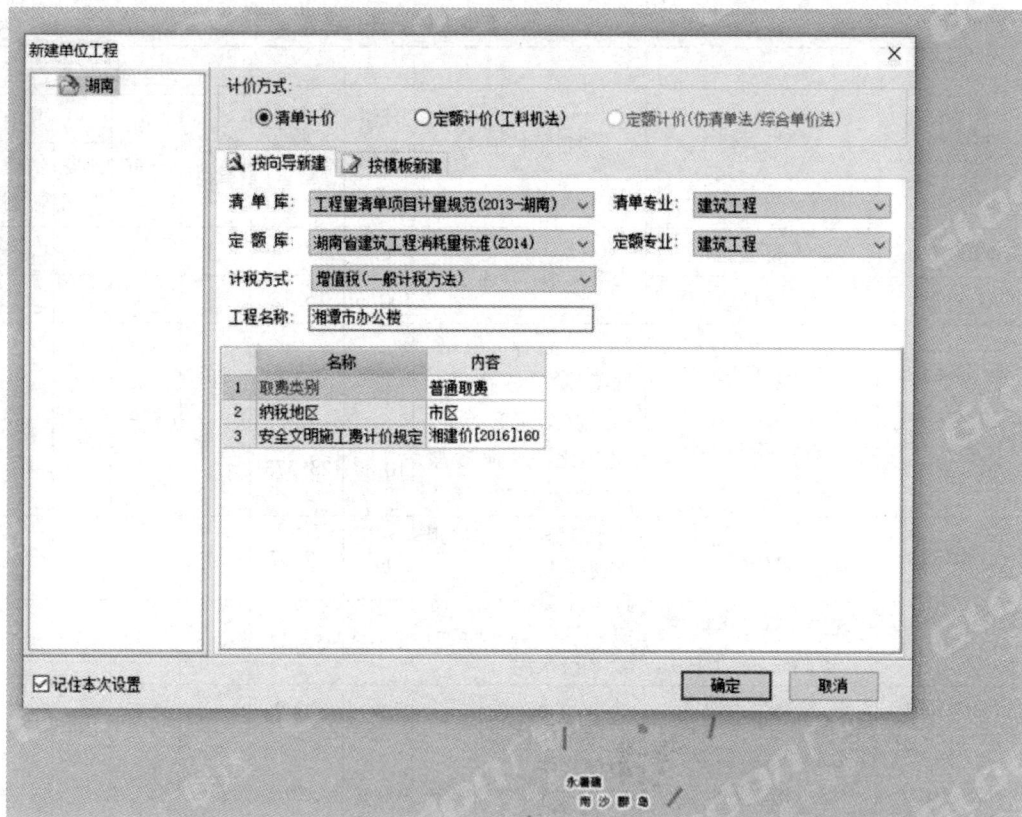

图 3.7　新建单位工程图

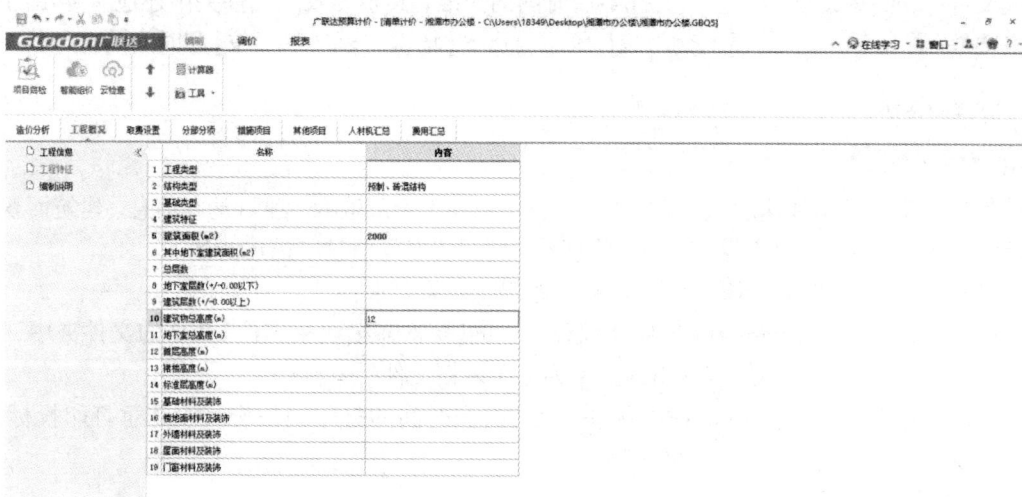

图 3.8　工程概况信息输入图

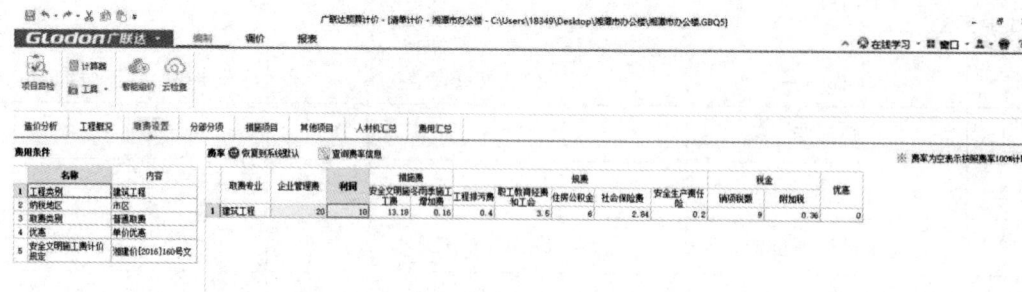

图 3.9　费率输入图

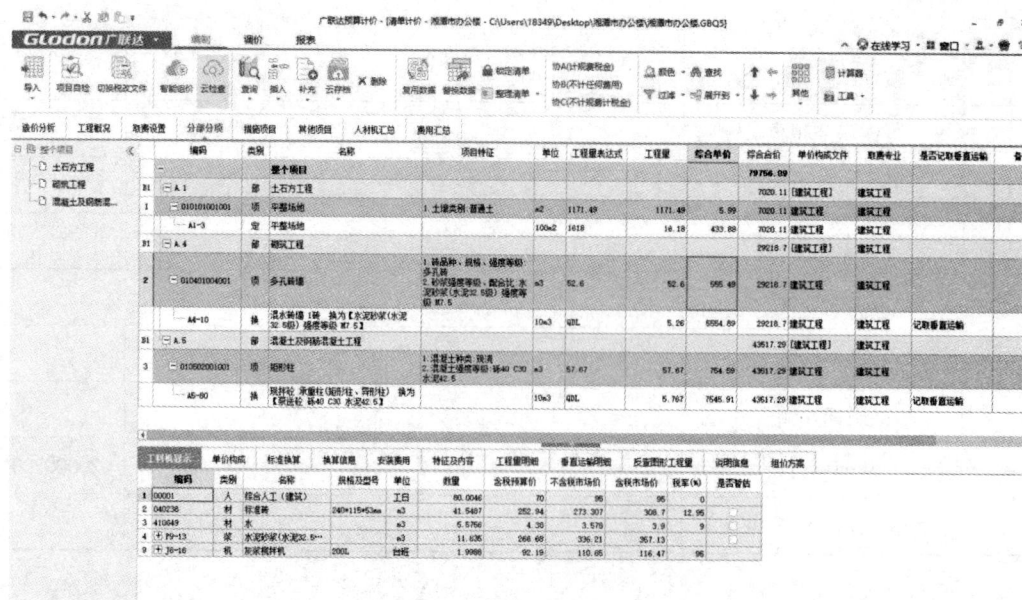

图 3.10　分部分项工程输入图

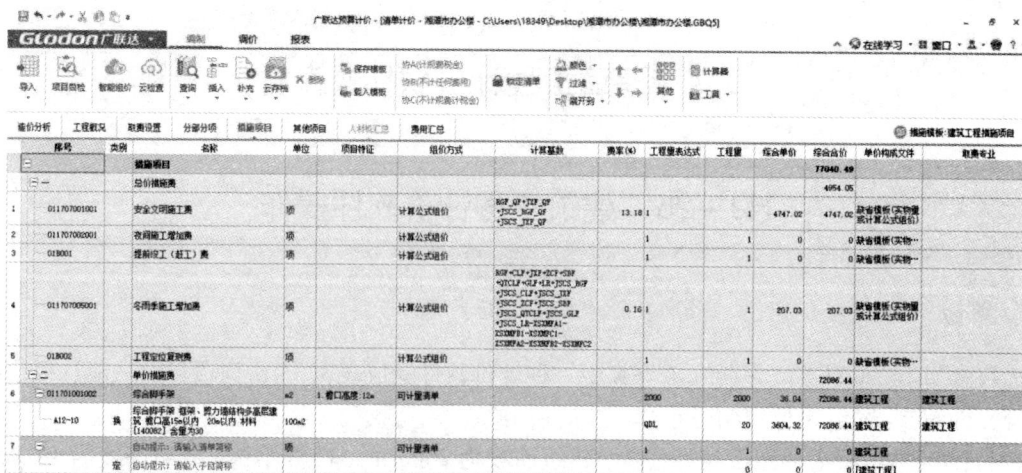

图 3.11　措施项目输入图

第五步：输入措施项目费，如图 3.11 所示。

第六步：根据题目信息输入暂列金额，如图 3.12 所示。

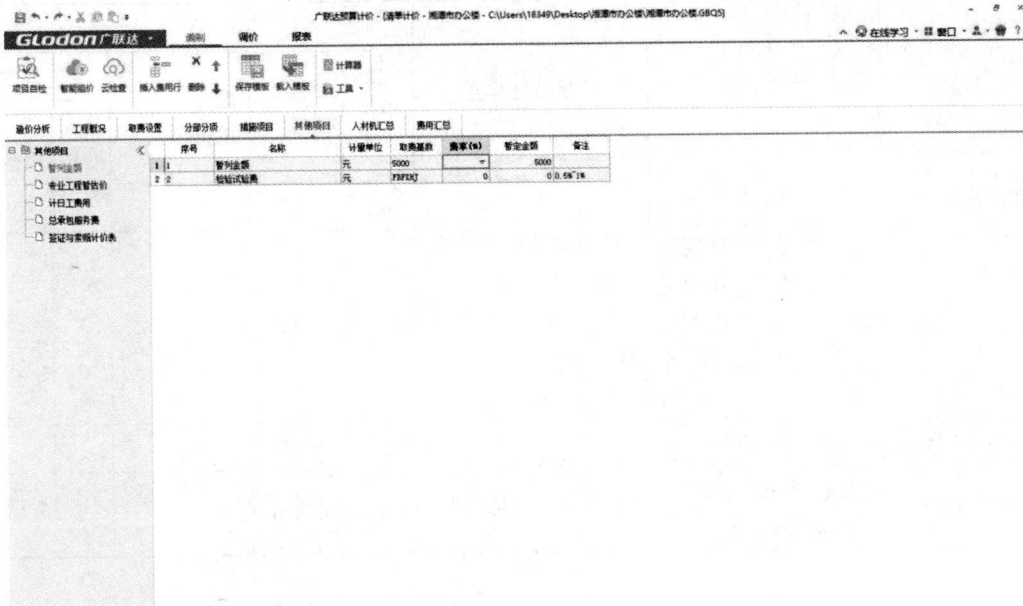

图 3.12　暂列金额输入图

图 3.14　费用汇总图

第七步：根据题目信息输入人材机单价，如图 3.13 所示。

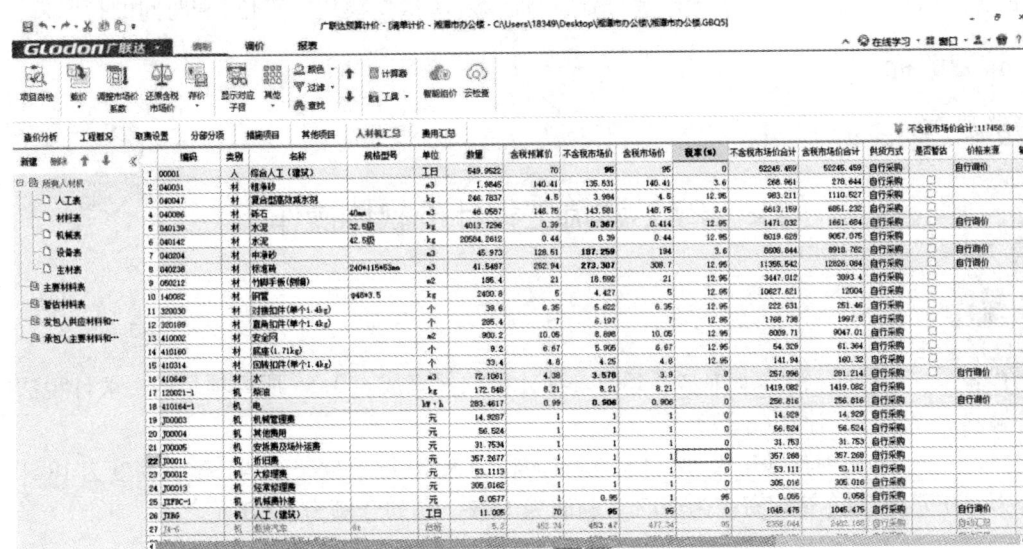

图 3.13　人材机单价输入图

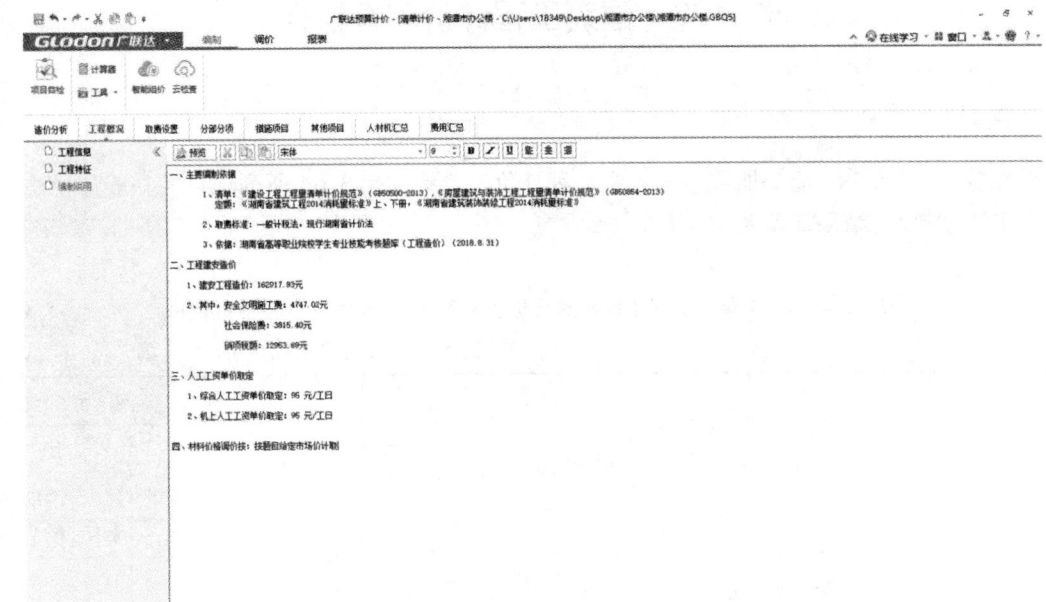

图 3.15　编制说明输入图

第八步：费用汇总，如图 3.14 所示。

第九步：编辑编制说明，如图 3.15 所示。

第十步：选择投标方的报价表格，批量转为电子表格并存盘，路径储存在 D 盘以自己的【场次 + 模块 + 工位】命名的文件夹中。如图 3.16 所示。

続表 3.33

序号	项目编码	项目名称	项目特征描述	计量单位	工程量	综合单价	合价	建安费用	销项税额	附加税额
						金额/元			其中	
3	010501001001	垫层		m³	9.32					
3.1	A2-14 换	垫层混凝土、垫层用于独立基础、条形基础,房心回填砾石最大粒径 40 mm C10 水泥 32.5 级	(1)混凝土种类:现拌混凝土 (2)混凝土强度等级:C10	10 m³	0.932					
4	011702001002	独立基础模板	(1)基础类型:独立;	m²	6.58					
4.1	A13-5	独立基础、竹胶合板模板、木支撑	(2)模板:竹胶合板	100 m²	0.066					

【资料背景】本工程为湘潭市某办公楼,建筑面积为 2000 m²,砖混结构,檐口高度为 12 米。相关人工单价为 90 元/工日,管理费为 15%,利润炫为 10%。暂列金额为 5000 元。

要求:上交电子成果一份,路径储存在 D 盘以自己的【场次 + 模块 + 工位】命名的文件夹中,内有软件生成文件一份,有多份的以生成文件最后时间的为准,其余无效。文件夹中还应有导出的一系列电子表格文件(需全套)。另外须上交已装订好且自己签【场次 + 模块 + 工位】和时间的打印稿一份。

二、试题解析

参考试题 H2-25。

H2-27 建筑工程计价软件操作

一、题目

任选智多星、广联达、清华斯维尔等其中一种计价软件完成表 3.35 所列项目的一般计税法的清单报价文件编制。(结果保留两位小数)

【资料背景】本工程为长沙市某办公楼,建筑面积为 5000 m²,框架结构,檐口高度为 18 米。相关人工单价为 100 元/工日,管理费率为 20%,利润为 15%。暂列金额为 8000 元。

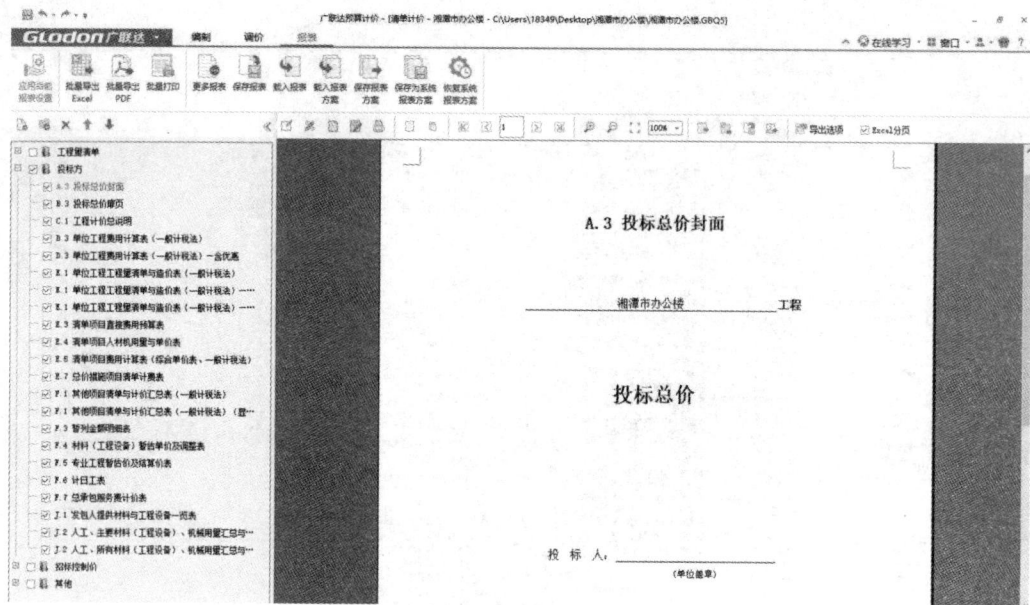

图 3.16 报价表格选择图

H2-26 建筑工程计价软件操作

一、题目

任选智多星、广联达、清华斯维尔等其中一种计价软件完成表 3.34 所列项目的一般计税法的清单投标报价文件编制。(结果保留两位小数)

表 3.34 E-1 单位工程工程量清单与造价表(一般计税法)(投标报价)

工程名称: 　　　　标段: 　　　　单位工程名称:建筑工程 　　　第 页共 页

序号	项目编码	项目名称	项目特征描述	计量单位	工程量	综合单价	合价	建安费用	销项税额	附加税额
						金额/元			其中	
1	010101003001	挖沟槽土方	(1)土壤类别:普通土;	m³	22.66					
1.1	A1-4	人工挖沟槽深度 2 m 以内普通土	(2)挖土深度:1.3 m; (3)弃土运距:3 km	100 m³	0.38					
2	010503002001	矩形梁	(1)混凝土种类:现浇	m³	76.44					
2.1	A5-82	现拌混凝土单梁、连续梁、基础梁	(2)混凝土强度等级:C30(砾 40 mm,水泥 32.5 级)	10 m³	7.644					

表 3.35　E－1 单位工程工程量清单与造价表（一般计税法）（投标报价）

工程名称：　　　　　　标段：　　　　　　单位工程名称：建筑工程　　　第　页 共　页

序号	项目编码	项目名称	项目特征描述	计量单位	工程量	综合单价	合价	建安费用	销项税额	附加税费
								其中		
1	010101004001	挖基坑土方	(1) 土壤类别：普通土 (2) 挖土深度：1.5 m	m³	75.13					
1.1	A1－4	人工挖基坑深度 2 m 以内普通土		100 m³	2.376					
2	010401001001	砖基础	(1) 砖品种、规格、强度等级：红青砖 240 mm × 115 mm × 53 mm；	m³	25.58					
2.1	A4－1	砖基础	(2) 基础类型：条形； (3) 砂浆强度等级：水泥砂浆（水泥 32.5 级）强度等级 M5	10 m³	2.558					
3	010501003001	独立基础	(1) 混凝土种类：现拌混凝土； (2) 混凝土强度等级：C30，砾石最大粒径 40 mm，水泥 42.5 级	m³	13.02					
3.1	A5－77 换	现拌混凝土、带形基础、独立基础		10 m³	1.302					
4	011703001001	垂直运输	(1) 建筑物建筑类型及结构形式：框架结构 (2) 建筑物檐口高度、层数：18 米	m²	568.35					
4.1	A14－3	塔吊 建筑檐口高 20 m 以内		台班	36.64					

要求：上交电子成果一份，路径储存在 D 盘以自己的【场次 + 模块 + 工位】命名的文件夹中，内有软件生成文件一份，有多份的以生成文件最后时间的为准，其余无效。文件夹中还应有导出的一系列电子表格文件(需全套)。另外须上交已装订好且自己签【场次 + 模块 + 工位】和时间的打印稿一份。

二、试题解析

参考试题 H2－25。

H2－28　建筑工程计价软件操作

一、题目

任选智多星、广联达、清华斯维尔等其中一种计价软件完成表 3.36 所列项目的一般计税法的招标控制价文件编制。(结果保留两位小数)

表 3.36　E－1 单位工程工程量清单与造价表（一般计税法）（投标报价）

工程名称：　　　　　　标段：　　　　　　单位工程名称：建筑工程　　　第　页 共　页

序号	项目编码	项目名称	项目特征描述	计量单位	工程量	综合单价	合价	建安费用	销项税额	附加税额
								其中		
1	010401003001	实心砖墙	(1) 砖品种、规格、强度等级：红青砖 240 mm × 115 mm × 53 mm；	m³	128.69					
1.1	A4－10 换	混水砖墙 1 砖	(2) 墙体类型：填充墙； (3) 砂浆强度等级、配合比：混合砂浆 M5.0（水泥 32.5 级）	10 m³	12.869					
2	010506001001	直形楼梯	(1) 混凝土种类：现拌混凝土； (2) 混凝土强度等级：C30	m²	217.84					
2.1	A5－91 换	现拌混凝土楼梯 C35 换：现浇及现场混凝土，砾石最大粒径 40 mm，C30，水泥 42.5 级		10 m² 投影面积	21.784					
3	011705001001	大型机械设备进出场及安拆	(1) 机械设备名称：塔式起重机； (2) 机械设备规格型号：6000 kN · m	台次	1					
3.1	J13－2	安装拆卸塔式起重机 600 kN · m 以内		台次	1					
3.2	J13－33 换	场外运输塔式起重机 600 kN · m 以内，包含回程费用		台次	1					

【资料背景】本工程为湘潭市某办公楼，建筑面积为 8000 m²，框剪结构，檐口高度为 25 米，8 层。暂列金额为 10000 元。

要求：上交电子成果一份，路径储存在 D 盘以自己的【场次 + 模块 + 工位】命名的文件夹中，内有软件生成文件一份，有多份的以生成文件最后时间的为准，其余无效。文件夹中还应有导出的一系列电子表格文件(需全套)。另外须上交已装订好且自己签【场次 + 模块 + 工位】和时间的打印稿一份。

二、试题解析

参考试题 H2－25。

3.8　装饰工程计价软件操作

H2-29　装饰工程计价软件操作

一、题目

任选智多星、广联达、清华斯维尔等其中一种计价软件完成表3.37所列项目的一般计税法的清单投标报价文件编制。(结果保留两位小数)

【资料背景】本工程为湘潭市某办公楼,建筑面积为8000 m^2,框剪结构,檐口高度为25米,8层。暂列金额为5000元。

表3.37　E-1单位工程工程量清单与造价表(一般计税法)(投标报价)

工程名称:　　　　　　标段:　　　　　　单位工程名称:　　　　　　第　页共　页

序号	项目编码	项目名称	项目特征描述	计量单位	工程量	金额/元				
						综合单价	合价	其中		
								建安费用	销项税额	附加税额
1	011101006001	平面砂浆找平层	防滑地面找平层:	m^2	1325.45					
1.1	B1-1换	找平层 水泥砂浆 混凝土硬基层上30 mm	1:3 水泥砂浆 30 mm厚,水泥32.5级	100 m^2	13.25					
2	011102003001	防滑面砖地面	(1)20 mm 厚1:4干硬性水泥砂浆(水泥32.5级)找平	m^2	132.45					
2.1	B1-57换	陶瓷地面砖 楼地面 每块面积在900 cm^2 以内	(2)300 mm×300 mm防滑地面砖	100 m^2	1.325					
3	011204003001	块料墙面	(1)面砖规格:45 mm×90 mm	m^2	389.38					
3.1	B2-155换	45 mm×90 mm 面砖水泥砂浆粘贴面砖灰缝10 mm 以内	(2)粘贴方式:水泥砂浆粘贴,灰缝10 mm以内	100 m^2	3.894					
4	011301001001	天棚抹灰	现浇混凝土天棚粉石灰砂浆	m^2	482.34					
4.1	B3-1	抹灰面层 混凝土天棚 石灰砂浆现浇		100 m^2	4.823					

要求:上交电子成果一份,路径储存在D盘以自己的【场次+模块+工位】命名的文件夹中,内有软件生成文件一份,有多份的以生成文件最后时间的为准,其余无效。文件夹中还应有导出的一系列电子表格文件(需全套)。另外须上交已装订好且自己签【场次+模块+工位】和时间的打印稿一份。

二、试题解析

(一)试题知识点

参考试题3-25。

(二)试题解析过程

第一步:新建单位工程为"湘潭市某办公楼",选择清单计价、建筑工程、装饰工程、一般计税法,纳税地区选择市区,如图3.17所示。

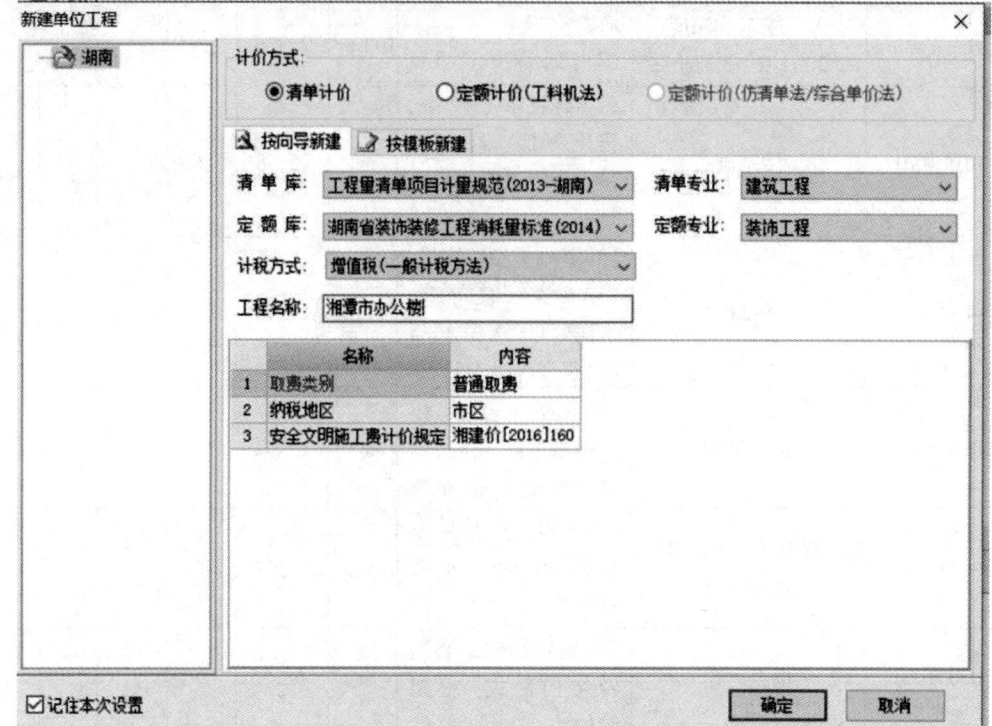

图3.17　新建单位工程图

第二步:根据题目信息编写工程概况,如图3.18所示。

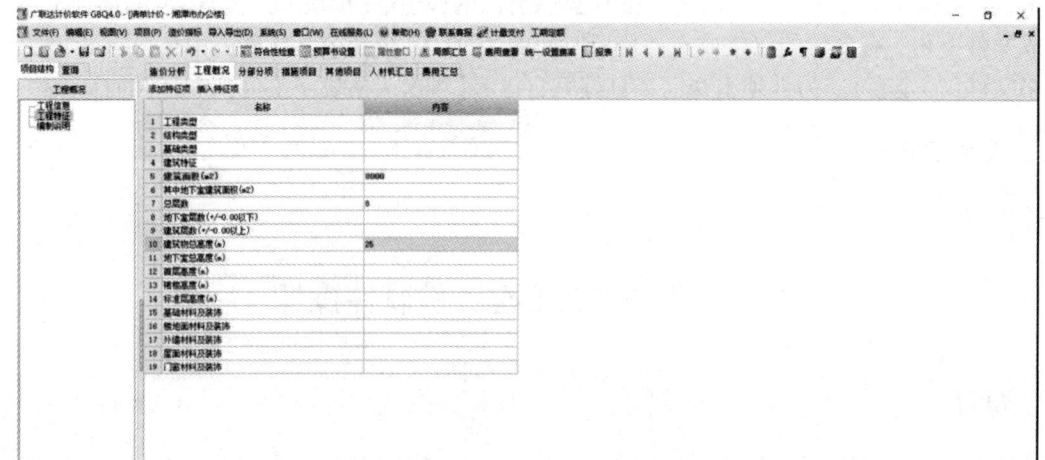

图3.18　工程概况信息输入图

第三步：按照题目的费率进行修改，完成费率的设置，如图 3.19 所示。

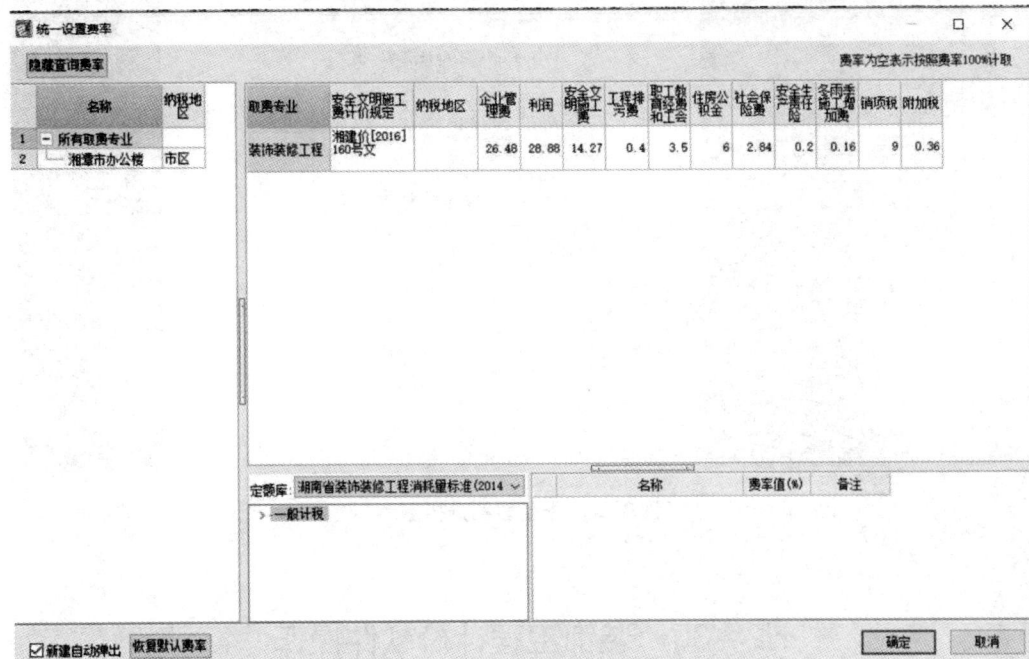

图 3.19　费率输入图

第四步：进入分部分项工程输入窗口，输入题目给定的分部分项，如图 3.20 所示。

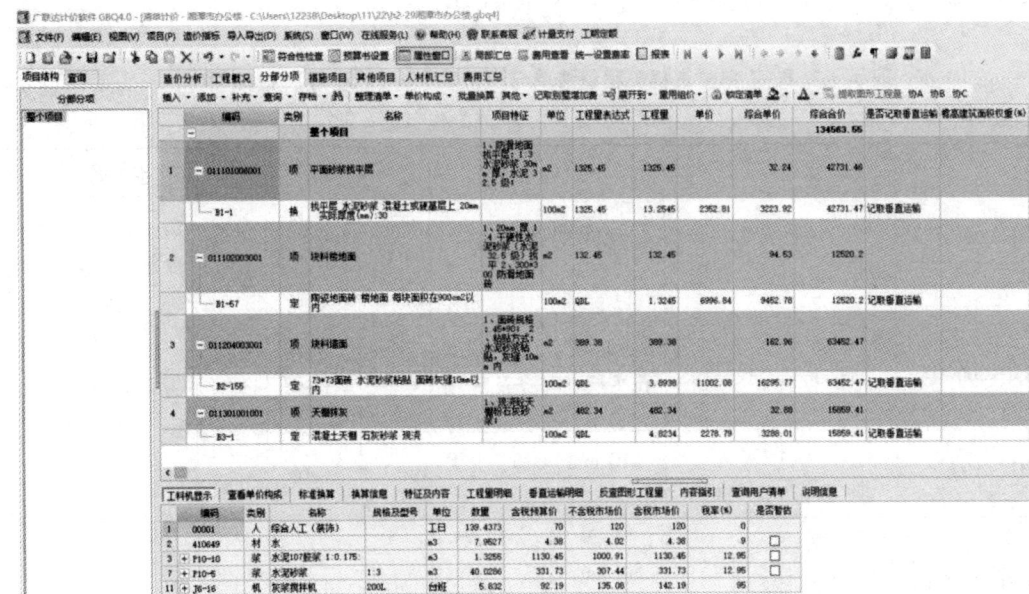

图 3.20　分部分项工程输入图

第五步：输入措施项目费，如图 3.21 所示。

第六步：根据题目信息输入暂列金额，如图 3.22 所示。

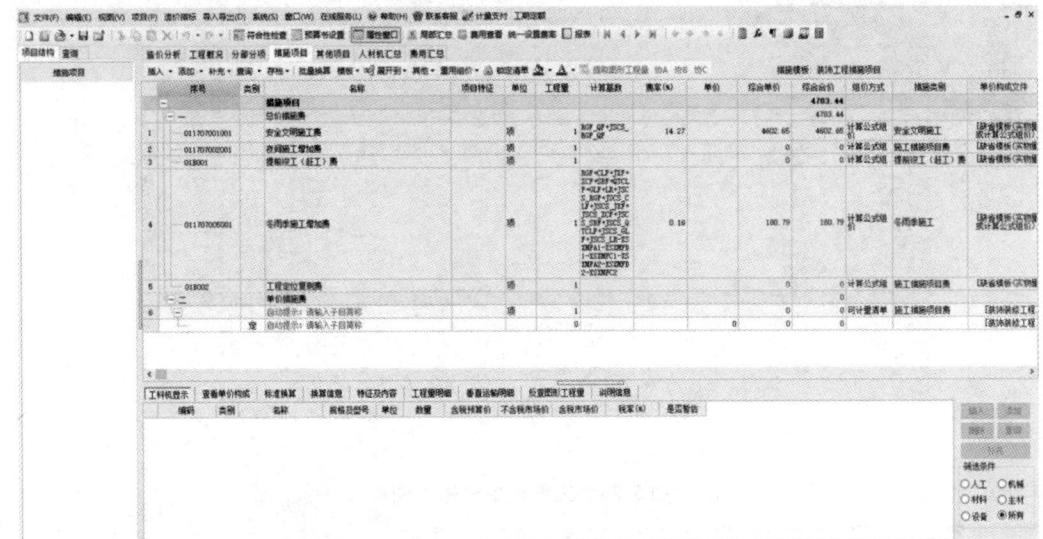

图 3.21　措施项目输入图

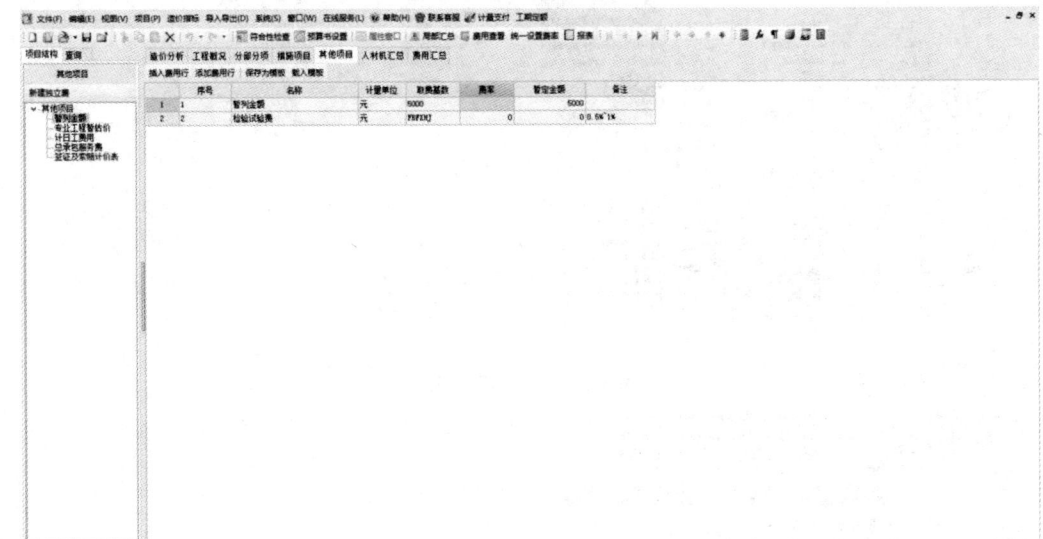

图 3.22　暂列金额输入图

第七步：根据题目信息输入人材机单价，如图 3.23 所示。

第八步：费用汇总，如图 3.24 所示。

第九步：编辑编制说明。如图 3.25 所示。

第十步：选择投标方的报价表格，批量转为电子表格并存盘，路径储存在 D 盘以自己的【场次＋模块＋工位】命名的文件夹中。如图 3.26 所示。

图3.23 工料机单价输入图

图3.24 费用汇总图

图3.25 编制说明输入图

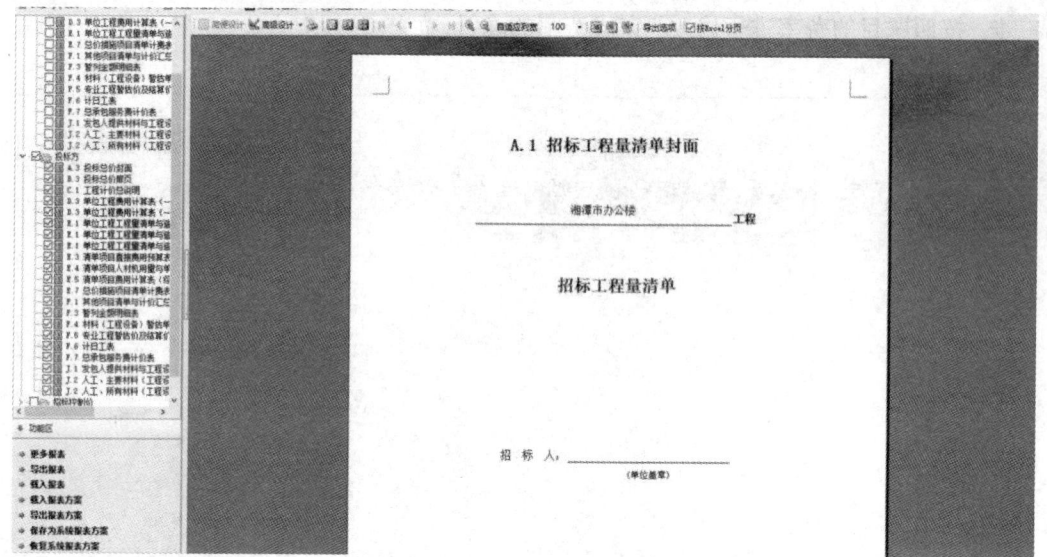

图3.26 报价表格选择图

H2-30 装饰工程计价软件操作

一、题目

任选智多星、广联达、清华斯维尔等其中一种计价软件完成表3.38所列项目的一般计税法的招标控制价文件编制。(结果保留两位小数)

表3.38 E-1 单位工程工程量清单与造价表(一般计税法)(投标报价)

工程名称:　　　　　标段:　　　　　单位工程名称:建筑工程　　　第 页 共 页

序号	项目编码	项目名称	项目特征描述	计量单位	工程量	金额/元				
						综合单价	合价	其中		
								建安费用	销项税额	附加税额
1	011101006001	细石混凝土找平层	80 mm 厚细石混凝土找平层,现浇及现场混凝土,砾石最大粒径10 mm,C15,水泥32.5 级	m²	356.87					
1.1	B1-4 换	找平层 细石混凝土 80 mm		100 m²	3.569					
2	011105003001	块料踢脚线	(1)踢脚线 高度:250 mm; (1)粘贴层厚度、材料种类:水泥砂浆1:4(水泥32.5级) (3)面层材料品种、规格、颜色:陶瓷面砖:	m²	14.45					
2.1	B1-63	陶瓷地面砖 踢脚线		100 m²	0.145					

64

续表3.38

序号	项目编码	项目名称	项目特征描述	计量单位	工程量	综合单价	合价	建安费用	销项税额	附加税额
3	011406001001	内墙抹面油漆	乳胶漆三遍	m²	1463.89					
3.1	B5-198	刷乳胶漆 抹灰面 三遍		100 m²	14.639					
4	011707007001	已完工程及设备保护	成品保护 楼地面	项	1					
4.1	B7-14	成品保护 楼地面		100 m²	0.145					

【资料背景】本工程为湘潭县城某项目,建筑面积为600 m²,砖混结构,檐口高度为10米,3层。暂列金额为2000元。

要求:上交电子成果一份,路径储存在D盘以自己的【场次+模块+工位】命名的文件夹中,内有软件生成文件一份,有多份的以生成文件最后时间的为准,其余无效。文件夹中还应有导出的一系列电子表格文件(需全套)。另外须上交已装订好且自己签【场次+模块+工位】和时间的打印稿一份。

二、试题解析

参考试题 H2-29。

H2-31 装饰工程计价软件操作

一、题目

任选智多星、广联达、清华斯维尔等其中一种计价软件完成表3.39所列项目的一般计税法的招标控制价文件编制。(结果保留两位小数)

表3.39 E-1单位工程工程量清单与造价表(一般计税法)(投标报价)

工程名称: 标段: 单位工程名称:建筑工程 第 页共 页

序号	项目编码	项目名称	项目特征描述	计量单位	工程量	综合单价	合价	建安费用	销项税额	附加税额
1	011101001001	水泥砂浆楼地面	(1)找平层厚度、砂浆配合比:30 mm;(2)面层厚度、砂浆配合比:水泥砂浆1:4	m²	4012.67					
1.1	B1-6换	水泥砂浆 楼地面换:水泥砂浆1:4(32.5级水泥)		100 m²	40.127					
2	011107002001	块料台阶面	水泥砂浆1:3(水泥32.5级)	m²	24.78					
2.1	B1-41	台阶 花岗岩 水泥砂浆		100 m²	0.248					

续表3.39

序号	项目编码	项目名称	项目特征描述	计量单位	工程量	综合单价	合价	建安费用	销项税额	附加税额
3	011301001001	天棚抹灰	预制混凝土天棚粉石灰砂浆	m²	482.34					
3.1	B3-2	抹灰面层 混凝土天棚 石灰砂浆 预制		10 m²	4.823					
4	011707007001	已完工程及设备保护	成品保护 楼梯、台阶	项	1					
4.1	B7-15	成品保护 楼梯、台阶		100 m²	0.248					

【资料背景】本工程为湘潭市某办公楼,建筑面积为8000 m²,框剪结构,檐口高度为25米,8层。暂列金额为10000元。

要求:上交电子成果一份,路径储存在D盘以自己的【场次+模块+工位】命名的文件夹中,内有软件生成文件一份,有多份的以生成文件最后时间的为准,其余无效。文件夹中还应有导出的一系列电子表格文件(需全套)。另外须上交已装订好且自己签【场次+模块+工位】和时间的打印稿一份。

二、试题解析

参考试题 H2-29。

H2-32 装饰工程计价软件操作

一、题目

任选智多星、广联达、清华斯维尔等其中一种计价软件完成表3.40所列项目的一般计税法的投标报价文件编制。(结果保留两位小数)

表3.40 E-1单位工程工程量清单与造价表(一般计税法)(投标报价)

工程名称: 标段: 单位工程名称:建筑工程 第 页共 页

序号	项目编码	项目名称	项目特征描述	计量单位	工程量	综合单价	合价	建安费用	销项税额	附加税额
1	011106004001	水泥砂浆楼梯面层	水泥砂浆1:2(水泥32.5级)	m²	56.3					
1.1	B1-7	整体面层 水泥砂浆楼梯		100 m²	0.563					

序号	项目编码	项目名称	项目特征描述	计量单位	工程量	金额/元				
						综合单价	合价	其中		
								建安费用	销项税额	附加税额
2	011201001001	墙面一般抹灰	(1)底层厚度、砂浆配合比：15 mm 厚1：1：6 水泥石灰砂浆水泥 32.5 级	m²	780					
2.1	B2-1 换	一般抹灰 墙面、墙裙 石灰砂浆两遍 砖墙	(2)面层厚度、砂浆配合比：5 mm 厚1：0.5：3 水泥石灰砂浆水泥 32.5 级	100 m³	7.8					
3	011301001001	天棚抹灰	现浇混凝土天棚粉水泥砂浆（水泥 32.5 级）	m²	871					
3.1	B3-3	抹灰面层 现浇混凝土天棚 水泥砂浆		100 m²	8.71					
4	011701006001	满堂脚手架	搭设高度：5m	m²	565					
4.1	B7-6	满堂脚手架		100 m²	5.65					

【资料背景】本工程为湘潭市某办公楼，建筑面积为 8000 m²，框剪结构，檐口高度为 25 米，8 层。暂列金额为 10000 元。

要求：上交电子成果一份，路径储存在 D 盘以自己的【场次＋模块＋工位】命名的文件夹中，内有软件生成文件一份，有多份的以生成文件最后时间的为准，其余无效。文件夹中还应有导出的一系列电子表格文件(需全套)。另外须上交已装订好且自己签【场次＋模块＋工位】和时间的打印稿一份。

二、试题解析

参考试题 H2-29。

模块四 工程造价的过程控制

第 4 章 跨岗位综合技能

4.1 建设项目总投资的计算及财务评价

Z1-1 建设项目总投资的计算及财务评价

任务描述：

某企业拟于某城市新建一个工业项目，该项目可行性研究相关基础数据如下：

1. 拟建项目占地面积 40 亩，建筑面积 15000 m²，某项目设计标准、规模与该企业 2 年前在另一城市修建的同类项目相同。已建同类项目的单位建筑工程费用为 1200 元/m²，建筑工程的综合用工量为 5 工日/m²，综合工日单价为 82 元/工日，建筑工程费用中的材料费占比为 60%，机械使用费占比为 8%。考虑地区和交易时间差异，拟建项目的综合工日单价为 110 元/工日，材料费修正系数为 1.1，机械使用费修正系数为 1.05，人材机以外的其他费用修正系数为 1.08。

2. 根据市场询价，该拟建项目设备投资估算为 2000 万元，设备安装工程费用为设备投资的 15%，项目土地相关费用按 15 万元/亩计算，除土地外的工程建设其他费用为项目建安工程费用的 15%。项目的基本预备费率为 5%，不考虑价差预备费。问题：请计算该拟建项目的建设投资。

Z1-2 建设项目总投资的计算及财务评价

任务描述：

某工业项目计算期为 10 年，建设期 2 年，第 3 年投产，第 4 年开始达到设计生产能力。建设投资 2800 万元(不含建设期贷款利息)，第 1 年投入 1000 万元，第 2 年投入 1800 万元。投资方自有资金 2500 万元，根据筹资情况建设期分两年各投入 1000 万元，余下的 500 万元在投产年年初作为流动资金投入。建设投资不足部分向银行贷款，贷款年利率为 6%，从第 3 年起，以年初的本息和为基准开始还贷，每年付清利息，并分 5 年等额还本。

该项目固定资产投资总额中，预计 85% 形成固定资产，15% 形成无形资产。固定资产综合折旧限为 10 年，采用直线法折旧，固定资产残值率为 5%，无形资产按 5 年平均摊销。

问题：

1.列式计算固定资产年折旧额及无形资产摊销费,并按表4.1所列项目填写相应数字。

2.列式计算期末固定资产余值。

表4.1　项目建设投资还本付息及固定资产折旧、摊销费用表

单位:万元

序号	项目名称	第1年	第2年	第3年	第4年	第5年	第6年	第7年	第8~10年
1	年初累计借款								
2	本年应计利息								
3	本年应还本金								
4	本年应还利息								
5	当年折旧费								
6	当年摊销费								

Z1-3　建设项目总投资的计算及财务评价

任务描述:

某拟建项目有关资料如下:

1.项目工程费由以下内容构成:

(1)主要生产项目1500万元,其中:建筑工程费300万元,设备购置费1050万元,安装工程费150万元。

(2)辅助生产项目300万元,其中:建筑工程费150万元,设备购置费110万元,安装工程费40万元。

(3)公用工程150万元,其中:建筑工程费100万元,设备购置费40万元,安装工程费10万元。

2.项目建设年限为1年,项目建设期第1年完成投资40%,第2年完成投资60%。工程建设其他费用250万元。基本预备费率为10%,年均投资价格上涨率为6%。

3.项目建设期2年,运营期8年。建设期贷款1200万元,贷款年利率为6%。在建设期第1年投入40%,第2年投入60%。贷款在运营期前4年按照等额还本、利息照付的方式偿还。

问题:

1.列式计算项目的基本预备费和涨价预备费。

2.列式计算项目的建设期贷款利息,并完成建设项目固定资产投资估算表(表4.2)。

表4.2　建设项目固定资产投资估算表

单位:万元

序号	工程费用名称	建筑工程费	设备购置费	安装工程费	其他费用	合计
1	工程费					
1.1	主要生产项目					
1.2	辅助生产项目					
1.3	公用工程					

续表4.2

序号	工程费用名称	建筑工程费	设备购置费	安装工程费	其他费用	合计
2	工程建设其他费					
3	预备费					
3.1	基本预备费					
3.2	价差预备费					
4	建设期贷款利息					
总计						

3.计算项目各年还本付息额,并将数据填入建设项目借款还本付息计划表(表4.3)。

表4.3　建设项目借款还本付息计划表

单位:万元

序号	项目名称	建设期		运营期					
		第1年	第2年	第3年	第4年	第5年	第6年	第7年	第8年
1	期初借款余额								
2	本期新增借款								
3	本期应计利息								
4	本期应还本金								
5	本期还本付息额								

Z1-4　建设项目总投资的计算及财务评价

任务描述:

某公司拟建一年产20万t铸钢厂工业项目,根据调查统计资料可知当地已建年产25万t铸钢厂的主厂房设备投资约2400万元。拟建项目的生产能力指数为1。已建类似项目资料:主厂房其他各专业工程投资占工艺设备投资的比例见表4.4,项目其他各系统工程及工程建设其他费用占主厂房投资的比例见表4.5。

表4.4　主厂房其他各专业工程投资占工艺设备投资的比例

加热炉	汽化冷却	余热锅炉	自动化仪表	起重设备	供电与传动	建安工程
0.12	0.01	0.04	0.02	0.09	0.18	0.40

表4.5　项目其他各系统工程及工程建设其他费用占主厂房投资的比例

动力系统	机修系统	总图运输系统	行政及生活福利设施工程	工程建设其他费用
0.3	0.12	0.20	0.30	0.20

该项目建设资金来源为自有资金和贷款，贷款本金为 8000 万元，分年度按投资比例发放，贷款利率为 8%（按年计息）。建设期为 3 年，第 1 年投入 30%，第 2 年投入 50%，第 3 年投入 20%。预计建设期物价年平均上涨率为 3%，投资估算到开工的时间按一年考虑，基本预备费率为 10%。

问题：

1. 已知拟建项目与类似项目的综合调整系数为 1.25，请用生产能力指数法估算该项目 主厂房的工艺设备投资；用系数估算法估算该项目主厂房投资和项目的工程费用与工程建设 其他费用。

2. 估算该项目的建设投资。

4.2 建设工程设计方案的技术经济分析及优化

Z1-5 建设工程设计方案的技术经济分析及优化

任务描述：

某市为改善交通状况，提出以下两个方案。

方案 1：在原桥基础上加固、扩建。该方案预计投资 40000 万元，建成后可通行 20 年。这期间每年需维护费 1000 万元。每 10 年需进行一次大修，每次大修费用为 3000 万元，运营 20 年后报废时没有残值。

方案 2：拆除原桥，在原址建一座新桥。该方案预计投资 120000 万元，建成后可通行 60 年。这期间每年需维护费 1500 万元。每 20 年需进行一次大修，每次大修费用为 5000 万元，运营 60 年后报废时可回收残值 5000 万元。不考虑两方案建设期的差异，基准收益率为 6%。主管部门聘请专家对该桥应具备的功能进行了深入分析，认为从 F1、F2、F3、F4、F5 共 5 个方面对功能进行评价。表 4.6 是专家采用 0~4 评分法对 5 个功能进行评分的部分结果，表 4.7 是专家对两个方案的 5 个功能的评分结果。计算所需系数参见表 4.8。

表 4.6　功能评分表

	F1	F2	F3	F4	F5	得分	权重
F1		2	3	4	4		
F2			3	4	4		
F3				3	4		
F4					3		
F5							
合计							

表 4.7　评分结果

方案功能	方案 1	方案 2
F1	6	10
F2	7	9

续表 4.7

方案功能	方案 1	方案 2
F3	6	7
F4	9	8
F5	9	9

表 4.8　计算所需系数

n	10	20	30	40	50	60
$(P/F, 6\%, n)$	0.5584	0.3118	0.1741	0.0972	0.0543	0.0303
$(A/P, 6\%, n)$	0.1359	0.0872	0.0726	0.0665	0.0634	0.0619

问题：

1. 计算各功能的权重（权重计算结果保留三位小数）。

2. 列式计算两方案的年费用（计算结果保留两位小数）。

3. 若采用价值工程方法对两方案进行评价，分别列式计算两方案的成本指数（以年费用为基础）、功能指数和价值指数，并根据计算结果确定最终应入选的方案（计算结果保留三 位小数）。

Z1-6 建设工程设计方案的技术经济分析及优化

任务描述：

某咨询公司受业主委托，对某设计院提出的 8000 m² 工程量的屋面工程的 A、B、C 三个设计方案进行评价。该工业厂房的设计使用年限为 40 年。咨询公司评价方案中设置功能适用性（F1）、经济合理性（F2）、结构可靠性（F3）、外形美观性（F4）、与环境协调性（F5）等五项评价指标。该五项评价指标的重要程度依次为：F1、F3、F2、F5、F4。各方案的每项评价指标得分见表 4.9。各方案有关经济数据见表 4.10。基准折现率为 6%，资金时间价值系数见表 4.11。

表 4.9　各方案评价指标得分表

方案出指标	A	B	C
F1	9	8	10
F2	8	10	9
F3	10	9	8
F4	7	9	9
F5	8	10	8

表 4.10 各方案有关经济数据汇总表

方案	A	B	C
含税全费用价格/(元/m²)	65	80	115
年度维护费用/万元	1.40	1.85	2.70
大修周期/年	5	10	15
每次大修费/万元	32	44	60

表 4.11 资金时间价值系数表

n	5	10	15	20	25	30	35	40
$(P/F, 6\%, n)$	0.7474	0.5584	0.4173	0.3118	0.2330	0.1741	0.1301	0.0972
$(A/P, 6\%, n)$	0.2374	0.1359	0.1030	0.0872	0.0782	0.0726	0.0690	0.0665

问题:

1. 用 0~1 评分法确定各项评价指标的权重并把计算结果填入答题纸。

2. 列式计算 A、B、C 三个方案的加权综合得分,并选择最优方案。

3. 计算该工程各方案的工程总造价和全寿命周期年度费用,从中选择最经济的方案(注:不考虑建设期差异的影响,每次大修给业主带来不便的损失为 1 万元,各方案均无残值)。

Z1-7 建设工程设计方案的技术经济分析及优化

任务描述:

某业主邀请若干厂家对某商务楼的设计方案进行评价,经专家讨论确定的主要评价指标分别为:功能适用性(F1)、经济合理性(F2)、结构可靠性(F3)、外形美观性(F4)、与环境协调性(F5)五项评价指标,各功能之间的重要性关系为:F3 比 F4 重要得多,F3 比 F1 重要,F1 和 F2 同等重要,F4 和 F5 同等重要,经过筛选后,最终对 A、B、C 三个设计方案进行评价,三个设计方案评价指标的评价结果和估算总造价见表 4.12。

表 4.12 各方案评价指标的评价结果和估算总造价

功能	方案 A	方案 B	方案 C
功能适用性(F1)	9 分	8 分	10 分
经济合理性(F2)	8 分	10 分	8 分
结构可靠性(F3)	10 分	9 分	8 分
外形美观性(F4)	7 分	8 分	9 分
与环境协调性(F5)	8 分	9 分	8 分
估算总造价/万元	6500	6600	6650

问题:

1. 用 0~4 评分法计算各功能的权重。

2. 用价值工程方法选择最佳设计方案。

3. 若 A、B、C 三个方案的年度使用费用分别为 340 万元、300 万元、350 万元,设计使用年限均为 50 年,基准折现率为 10%,用寿命周期年费用法选择最佳设计方案。

Z1-8 建设工程设计方案的技术经济分析及优化

任务描述:

某工程有两个备选施工方案,采用方案一时,固定成本为 160 万元,与工期有关的费用为 35 万元/月;采用方案二时,固定成本为 200 万元,与工期有关的费用为 25 万元/月。两方案除方案一机械台班消耗之外的直接工程费相关数据见表 4.13。

表 4.13 两个施工方案直接工程费的相关数据

	方案一	方案二
材料费·元·m⁻³	700	700
人工消耗·工日/m⁻³	1.8	1
机械台班消耗·台班/m⁻³		0.375
工日单价·元/工日	100	100
台班费·元/台班	800	800

为了确定方案一的机械台班消耗,采用预算定额机械台班消耗量确定方法进行实测确定。测定的相关资料如下:

完成该工程所需机械的一次循环的正常延续时间为 12 分钟,一次循环生产的产量为 0.3 m³,该机械的正常利用系数为 0.8,机械幅度差系数为 25%。

问题:

1. 计算按照方案一完成每 m³ 工程量所需的机械台班消耗指标。

2. 方案一和方案二每 1000 m³ 工程量的分部分项工程费分别为多少万元?

3. 当工期为 12 个月时,试分析两方案适用的工程量范围。

4. 若本工程的工程量为 9000 m³,合同工期为 10 个月,计算确定应采用哪个方案?若方案二可缩短工期 10%,应采用哪个方案?

4.3 招投标管理

Z1-9 招投标管理

任务描述:

某建设单位经相关主管部门批准,组织某建设项目全过程总承包(即 EPC 模式)的公开招标工作。根据实际情况和建设单位要求,该工程工期定为两年,考虑到各种因素的影响,决定该工程在基本方案确定后即开始招标,确定的招标程序如下:

(1)成立该工程招标领导机构;

（2）委托招标代理机构代理招标；

（3）发出投标邀请书；

（4）对报名参加投标者进行资格预审，并将结果通知合格的申请投标人；

（5）向所有获得投标资格的投标人发售招标文件；

（6）召开投标预备会；

（7）招标文件的澄清与修改；

（8）建立评标组织，制定标底和评标、定标办法；

（9）召开开标会议，审查投标书；

（10）组织评标；

（11）与合格的投标者进行质疑澄清；

（12）决定中标单位；

（13）发出中标通知书；

（14）建设单位与中标单位签订承发包合同。

问题：

1. 指出上述招标程序中的不妥和不完善之处。

2. 该工程共有 7 家投标人投标，在开标过程中，出现如下情况：

（1）其中 1 家投标人的投标书没有按照招标文件的要求进行密封和加盖企业法人印章，经招标人认定，该投标做无效投标处理；

（2）其中 1 家投标人提供的企业法定代表人委托书是复印件，经招标人认定，该投标做无效投标处理；

（3）开标人发现剩余的 5 家投标人中，有 1 家的投标报价与标底价格相差较大，经现场商议，也做无效投标处理。

指明以上处理是否准确，并说明理由。

Z1 –10　招投标管理

任务描述：

某大型工程项目由政府投资建设，业主委托某招标代理公司代理施工招标。招标代理公司确定该项目采用公开招标方式招标，招标公告在当地政府规定的招标信息网上发布。招标文件中规定：投标担保可采用投标保证金或投标保函方式得保。评标方法采用经评审的最低投标价法。投标有效期为60 天。

业主对招标代理公司提出以下要求：为了避免潜在的投标人过多，项目招标公告只在本市日报上发布，且采用邀请招标方式招标。

项目施工招标信息发布以后，共有 12 家潜在的投标人报名参加投标。业主认为报名参加投标的人数太多，为减少评标工作量，要求招标代理公司仅对报名的潜在投标人的资质条件、业绩进行资格审查。

开标后发现：

（1）A 投标人的投标报价为 8000 万元，为最低投标价，经评审后推荐其为中标候选人；

（2）B 投标人在开标后又提交了一份补充说明，提出可以降价 5%；

（3）C 投标人提交的银行投标保函有效期为 70 天；

（4）D 投标人投标文件的投标函盖有企业及企业法定代表人的印章，但没有加盖项目负责人的

印章；

（5）E 投标人与其他投标人组成了联合体投标，附有各方资质证书，但没有联合体共同投标协议书；

（6）F 投标人投标报价最高，故 F 投标人在开标后第二天撤回了其投标文件。经过标书评审，A 投标人被确定为中标候选人。发出中标通知书后，招标人和 A 投标人进行合同谈判，希望 A 投标人能再压缩工期、降低费用。经谈判后双方达成一致：不压缩工期，降价 3%。

问题：

1. 业主对招标代理公司提出的要求是否准确？说明理由。

2. 分析 A、B、C、D、E 投标人的投标文件是否有效？说明理由。

3. F 投标人的投标文件是否有效？对其撤回投标文件的行为应如何处理？

4. 该项目施工合同应该如何签订？合同价格应是多少？

Z1 –11　招投标管理

任务描述：

某市政府拟投资建设一大型垃圾焚烧发电站工程项目。该项目除厂房及有关设施的土建工程外，还有全套进口垃圾焚烧发电设备及垃圾处理专业设备的安装工程。厂房范围内地质勘察资料反映：地基条件复杂，地基处理采用钻孔灌注桩。招标单位委托某咨询公司进行全过程投资管理。该项目厂房土建工程共有 A、B、C、D、E 五家施工单位参加投标，资格预审结果均合格。招标文件要求投标单位将技术标和商务标分别封装。评标原则及方法如下：

1. 采用综合评估法，按得分高低排序，推荐三名合格的中标候选人。

2. 技术标共 40 分，其中施工方案 10 分，工程质量及保证措施 15 分，工期、业绩信誉、安全文明施工措施分别为 5 分（表 4.14）。

3. 商务标共 60 分。

（1）若最低报价低于次低报价 15% 以上（含 15%），最低报价的商务得分为 30 分，且不再参加商务标基准价计算（表 4.15）；

（2）若最高报价高于次低报价 15% 以上（含 15%），最高报价的投标按废标处理；

（3）人工、钢材、商混凝土价格参照当地有关部门发布的工程造价信息，若低于该价格 10% 以上时评标委员会应要求该投标单位做必要的澄清；

（4）以符合要求的商务报价的算术平均数作为基准价（60 分），报价比基准价每下降 1% 扣 1 分，最多扣 10 分，报价比基准价每增加 1% 扣 2 分，扣分不保底。

表 4.14　各投标单位技术标得分汇总表

投标单位	施工方案	工期	工程质量及保证措施	安全文明施工措施	业绩信誉
A	8.5	4	14.5	4.5	5
B	9.5	4.5	14	4	4
C	9.0	5	14.5	4.5	4
D	8.5	3.5	14	4	3.5
E	9.0	4	13.5	4	3.5

表 4.15 各投标单位报价汇总表

投标单位	A	B	C	D	E
报价/万元	3900	3886	3600	3050	3784

评标过程中又发生投标单位 E 不按评标委员会的要求进行澄清、说明补正。

问题：

1. 该项目应采取何种招标方式？如果把该项目划分成若干个标段分别进行招标，划分时 应综合考虑的因素是什么？本项目可如何划分？

2. 按照评标办法，计算各投标单位商务标得分。

3. 按照评标办法，计算各投标单位综合得分，并把计算结果填入答题纸中。

4. 推荐合格的中标候选人，并排序。

Z1-12 招投标管理

任务描述：

某市政府投资的一建设工程项目，项目法人单位委托某招标代理机构采用公开招标方式代理项目施工招标，并委托具有相应资质的工程造价咨询企业编制了招标控制价。招标过程中发生以下事件：

事件 1：招标信息在招标信息网上发布后，招标人考虑到该项目建设工期紧，为缩短招标时间，而改用邀请招标方式，并要求在当地承包商中选择中标人。

事件 2：资格预审时，招标代理机构审查了各个潜在投标人的专业、技术资格和技术能力。

事件 3：招标代理机构设定招标文件出售的起止时间为 3 个工作日，要求投标人提交的投标保证金为 120 万元。

事件 4：开标后，招标代理机构组建评标委员会，由技术专家 2 人、经济专家 3 人、招标人代表 1 人、该项目主管部门主要负责人 1 人组成。

事件 5：招标人向中标人发出中标通知书后，向其提出降价要求，双方经过多次谈判，签订了书面合同，合同比中标价降低 2%。招标人在与中标人签订合同 3 周后，退还了未中标的其他投标人的投标保证金。

问题：

1. 说明工程造价咨询企业编制招标控制价的主要依据。

2. 指出事件 1 中招标人行为的不妥之处，并说明理由。

3. 说明事件 2 中招标代理机构在资格预审时还应审查哪些内容。

4. 指出事件 3、事件 4 中招标代理机构行为的不妥之处，并说明理由。

5. 指出事件 5 中招标人行为的不妥之处，并说明理由。

4.4 工程索赔和工程结算计算

Z1-13 工程索赔和工程结算计算

任务描述：

某房屋建筑工程项目，建设单位与施工单位按照《建设工程施工合同(示范文本)》签订了施工承包合同。施工合同中规定：

(1)设备由建设单位采购，施工单位安装；

(2)建设单位原因导致的施工单位人员窝工，按 18 元/工日补偿，建设单位原因导致的施工单位设备闲置，按表 4.16 中所列标准补偿。

表 4.16 设备闲置补偿标准表

机械名称	台班单价·元/台班	补偿标准
大型起重机	1060	台班单价的 60%
自卸汽车(5 t)	318	台班单价的 40%
自卸汽车(8 t)	458	台班单价的 50%

(3)施工过程中发生的设计变更，其价款按建标〔2013〕44 号文件的规定以工料单价法计价程序计价，管理费率为 10%，利润率为 5%，税率为 3.41%。

该工程在施工过程中发生以下事件：

事件 1：施工单位在土方工程填筑时，发现取土区的土壤含水量过大，必须经过晾晒后才能填筑，增加费用 30000 元，工期延误 10 天。

事件 2：基坑开挖深度为 3 m，施工组织设计中考虑的放坡系数为 0.3(已经监理工程师批准)。施工单位为避免坑壁塌方，开挖时加大了放坡系数，使土方开挖量增加，导致费用超支 10000 元，工期延误 3 天。

事件 3：施工单位在主体钢结构吊装安装阶段发现钢筋混凝土结构上缺少相应的预埋件，经查实是由于土建施工图纸遗漏该预埋件的错误所致。返工处理后，增加费用 20000 元，工期延误 8 天。

事件 4：建设单位采购的设备没有按计划时间到场，施工受到影响，施工单位一台大型起重机、两台自卸汽车(载重 5 t、8 t 各一台)闲置 5 天，工人窝工 86 工日，工期延误 5 天。

事件 5：某分项工程由于建设单位提出工程使用功能的调整，须进行设计变更。设计变更后，经确认人材机费用增加 18000 元，单价措施费增加 2000 元。

上述事件发生后，施工单位及时向建设单位造价工程师提出索赔要求。

问题：

1. 分析以上各事件中造价工程师是否应该批准施工单位的索赔要求？说明理由。

2. 对于工程施工中发生的工程变更，造价工程师对变更部分的合同价款应根据什么原则确定？

3. 造价工程师应批准的索赔金额是多少？工程延期了多少天？

Z1-14 工程索赔和工程结算计算

任务描述：

发包人与承包人于 5 月 10 日签订了工程承包合同。合同约定的不含税合同价为 6948 万元，工期为 300 天；合同价中的管理费以人工费、材料费和机械费之和为计算基数，管理费费率为 12%，利润率为 5%。

在施工过程中，该工程的关键线路上发生了以下几种原因引起的工期延误：

(1)由于发包人原因，设计变更后新增一项工程于 7 月 28 日至 8 月 7 日施工(新增工程款为 160 万元)；另一分项工程的图纸延误导致承包人于 8 月 27 日至 9 月 12 日停工。

(2)由于承包人原因，原计划于 8 月 5 日晨到场的施工机械直到 8 月 26 日才到场。

(3)由于天气原因，连续多日高温造成供电紧张。该工程所在地区于 8 月 3 日至 8 月 5 日停电，另外，该地区于 8 月 24 日晨至 8 月 28 日晚下了特大暴雨。在发生上述工期延误事件后，承包人按合同规定的程序向发包人提出了索赔要求，经双方协商一致。除特大暴雨造成的工期延误之外，对其他应予补偿的工期延误事件，既补偿直接费又补偿间接费，间接费补偿按合同工期每天平均分摊的间接费计算。

问题：

1. 该工程的实际工期延误为多少天？应予批准的工期延长时间为多少天？分别说明每个工期延误事件应批准的延长时间及其原因。

2. 图纸延误应予补偿的间接费为多少？

3. 该工程所在地市政府规定：高温期间施工企业每日工作时间减少 1 小时，企业必须给职工每人每天 10 元高温津贴。若某分项工程的计划工效为 1.50 平方米/每小时。计划工日单位为 50 元，高温期间的实际工效降低 10%，则高温期间该分项每平方米人工费比原计划增加多少元？

Z1-15 工程索赔和工程结算计算

任务描述：

某工程项目，业主与承包商签订了工程施工承包合同。合同中估算工程量为 5300 m³，单价为 180 元/m³。合同工期为 6 个月。有关付款条款如下：(1)开工前业主应向承包商支付估算合同价 20% 的工程预付款；(2)业主自第一个月起，从承包商的工程款中，按 5% 的比例扣留质量保证金；(3)当累积实际完成工程量超过(或低于)估算工程量的 10% 时，可进行调价，调价系数为 0.9(1.1)；(4)每月签发付款最低金额为 15 万元；(5)工程预付款从乙方获得累计工程款超过估算价的 30% 后的下个月

起，至第五个月均匀扣除。承包商每月实际完成并签证确认的工程量见表 4.17：

表 4.17 每月完成工程量

月份	1	2	3	4	5	6
完成工程量/m³	800	1000	1200	1200	1200	500
累计完成工程量/m³	800	1800	3000	4200	5400	5900

问题：

1. 按规定，业主应在何时向承包商支付工程预付款？

2. 工程预付款为多少？从哪个月开始起扣？每月扣多少？

3. 每月工程量价款为多少？应签证的工程款为多少？应签发的付款凭证金额为多少？

Z1-16 工程索赔和工程结算计算

任务描述：

某工程的合同承包价为 1500 万元，工期为 7 个月，工程预付款占合同承包价的 25%，主要材料及预制构件价值占工程总价的 60%，保留金占工程总价的 5%，该工程每月实际完成工程量及合同价调整增加额见表 4.18。

表 4.18 每月完成工程量及合同价调整增加额

月份	1	2	3	4	5	6	7	合同价调整增加额
完成工程量/万元	110	200	250	360	330	180	70	90

问题：

1. 该工程应支付多少工程预付款？

2. 工程预付款的起扣点为多少？

3. 每月应结算的过程进度款及累计拨款分别是多少？

4. 应付竣工结算价款为多少？

5. 保留金为多少？

6. 7 月份实付竣工结算价款为多少？

附件　湖南省职业院校专业技能抽查考试试题附图

建筑设计总说明

一、建筑室内标高±0.000。

二、本施工图所注尺寸，所有标高以m为单位，其余以mm为单位。

三、楼地面：
1.地面做法参见98ZJ001地19。
2.楼地面做法参见98ZJ001楼10。

四、外墙面：外墙面做法按98ZJ001外墙22。

五、内墙装修：
1.房间内墙详98ZJ001内墙4，面刮双飞粉腻子。
2.女儿墙内墙详见98ZJ001内墙4。

六、顶棚装修：做法详见98ZJ001顶3，面刮双飞粉腻子。

七、屋面：屋面做法详见98ZJ001屋11。

八、散水：
1.20 mm厚1:1水泥石灰将面压光。
2.60 mm厚C15混凝土。
3.60 mm厚中砂垫层。
4.素土夯实，向外坡4%。

九、踢脚：陶瓷地砖踢脚150 mm。

十、楼梯间、钢管扶手型栏杆：扶手距踏步50 mm。

结构设计总说明

一、设计原则和标准
1.结构的设计使用年限：50年。
2.建筑结构的安全等级：二级。
3.地震基本烈度六级：设防烈度6度。
4.建筑类别及设防标准：丙类；抗震等级：框架，四级。

二、基础
C20独立柱基，C25钢筋混凝土基础梁。

三、上部结构
现浇钢筋混凝土框架结构，梁、板、柱混凝土标号均为C25。

四、材料及结构说明：
1.受力钢筋的混凝土保护层：基础40 mm，±0.000以上板15 mm，梁25 mm，柱30 mm。
2.所有板底受力筋长度为梁中心线长度+100 mm（图上没注明的钢筋均为φ6@200）。
3.沿框架柱高每隔500 mm设2φ6拉筋，伸入墙内的长度为1000 mm。
4.屋面板未配置钢筋的表面均设置φ6@200双向温度筋，与板负钢筋的搭接长度为150 mm。
5.±0.000以上砌体砖隔墙均用M5混合砂浆砌筑，除阳台、女儿墙采用MU10标准砖外，其余均采用M10烧结多孔砖。
6.过梁门窗洞口均设有钢筋混凝土过梁，接墙柱宽×200×（洞口宽+500），配4φ12纵筋φ6@200箍筋。

图集附图

图集编号	编号	名称	用料做法
98ZJ001楼9	地19 100 mm厚混凝土	陶瓷地砖地面	8~10 mm厚地砖(600 mm×600 mm)铺实拍平，水泥浆擦缝；25 mm厚1:4干硬性水泥砂浆，面上撒素水泥浆；素水泥浆结合层一道；100 mm厚C10混凝土；素土夯实
98ZJ001楼10	楼10	陶瓷地砖地面	8~10 mm厚地砖(600 mm×600 mm)铺实拍平，水泥浆擦缝；25 mm厚1:4干硬性水泥砂浆，面上撒素水泥浆；钢筋混凝土楼板
98ZJ001内墙4	内墙4	混合砂浆墙面	15 mm厚1:1:6水泥石灰砂浆；5 mm厚1:0.5:3水泥石灰砂浆
98ZJ001外墙22	外墙22	涂料外墙面	12 mm厚1:3水泥砂浆；8 mm厚1:2水泥砂浆木抹搓平；喷或涂刷涂料两遍
98ZJ001顶3	顶3	混合砂浆顶棚	钢筋混凝土底面清理干净；7 mm厚1:1:4水泥石灰砂浆；5 mm厚1:0.5:3水泥石灰砂浆；表面喷刷涂料另井
98ZJ001屋11	屋11	高聚物改性沥青防水卷材，屋面有隔热层，无保温层	35 mm厚490 mm×490 mm，C20预制钢筋混凝土板；M2.5砂浆砌巷砖三皮，中距500 mm；4 mm厚SBS改性沥青防水卷材；刷基层处理剂一遍；20 mm厚1:2水泥砂浆找平层；20 mm厚(最薄处)1:10水泥珍珠岩找2%坡；钢筋混凝土屋面板，表面清扫干净

门窗表

门窗编号	门窗类型	洞口尺寸/mm 宽	洞口尺寸/mm 高	数量/樘	备注
M-1	铝合金地弹门	2400	2700	1	46系列(2.0 mm厚)
M-2	镁板门	900	2400	4	
M-3	镶框门	900	2100	2	
MC-1	塑钢门联窗	2400	2700	1	窗台高900 mm,80系列(5 mm厚白)
C-1	铝合金窗	1500	1800	8	窗台高900 mm,96系列(带纱推拉窗)
C-2	铝合金窗	1800	1800	2	窗台高900 mm,96系列(带纱推拉窗)

柱表

标号	标高/m	$b×h$ /mm×mm	b_1 /mm	b_2 /mm	h_1 /mm	h_2 /mm	全部纵筋	角筋	b边一侧中部筋	h边一侧中部筋	箍筋类型号	箍筋
Z1	-0.8~3.6	500×500	250	250	250	250		4Φ25	3Φ22	3Φ22	(1) 5×5	φ10-100/200
Z1	3.6~7.2	500×500	250	250	250	250		4Φ25	3Φ22	3Φ22	(1) 5×5	φ10-100/200
Z2	-0.8~3.6	400×500	200	200	250	250		4Φ25	2Φ22	3Φ22	(2) 4×5	φ10-100/200
Z2	3.6~7.2	400×500	200	200	250	250		4Φ22	2Φ22	3Φ22	(2) 4×5	φ10-100/200
Z3	-0.8~3.6	400×400	200	200	200	200		4Φ22	2Φ22	2Φ22	(2) 4×4	φ8-100/200
Z3	3.6~7.2	400×400	200	200	200	200		4Φ22	2Φ22	2Φ22	(2) 4×4	φ8-100/200

工程名称	办公楼
图名	总说明
图号	建施0　设计

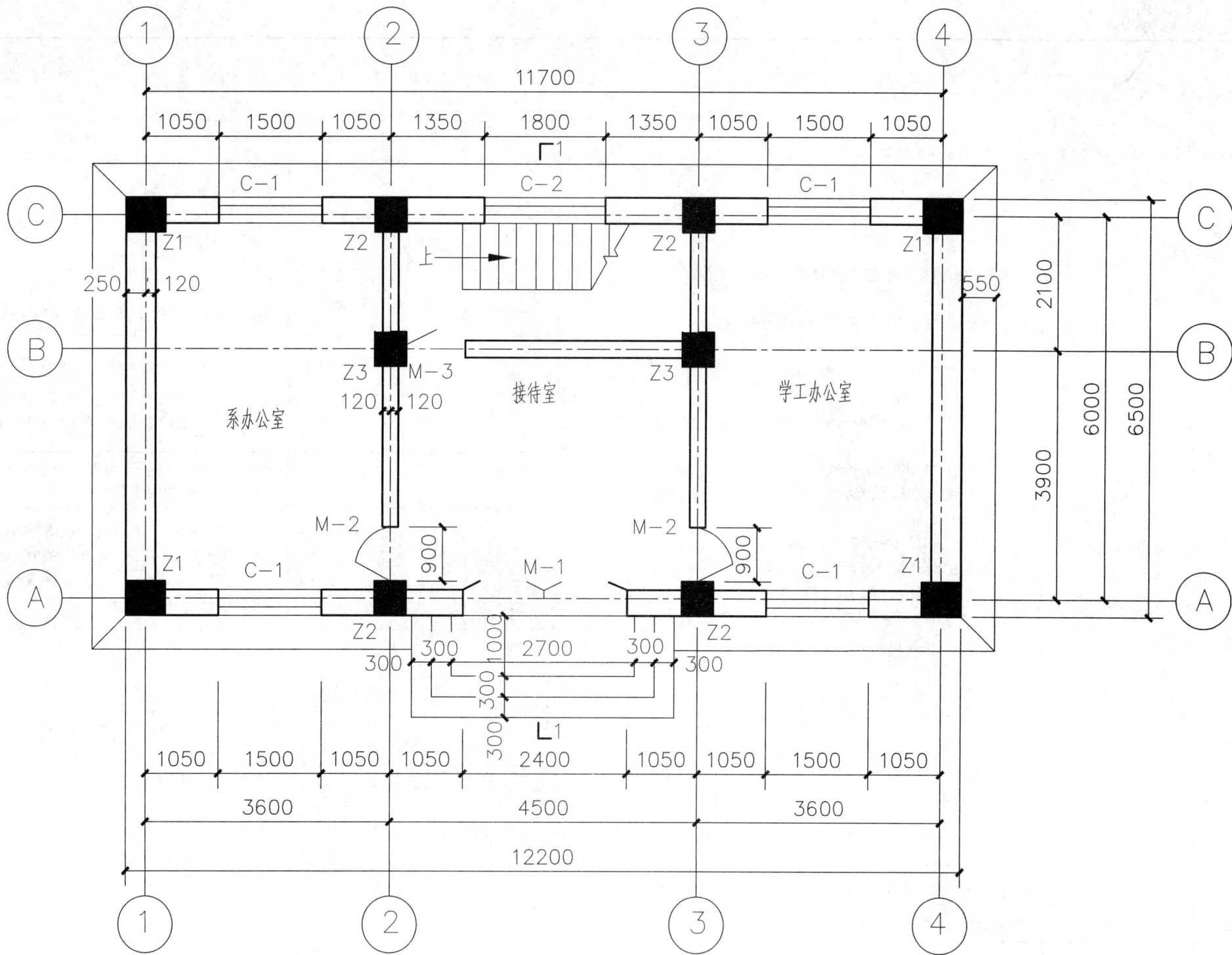

首层平面图

工程名称	办公楼
图 名	首层平面图
图 号	建施1　设计

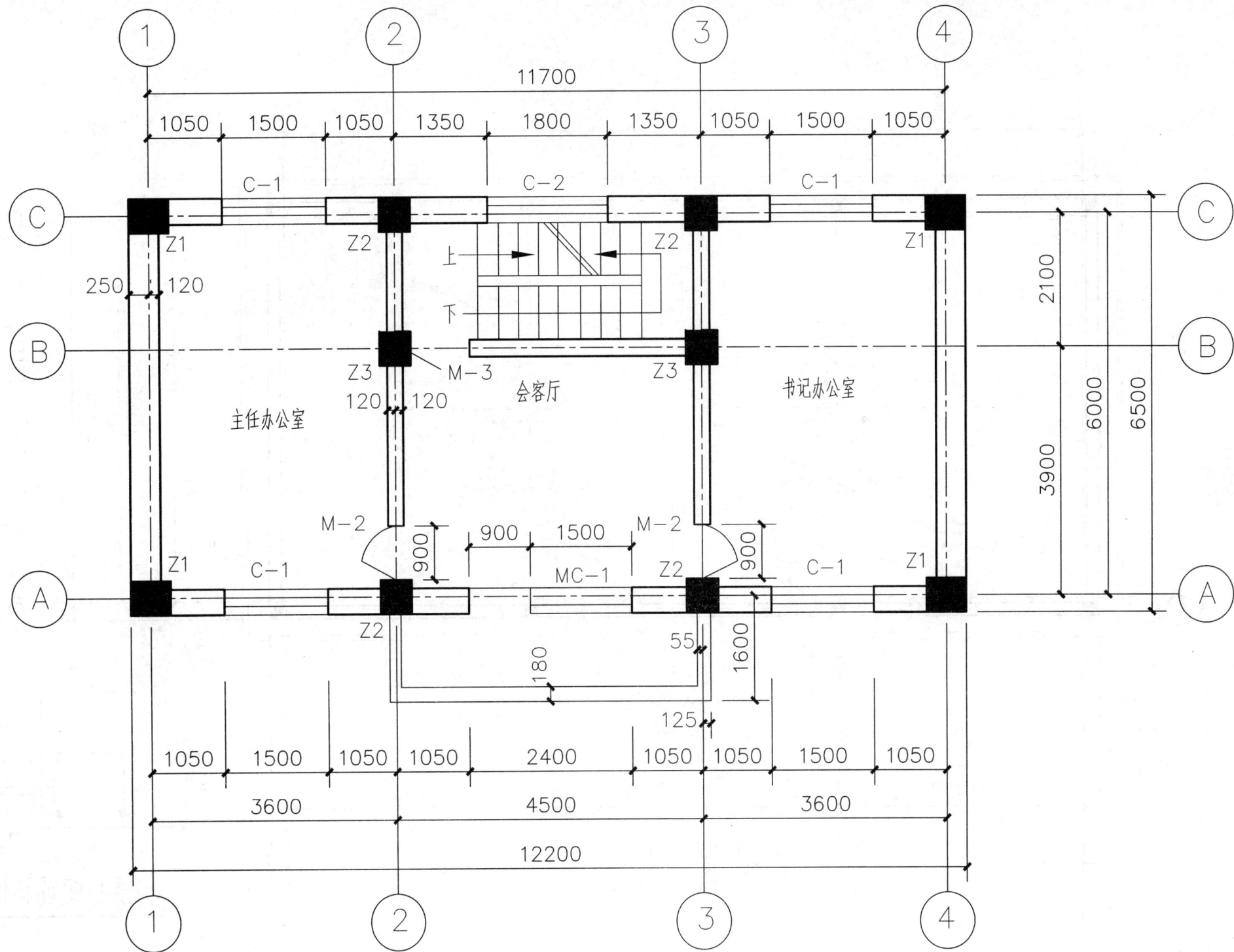

二层平面图

工程名称	办公楼	
图 名	二层平面图	
图 号	建施2	设计

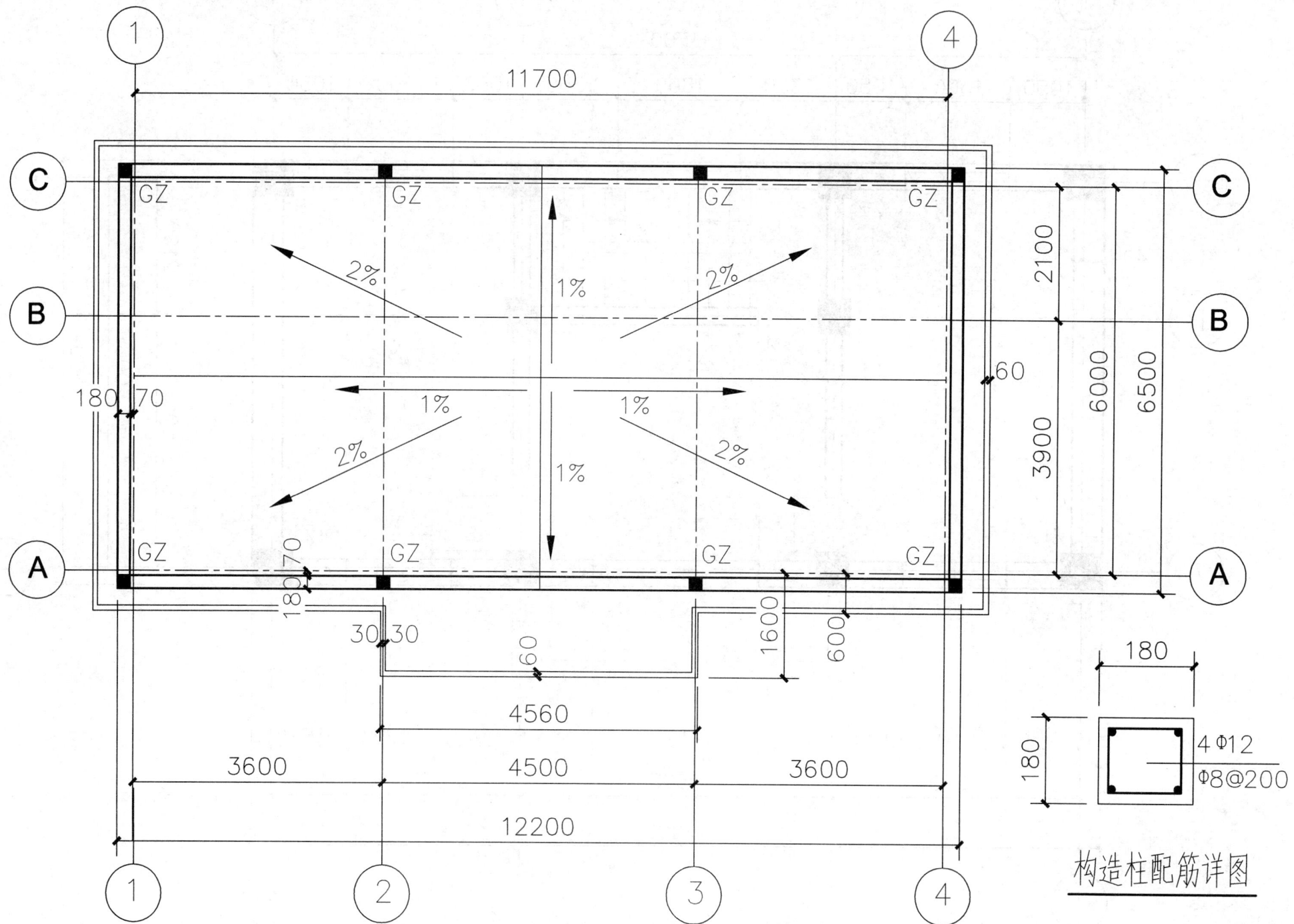

屋顶平面图

构造柱配筋详图

工程名称	办公楼
图　名	屋顶平面图
图　号	建施3	设计

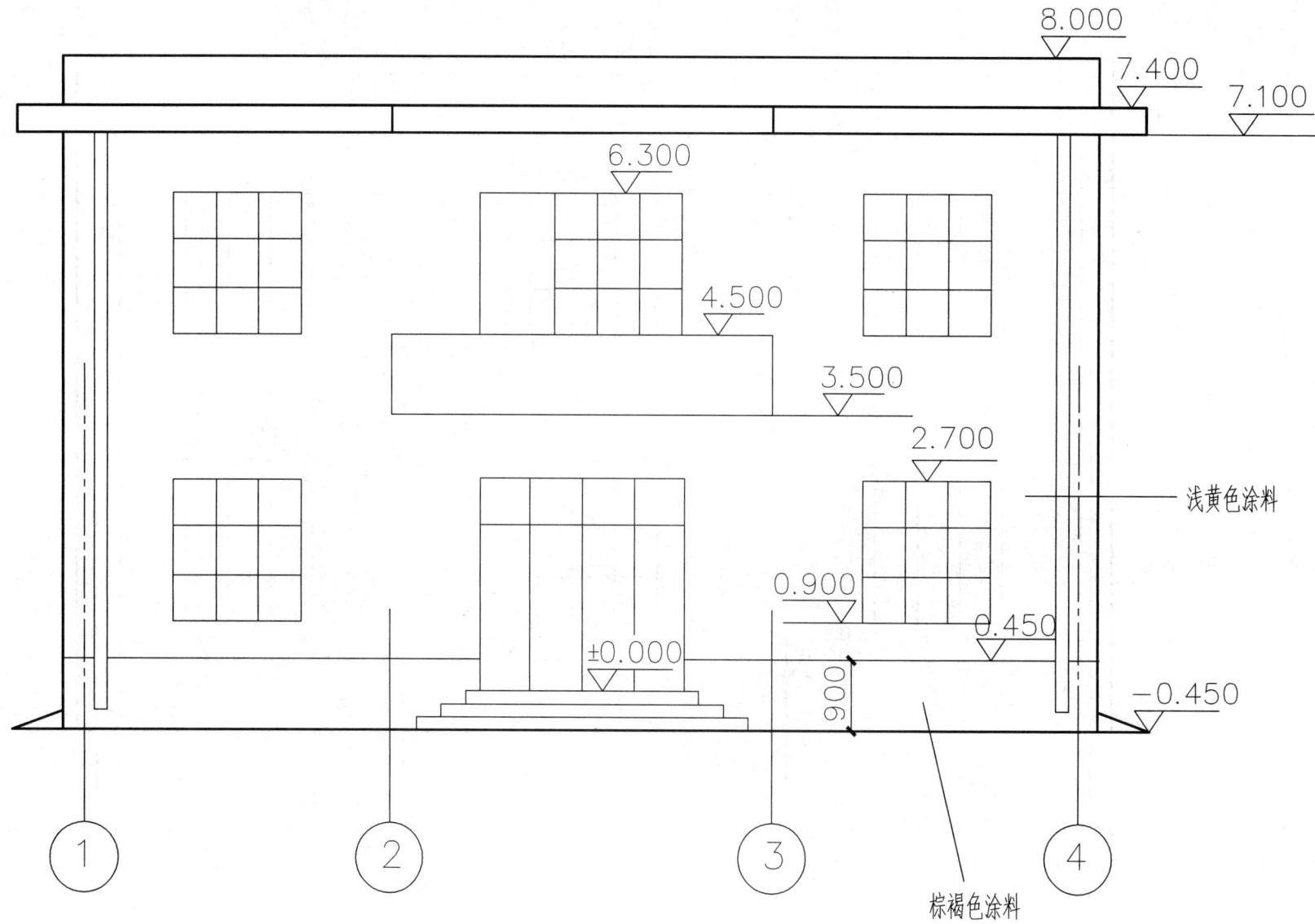

8.000

7.400

7.100

6.300

4.500

3.500

2.700

浅黄色涂料

0.900

±0.000

0.450

900

−0.450

①

②

③

④

棕褐色涂料

南立面图

工程名称	办公楼
图 名	南立面图
图 号	建施4	设计

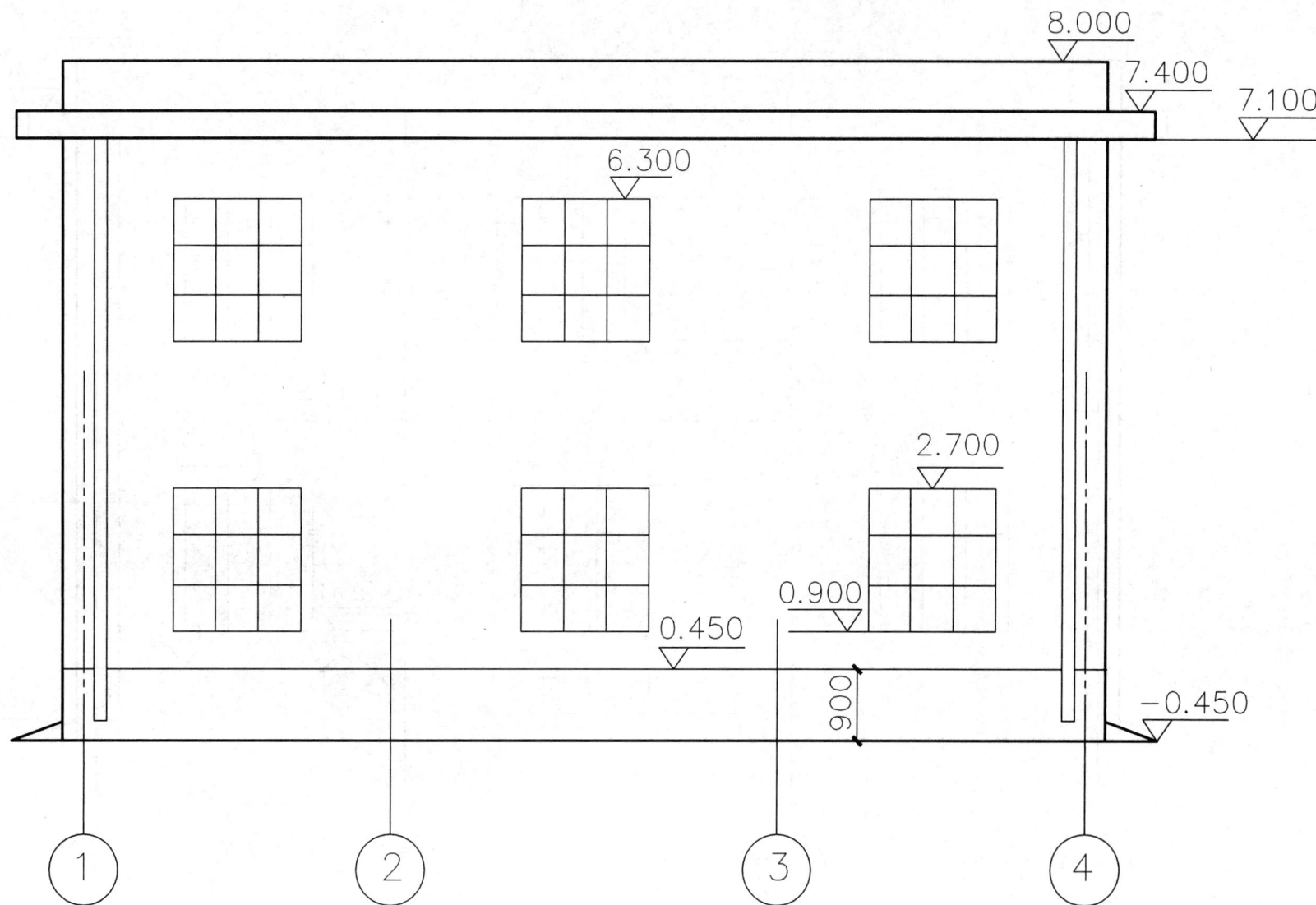

北立面图

工程名称	办公楼	
图　名	北立面图	
图　号	建施5	设计

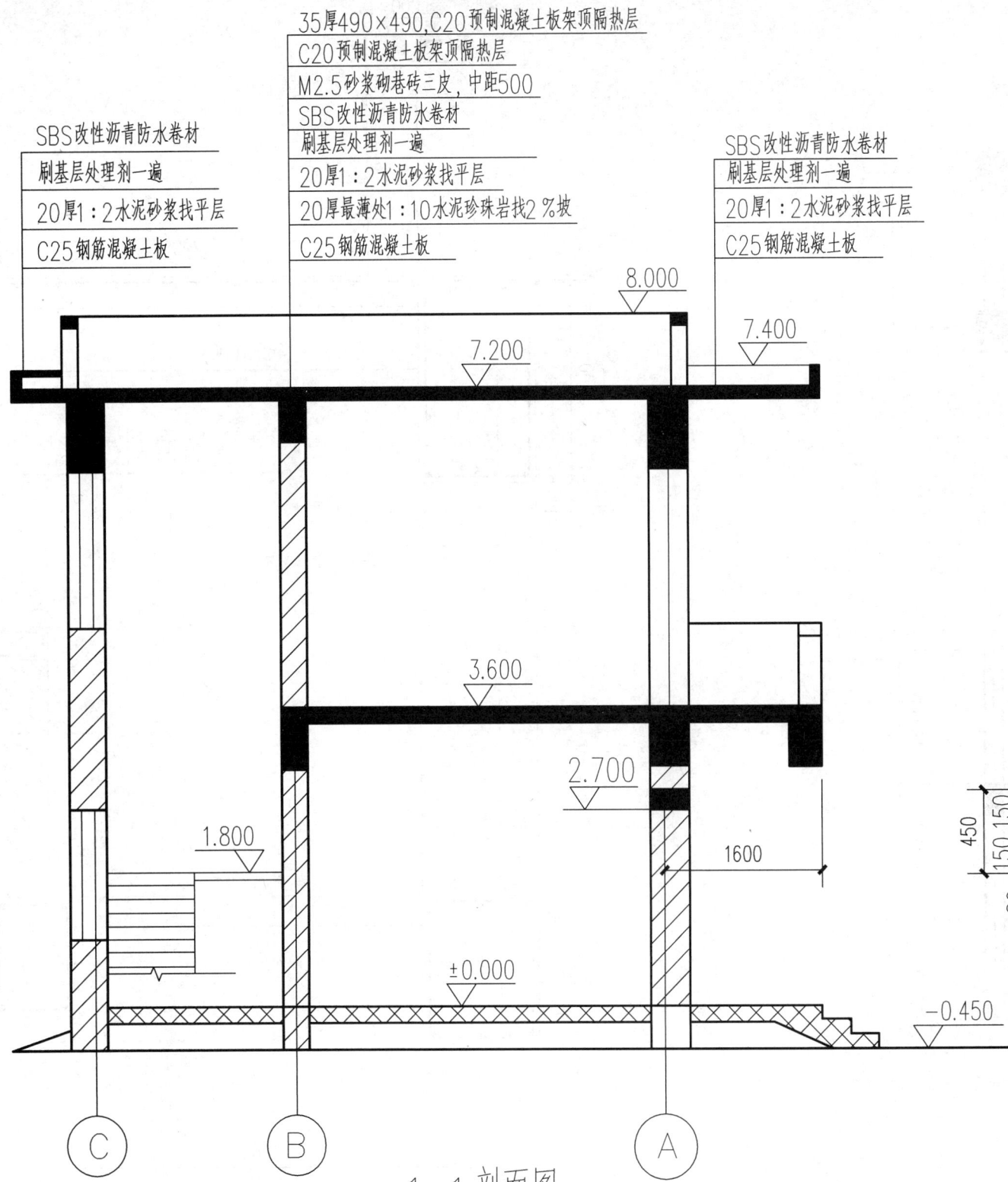

35厚490×490,C20预制混凝土板架顶隔热层
C20预制混凝土板架顶隔热层
M2.5砂浆砌巷砖三皮,中距500
SBS改性沥青防水卷材
刷基层处理剂一遍
20厚1:2水泥砂浆找平层
20厚最薄处1:10水泥珍珠岩找2%坡
C25钢筋混凝土板

SBS改性沥青防水卷材
刷基层处理剂一遍
20厚1:2水泥砂浆找平层
C25钢筋混凝土板

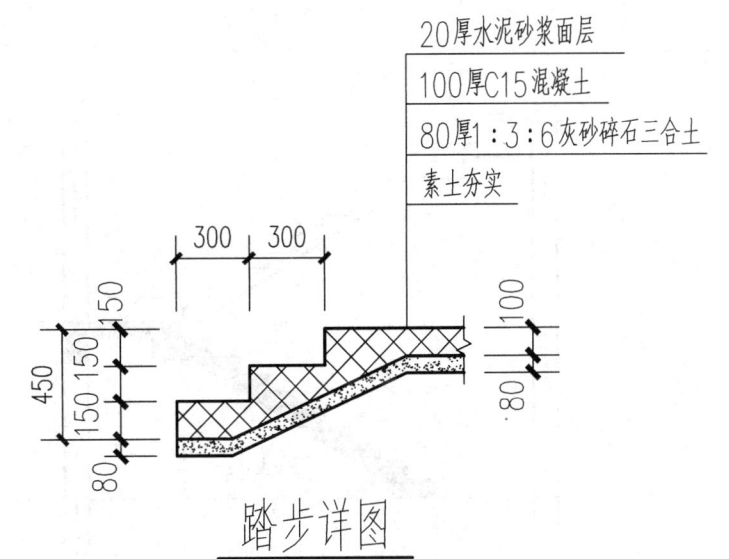

SBS改性沥青防水卷材
刷基层处理剂一遍
20厚1:2水泥砂浆找平层
C25钢筋混凝土板

20厚水泥砂浆面层
100厚C15混凝土
80厚1:3:6灰砂碎石三合土
素土夯实

踏步详图

1—1剖面图

工程名称	办公楼
图 名	1—1剖面图、踏步详图
图 号	建施6 设计

79

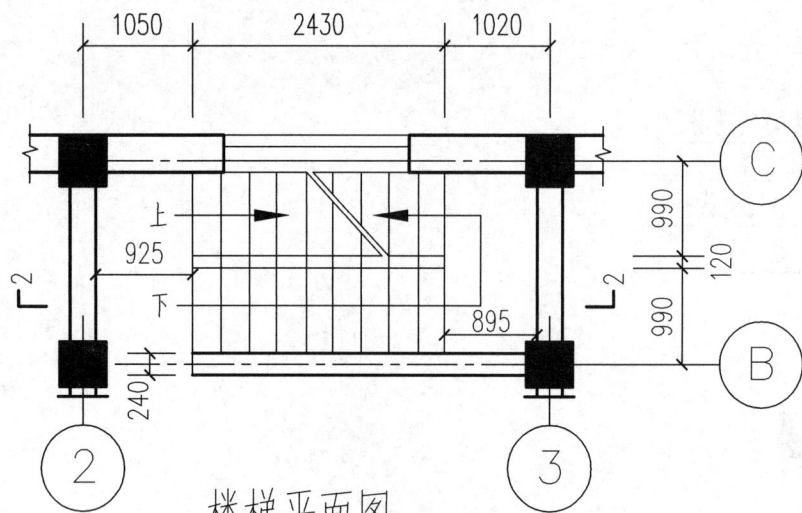

楼梯平面图

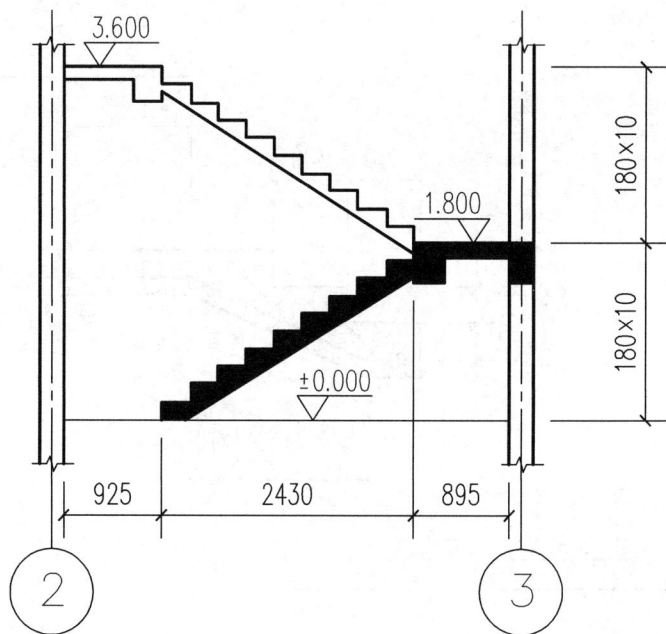

2—2楼梯剖面图

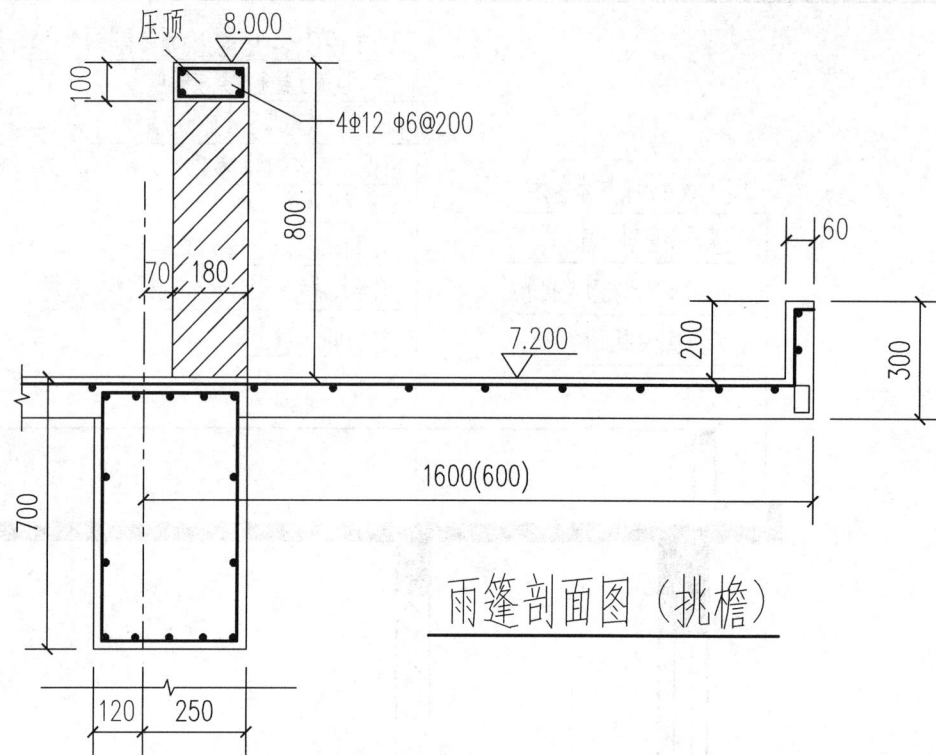

雨篷剖面图（挑檐）

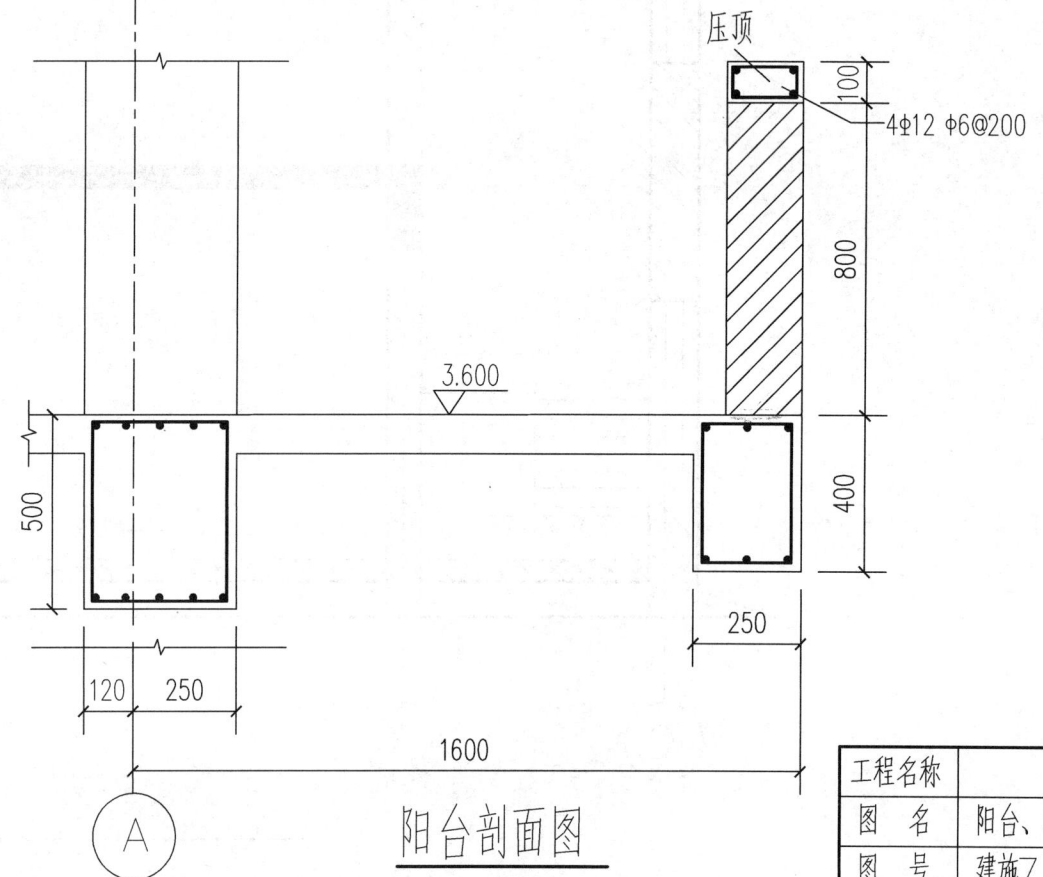

4Φ12 Φ6@200

8.000

压顶

7.200

1600(600)

阳台剖面图

压顶

4Φ12 Φ6@200

8.000

3.600

1600

工程名称	办公楼
图　名	阳台、楼梯、雨篷详图
图　号	建施7　设计

80

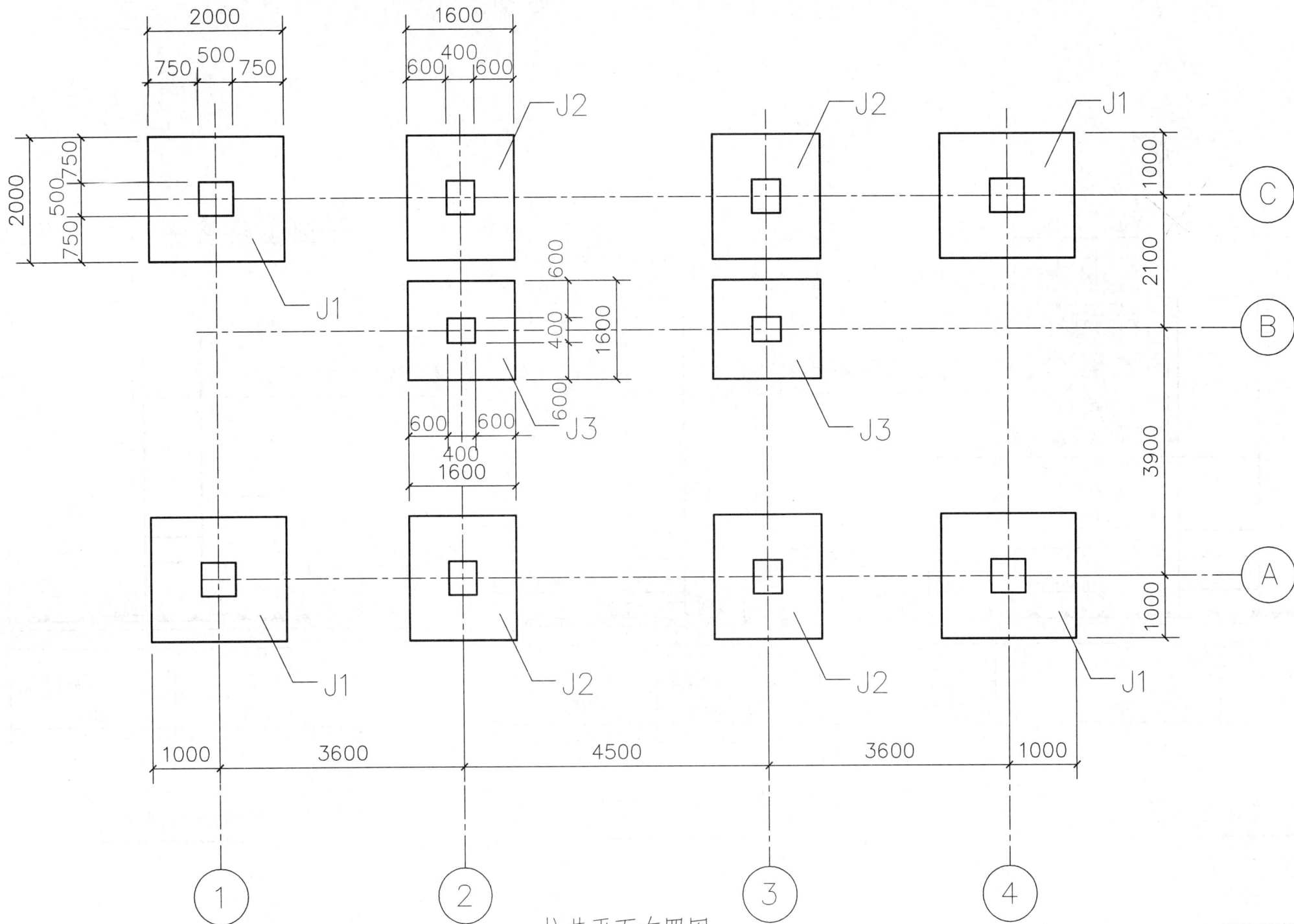

柱基平面布置图

工程名称	办公楼
图　名	柱基平面布置图
图　号	结施1	设计

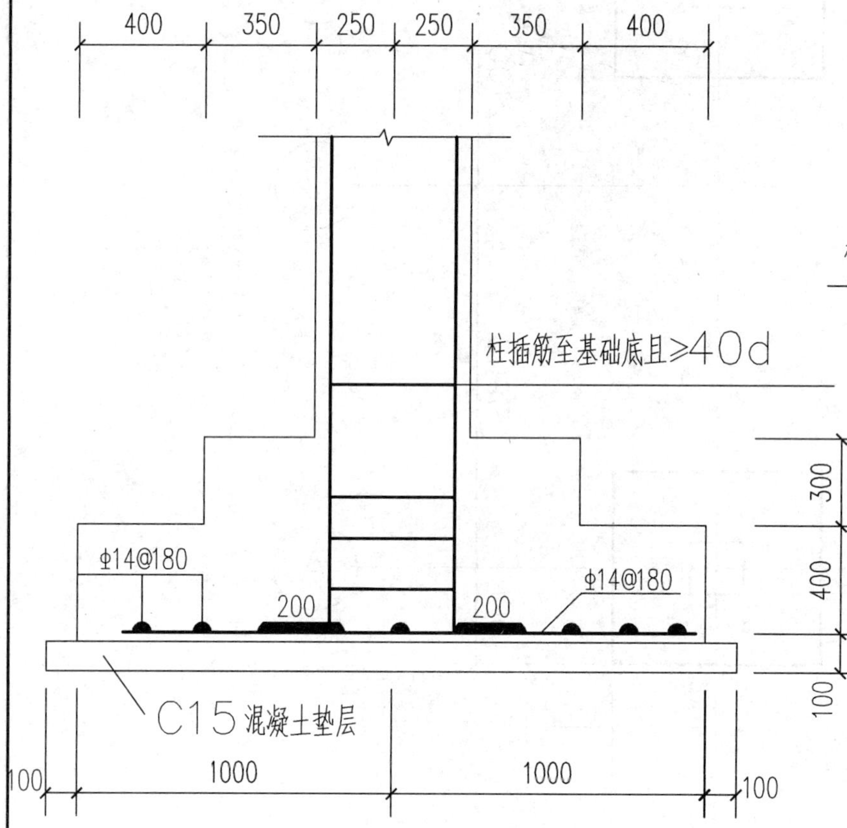

J1基础剖面图

400 | 350 | 250 | 250 | 350 | 400

柱插筋至基础底且≥40d

300

Φ14@180

200 | 200 | Φ14@180

400

−1.500

100

C15 混凝土垫层

100 | 1000 | 1000 | 100

J1基础剖面图

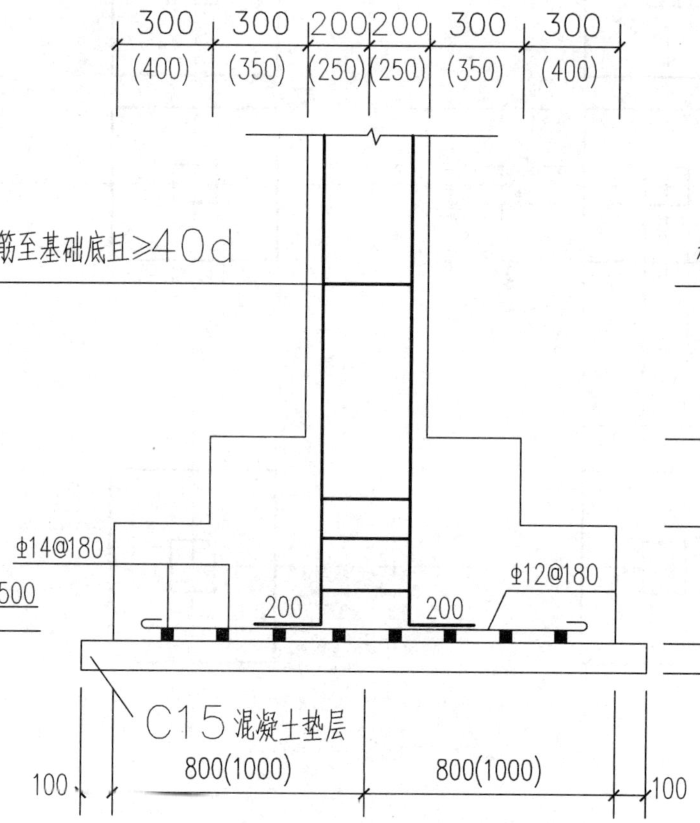

J2基础剖面图

300 | 300 | 200 | 200 | 300 | 300
(400) | (350) | (250) | (250) | (350) | (400)

柱插筋至基础底且≥40d

300

Φ14@180

200 | 200 | Φ12@180

400

−1.500

100

C15 混凝土垫层

100 | 800(1000) | 800(1000) | 100

J2基础剖面图

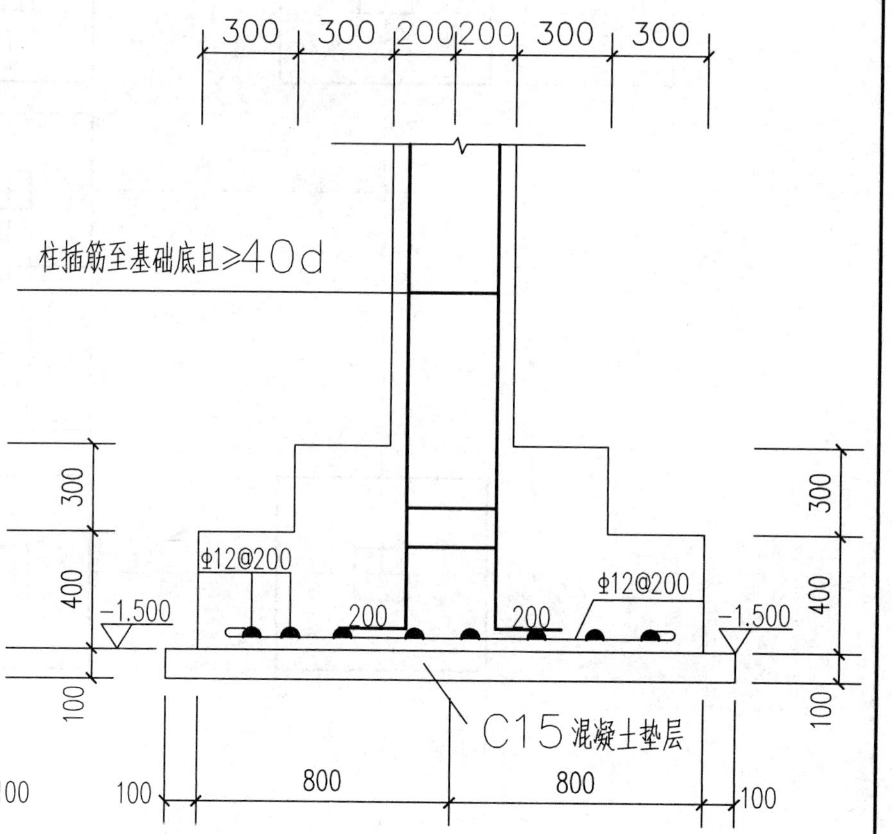

J3基础剖面图

300 | 300 | 200 | 200 | 300 | 300

柱插筋至基础底且≥40d

300

Φ12@200

200 | 200 | Φ12@200

400

−1.500

100

C15 混凝土垫层

100 | 800 | 800 | 100

J3基础剖面图

工程名称	办公楼
图 名	基础剖面图
图 号	结施2 设计

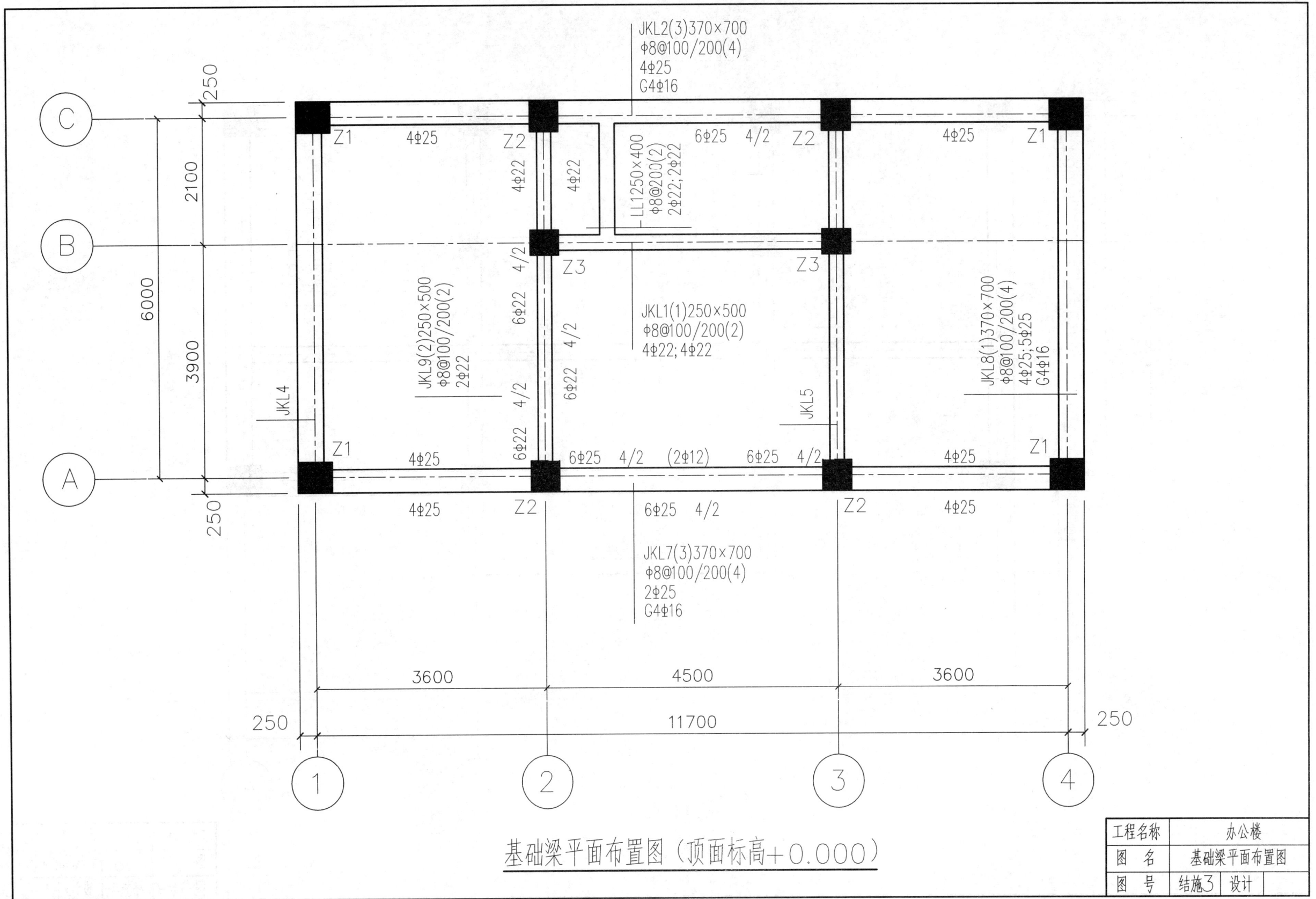

JKL2(3)370×700
Φ8@100/200(4)
4Φ25
G4Φ16

LL1250×400
Φ8@200(2)
2Φ22;2Φ22

JKL8(1)370×700
Φ8@100/200(4)
4Φ25;5Φ25
G4Φ16

JKL9(2)250×500
Φ8@100/200(2)
2Φ22

JKL1(1)250×500
Φ8@100/200(2)
4Φ22;4Φ22

JKL4

JKL5

JKL7(3)370×700
Φ8@100/200(4)
2Φ25
G4Φ16

250
2100
6000
3900
250

3600 4500 3600
250 11700 250

基础梁平面布置图（顶面标高+0.000）

工程名称	办公楼
图　名	基础梁平面布置图
图　号	结施3	设计

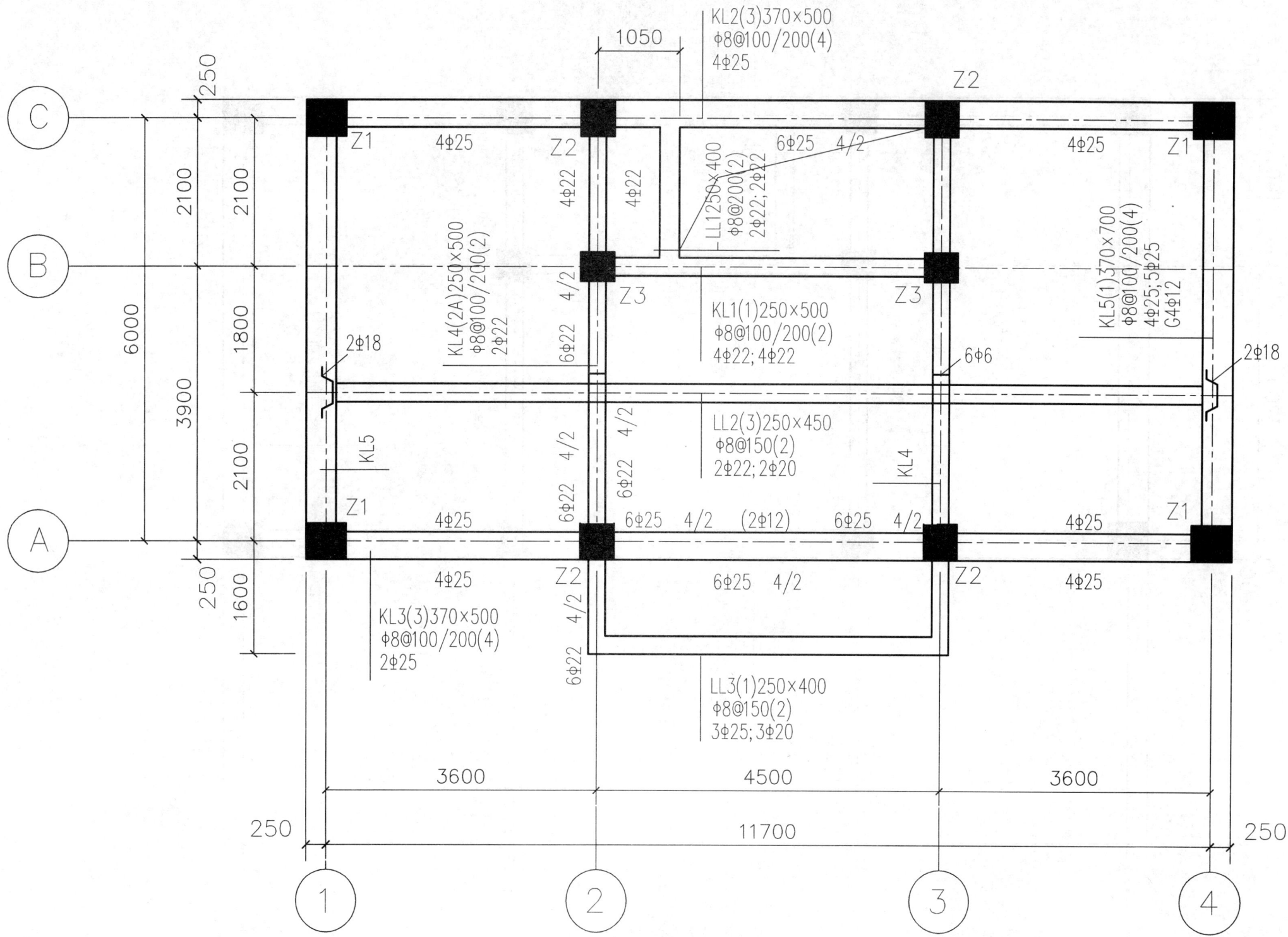

KL2(3)370×500
φ8@100/200(4)
4Φ25

1050

250

Ⓒ

Z1   4Φ25   Z2   6Φ25   4/2   Z2   4Φ25   Z1

4Φ22   4Φ22

LL1 250×400
φ8@200(2)
2Φ22; 2Φ22

2100   2100

Ⓑ

Z3   Z3

6000   KL4(2A)250×500
φ8@100/200(2)
2Φ22   4Φ22   4/2

6Φ22   KL1(1)250×500
φ8@100/200(2)
4Φ22; 4Φ22

KL5(1)370×700
φ8@100/200(4)
4Φ25; 5Φ25
G4Φ12

1800

3900   2Φ18   6Φ6   2Φ18

2100   KL5   6Φ22   4/2   LL2(3)250×450
φ8@150(2)
2Φ22; 2Φ20   KL4

Ⓐ

Z1   4Φ25   Z2   6Φ25   4/2   (2Φ12)   6Φ25   4/2   Z1   4Φ25

250

1600   4Φ25   Z2   6Φ25   4/2   Z2   4Φ25

6Φ22
4/2

KL3(3)370×500
φ8@100/200(4)
2Φ25

6Φ22   LL3(1)250×400
φ8@150(2)
3Φ25; 3Φ20

3600   4500   3600

250   11700   250

① ② ③ ④

3.600m 结构配筋图

工程名称	办公楼	
图 名	3.6m 结构配筋图	
图 号	结施4	设计

KL6(3)370×700
Φ8@100/200(4)
4Φ25
G4Φ16

C

250

2100

6000

3900

B

KL9(2)250×500
Φ8@100/200(2)
2Φ22

KL8

A

250

Z1　4Φ25　Z2　6Φ25　4/2　Z2　4Φ25　Z1

4Φ22　4Φ22

Z3　Z3

4/2

6Φ22

KL1(1)250×500
Φ8@100/200(2)
4Φ22;4Φ22

6Φ22　4/2

KL8(1)370×700
Φ8@100/200(4)
4Φ25;5Φ25
G4Φ16

6Φ22

KL9

Z1　4Φ25　6Φ25　4/2　(2Φ12)　6Φ25　4/2　4Φ25　Z1

4Φ25　Z2　6Φ25　4/2　Z2　4Φ25

KL7(3)370×700
Φ8@100/200(4)
2Φ25
G4Φ16

3600　　4500　　3600

250　　11700　　250

① ② ③ ④

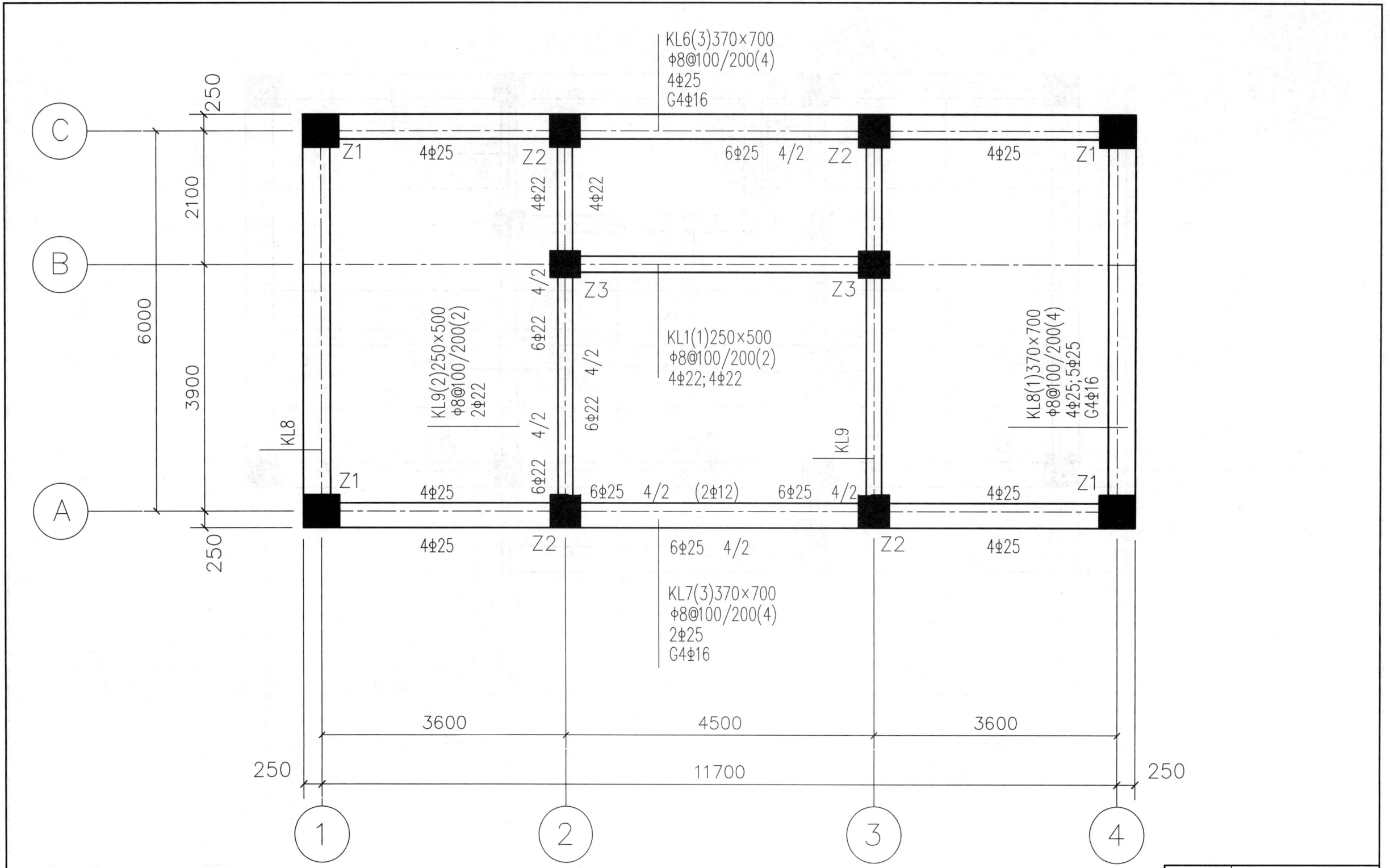

7.200m框架梁配筋图

工程名称	办公楼
图　名	7.2m框架梁配筋图
图　号	结施5　设计

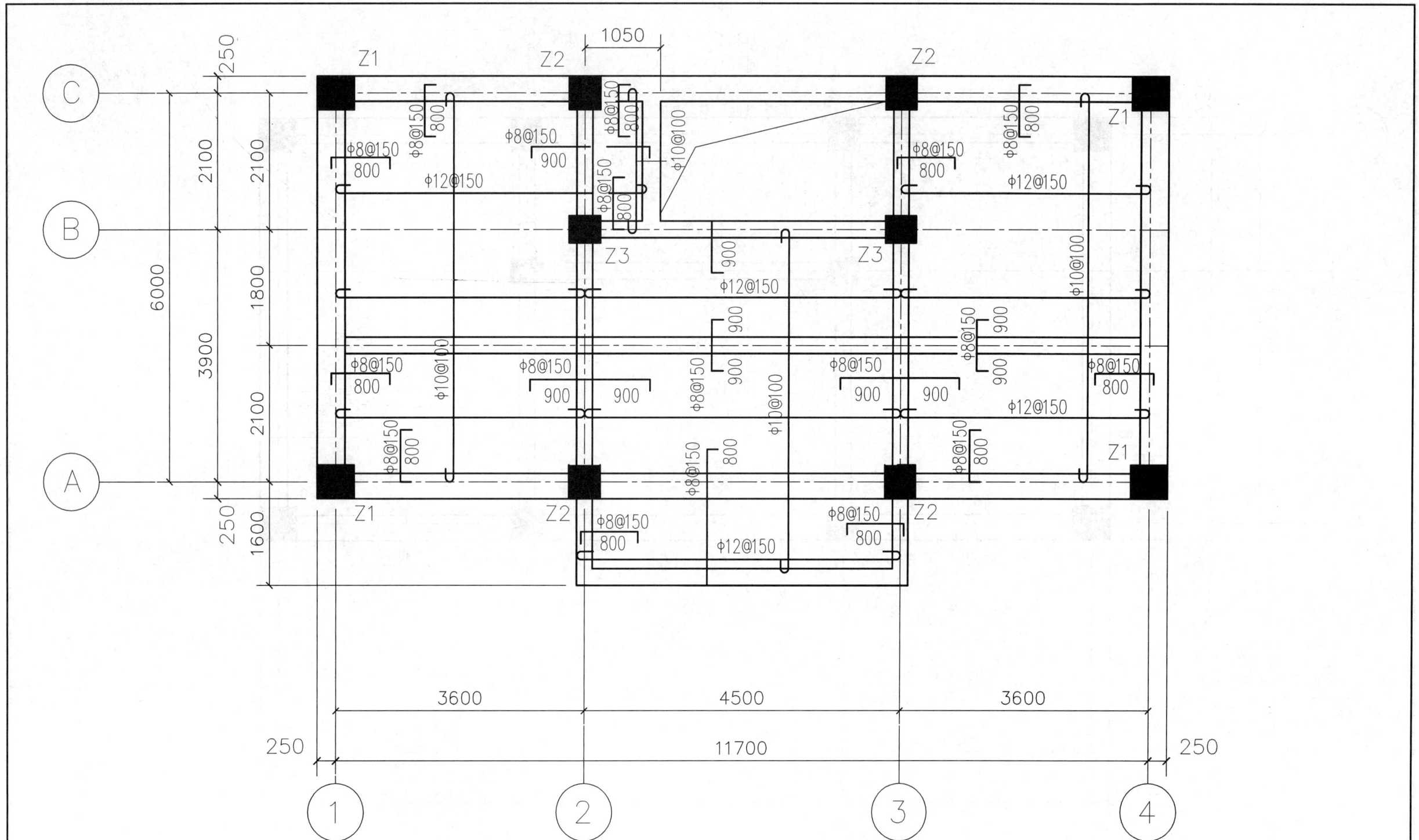

3.600m楼板配筋图（板厚均为100）

工程名称	办公楼
图 名	3.6m 楼板配筋图
图 号	结施6　设计

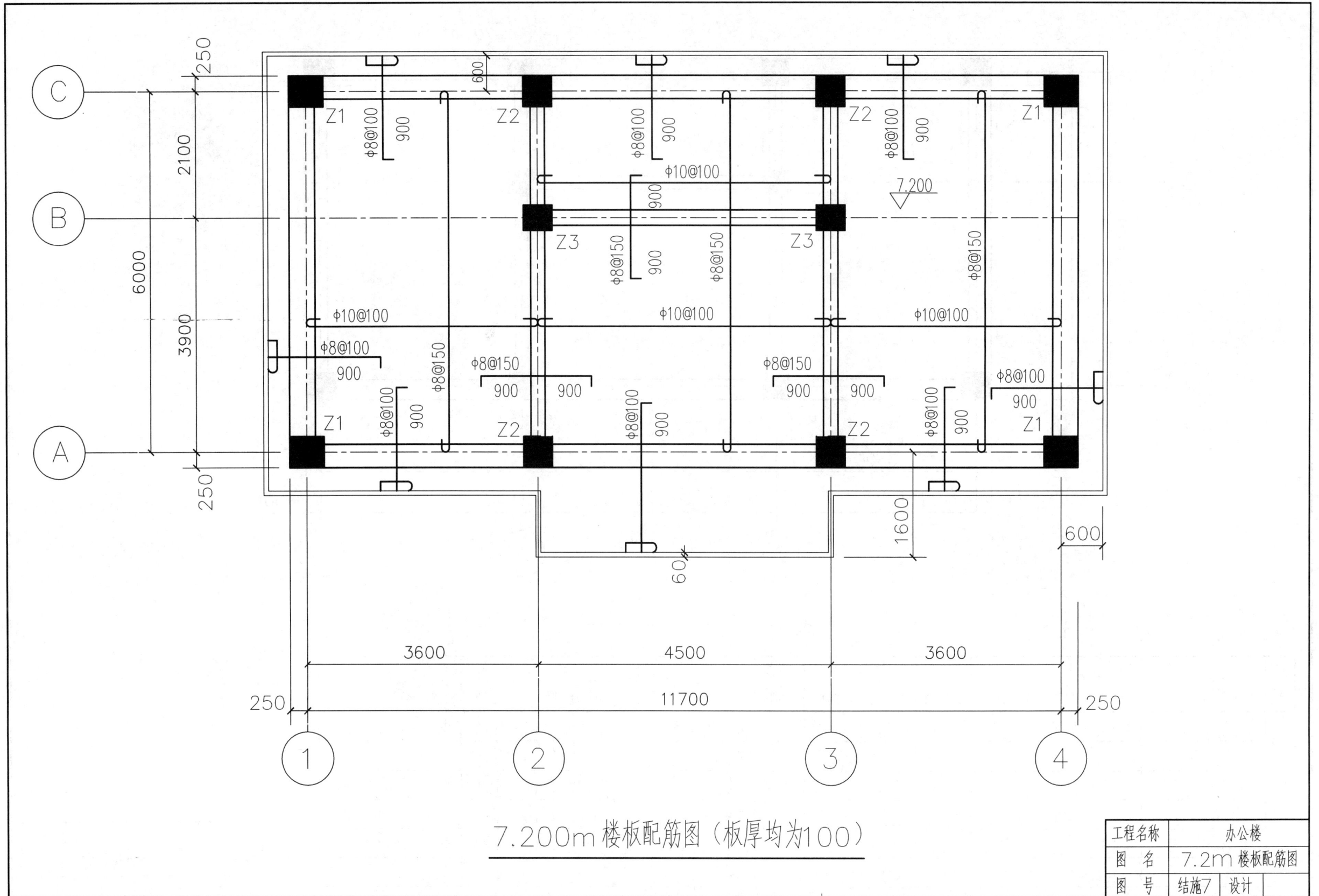

7.200m楼板配筋图（板厚均为100）

工程名称	办公楼
图 名	7.2m 楼板配筋图
图 号	结施7 设计

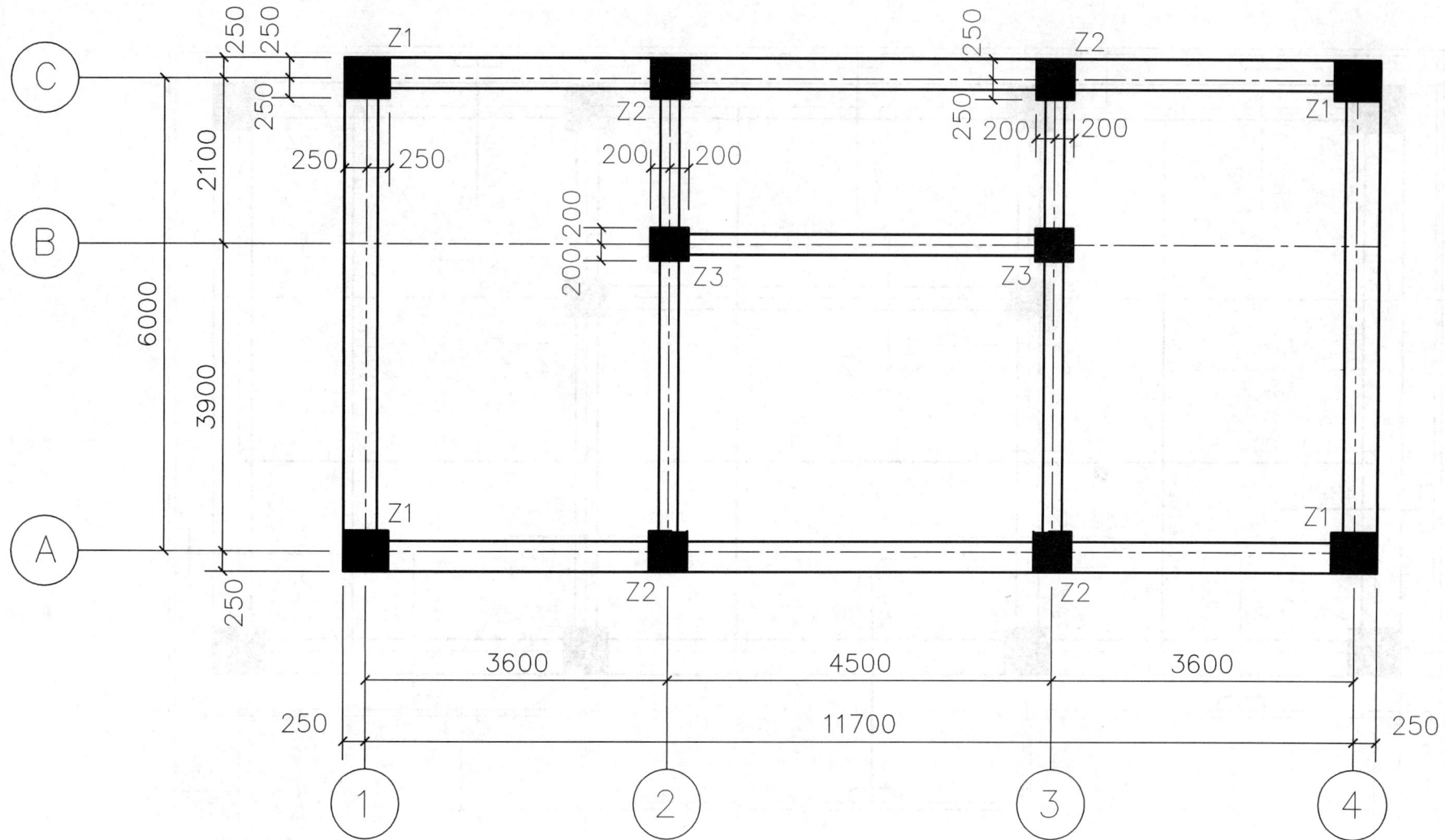

柱结构平面图

柱 表

标号	标高/m	$b \times h$ /mm×mm	b_1 /mm	b_2 /mm	h_1 /mm	h_2 /mm	全部纵筋	角筋	b边一侧中部筋	h边一侧中部筋	箍筋类型号	箍筋
Z1	−0.8~3.6	500×500	250	250	250	250		4Φ25	3Φ22	3Φ22	(1) 5×5	φ10−100/200
	3.6~7.2	500×500	250	250	250	250		4Φ25	3Φ22	3Φ22	(1) 5×5	φ10−100/200
Z2	−0.8~3.6	400×500	200	200	250	250		4Φ25	2Φ22	3Φ22	(2) 4×5	φ10−100/200
	3.6~7.2	400×500	200	200	250	250		4Φ22	2Φ22	3Φ22	(2) 4×5	φ10−100/200
Z3	−0.8~3.6	400×400	200	200	200	200		4Φ22	2Φ22	2Φ22	(2) 4×4	φ8−100/200
	3.6~7.2	400×400	200	200	200	200		4Φ22	2Φ22	2Φ22	(2) 4×4	φ8−100/200

工程名称	办公楼	
图 名	柱结构平面图	
图 号	结施8	设计

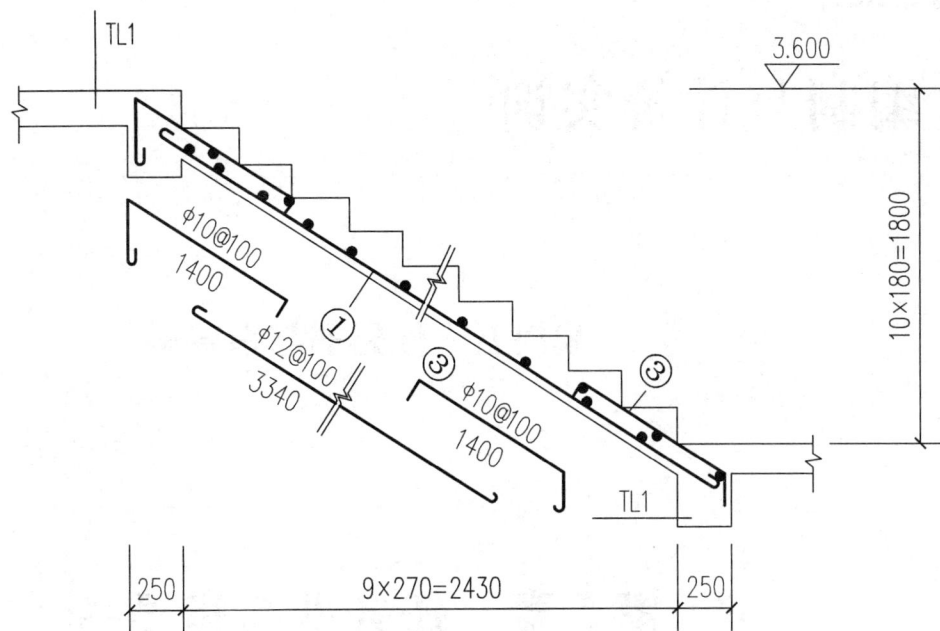

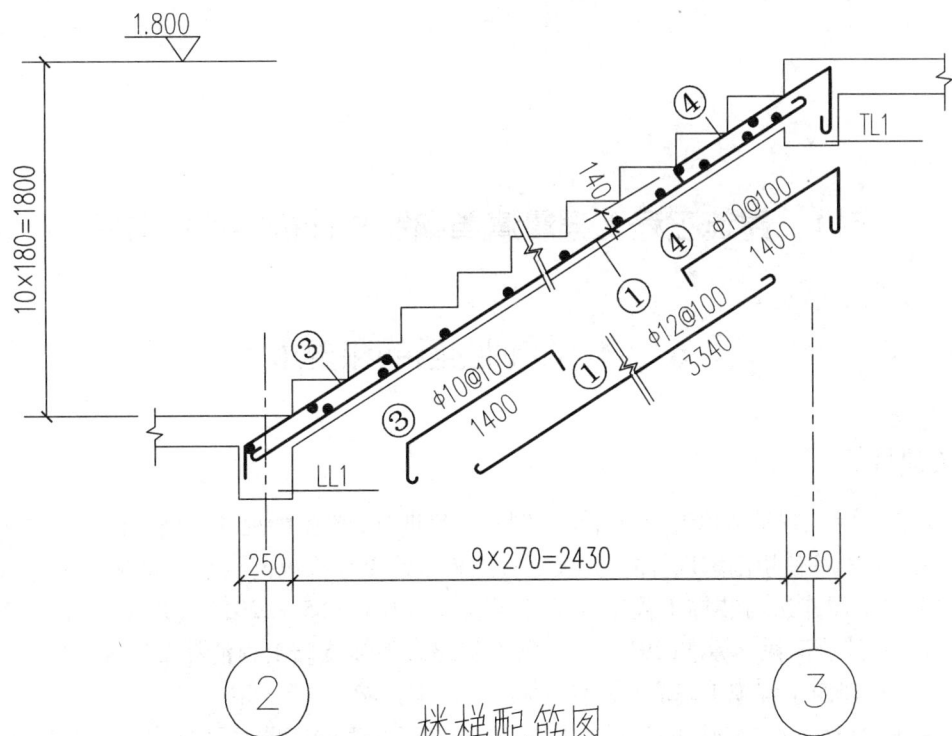

楼梯配筋图

TZ1

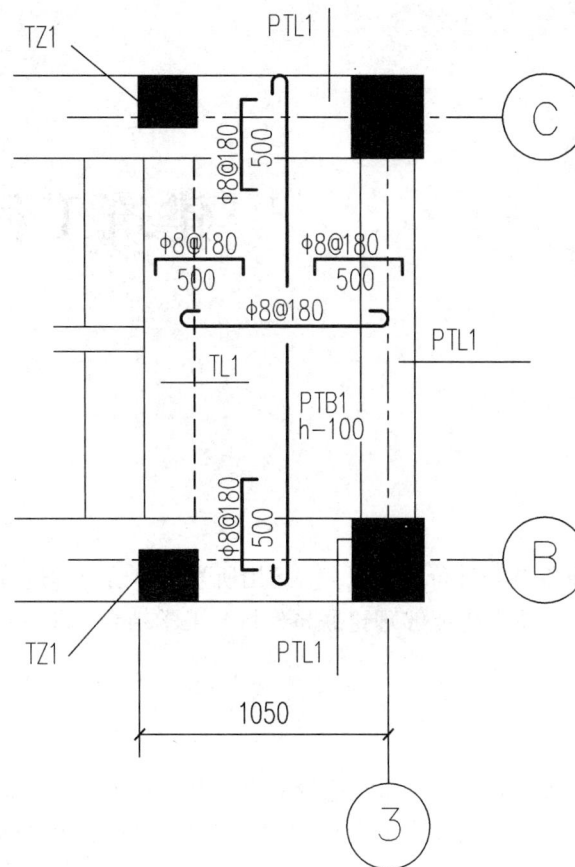

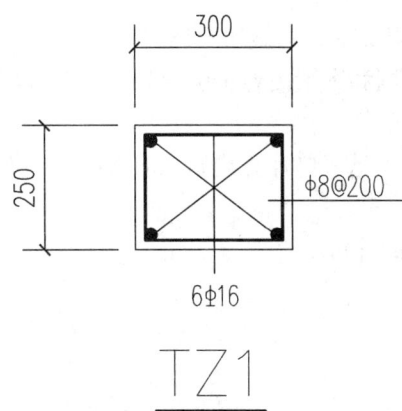

标高：楼高标高至上一平台面

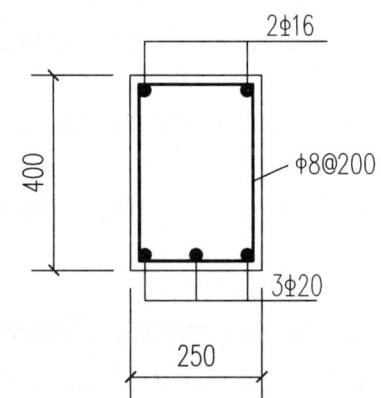

PTL1（TL1）配筋图

工程名称	办公楼	
图　名	楼梯、PTL1(TL1)配筋图	
图　号	结施9	设计

实训任务二

建筑工程工程量清单编制与计价实训

【学习总目标】

要求学生完成建筑工程清单编制与计价实训任务，运用所学的建筑工程造价编制知识，培养学生编制清单并进行清单计价的能力，使学生能够理论联系实际、工学结合，进一步培养学生严谨细致、吃苦耐劳的造价编制能力。

【能力目标】

具备广泛地搜集建筑造价相关资料、了解建筑造价的水平和状况的能力。能针对要解决的问题，结合所学知识和实训要求，通过调研独立地完成资料的搜集整理，掌握工程的基本概况、施工方案、编制步骤等。

具备完善的识图能力。能正确识读建筑工程施工图纸，能理解建筑、结构做法及详图。

具备分部分项工程项目的划分能力。能根据清单与定额计算规则和图纸内容正确划分各分部分项工程项目。

具备正确运用清单工程量计算方法的能力。能运用建筑工程工程量清单计算规则，正确计算并编制工程量清单。

具备正确运用定额的能力。能对编制好的清单进行准确、完善的计价。

【知识目标】

掌握建筑工程制图规范、建筑图例、结构构件节点做法。

掌握建设工程工程量清单计价的组成、清单子目的确定、清单计算规则与工程具体内容的联系与应用。

掌握同期建筑工程消耗量标准的使用。

掌握建筑工程清单分部分项、措施项目、其他项目、规费、税金的确定方法与应用。

【素质目标】

培养严肃认真、吃苦耐劳的工作态度，细致严谨、一丝不苟的工作作风。

培养理论与实际相结合，独立分析问题解决问题的能力。

培养善于思考、举一反三的观察与分析能力。

第5章　任务书与指导书

5.1　建筑工程工程量清单编制与计价实训任务书

5.1.1　实训的目的和要求

一、实训目的

1. 通过建筑工程工程量清单编制及计价编制的项目训练，学生能提高正确贯彻执行国家建设工程的相关法律法规，熟练使用国家现行的《建设工程工程量清单计价规范》（GB 50500—2013）（以下简称《计价规范》）、《房屋建筑与装饰工程工程量计算规范》（GB 50854—2013）（以下简称《计算规范》）、《湖南省建筑工程计价消耗量标准(2014)》、《湖南省建筑装饰装修工程消耗量标准(2014)》及配套计价办法，正确应用建筑工程施工规范、标准图集等的基本技能。

2. 巩固和加深已学过的基础和专业知识，进一步提高学生的实践动手能力，熟练应用相关知识，独立进行分析和解决工程实际问题的能力，培养良好的职业素养。

3. 通过实训，每个学生能结合软件熟悉造价文件编制和方案论述，提高造价管理水平，具备工程造价编制与审核的工作能力。

二、实训基本要求

1. 要求完成实训工程任务的工程量清单编制及计价的全部内容,包括:分部分项工程量清单编制及计价,措施项目清单编制及计价,其他项目清单编制及计价,规费项目清单编制及计价,税金项目清单编制及计价。

2. 实训所要求的建筑工程工程量清单编制及计价的内容要求完整、正确。按现行《计价规范》与《计算规范》中统一的表格要求,认真、规范地填写建筑工程工程量清单编制及计价的各项内容,字迹应工整、清晰,并按规定的要求装订成册。

3. 实训期间,要求独立编制完成任务,严禁捏造、抄袭,发扬严谨细致、吃苦耐劳的精神,通过实训使自己具备独立完成建筑工程造价编制及审核的工作能力。

5.1.2 实训内容

一、工程资料

已知某员工宿舍楼工程资料(见4.4节)如下:

1. 建筑实训总说明、建筑施工图、建筑做法详图。

2. 结构实训总说明、结构施工图、结构做法详图。

3. 其他未尽事宜,可根据规范图集及个体情况讨论后由指导老师统一确定,并在编制说明中注明。

二、编制内容

在教师的指导下,利用手算和工程造价软件结合的方式,根据选定的实际工程实训图纸(某员工宿舍楼)以及现行的《计价规范》《计算规范》《湖南省建筑工程计价消耗量标准(2014)》《湖南省建筑装饰装修工程消耗量标准(2014)》及配套计价办法,独立完成任务书给定工程的工程量清单的编制与计价。包括以下内容:

1. 建筑工程工程量清单编制文件。

(1)确定清单项目编码,根据清单计算规则列项目计算工程量,根据清单项目特征描述编制项目特征,完成分部分项清单的编制。

(2)编制措施项目清单,包括能计量与不能计量两部分。

(3)编制其他项目清单,包括暂列金额明细表、材料暂估单价表、专业工程暂估价表、计日工表、总承包服务计价表。

(4)编制规费、税金项目清单。

(5)编制总说明。

(6)填写封面,整理装订成册。

2. 建筑工程工程量清单计价文件。

(1)根据已提供工程量清单,编制综合单价分析表,完成分部分项清单的计价表。

(2)完成措施项目清单计价,包括能计量与不能计量两部分。

(3)完成其他项目清单计价,包括暂列金额明细表、材料暂估单价表、专业工程暂估价表、计日工表、总承包服务计价表。

(4)完成规费、税金项目清单计价。

(5)完成"单位工程投标报价汇总表"。

(6)完成"单项工程投标报价汇总表"。

(7)编制总说明,填写封面,整理装订成册。

5.1.3 员工宿舍楼识图实训任务单

熟读图纸,并完成以下信息内容。

一、建筑图信息表

1. 基本信息。

序号	信息名称	信息内容	备注
1	总建筑面积		
2	占地面积		
3	室外地坪标高		
4	建筑层数及檐口高度		
5	建筑类型:1~4轴;1/4~13轴		
6	门窗表数量	请在图纸的门窗表处注明每层门窗数量,并核对总量	

2. 装修表信息。

(1)楼地面。

序号	图集号	做法	备注(使用房间、主材规格、颜色等)
1	基层:05ZJ001 地62 面层:楼10		
2	05ZJ001 地55		
3	05ZJ001 地19		
4	05ZJ001 楼10		
5	05ZJ001 楼33		

(2)踢脚。

序号	图集号	做法	备注(踢脚高度、面砖颜色、使用房间等)
1	05ZJ001 踢17		

(3)墙面。

序号	图集号	做法	备注(使用房间、位置、面层颜色等)
1	05ZJ001 内墙4+涂3		
2	05ZJ001 内墙12		
3	05ZJ001-66-外墙12		
4	05ZJ001-68-外墙16		

(4)天棚。

序号	图集号	做法	备注(吊顶高度、颜色、使用房间等)
1	05ZJ001 顶 11		
2	05ZJ001 顶 3 + 涂 23		
3	05ZJ001 顶 22		
4	05ZJ001 顶 19		

(5)屋面。

序号	屋面名称	做法	备注(使用位置、标高等)
1	平屋面 - 不上人屋面 05ZJ001 屋 15		
2	坡屋面 - 05ZJ211 - 16 - 2		
3	坡屋面 - 05ZJ211 - 22 - 1		
4	坡屋面 - 05ZJ211 - 22 - 11		
5	坡屋面 - 05ZJ211 - 19 - 1		
6	屋面泛水 - 05ZJ201 - 29 - 1		
7	山墙挑檐 - 05ZJ211 - 28 - 5		

3. 其他建筑信息。

序号	图集号	做法	备注(使用位置等)
1	暗沟、散水 98ZJ901 - 6 - 3		
2	浅灰色花岗岩台阶 98ZJ901 - 8 - 15		
3	无障碍坡道 05ZJ301 - 8 - 4		
4	雨篷 98ZJ901 - 20 - 4		
5	PVC - U 雨水管 05ZJ201 - 32 - c、2; 05ZJ201 - 35 - 2		
6	地面变形缝 98ZJ111 - 11 - 4.8		
7	内墙变形缝 98ZJ111 - 7 - 1		
8	外墙变形缝 98ZJ111 - 4 - 9		

二、结构图信息表

1. 基本信息。

序号	信息名称	信息内容	备注
1	抗震设防烈度		
2	抗震设防		
3	场地土壤情况		

续上表

序号	信息名称	信息内容	备注
4	1~4 轴结构类型		
5	1/4~13 轴结构类型		
6	混凝土环境类别		
7	结构保护层厚度		
8	砌体部分混凝土强度等级		
9	框架部分混凝土强度等级		
10	砖混结构砌块及砂浆		
11	框架结构砌块及砂浆		
12	墙体厚度		

2. 混凝土强度等级及保护层厚度。

结构部位	强度等级	保护层厚度	备注
基础垫层			
基础及基础梁			
地下柱			
地上柱			
框架梁板			
砌体梁板			
构造柱			
楼梯			

5.1.4 员工宿舍楼工程量清单编制任务单(供参考)

一、建筑工程

序号	项目编码	项目名称	项目特征描述	计量单位	工程量	金额/元		
						综合单价	合价	其中暂估价
《计算规范》(GB 50854—2013)附录 A 土石方工程								
1	010101001	平整场地						
2	010101003	挖沟槽土方						
3	010103001	回填方						
《计算规范》(GB 50854—2013)附录 C 桩基工程								
4	010302004	挖孔桩土(石)方						
5	010302005	人工挖孔灌注桩						

续上表

序号	项目编码	项目名称	项目特征描述	计量单位	工程量	综合单价	合价	其中暂估价
						金额/元		
《计算规范》(GB 50854–2013)附录 D 砌筑工程								
6	010401004	多孔砖墙						
《计算规范》(GB 50854—2013)附录 E 混凝土及钢筋混凝土工程								
8	010501001	垫层						
11	010501005	桩承台基础						
12	010502001	矩形柱						
14	010502002	构造柱						
15	010503002	矩形梁						
17	010503004	圈梁						
18	010505001	有梁板						
21	010505003	平板						
22	010506001	直形楼梯						
23	010515001	现浇构件钢筋						
33	010515004	钢筋笼						
《计算规范》(GB 50854—2013)附录 J 屋面及防水工程								
34	010901001	瓦屋面						
35	010902001	屋面卷材防水						
38	010902002	屋面涂膜防水						
39	010903003	墙面砂浆防水(防潮)						
《计算规范》(GB 50854—2013)附录 K 保温、隔热、防腐工程								
40	011001001	保温隔热屋面						
《计算规范》(GB 50854—2013)附录 S 措施项目								
41	011702001	基础模板						
42	011702002	矩形柱模板						
43	011702003	构造柱模板						
44	011702006	矩形梁模板						
46	011702008	圈梁模板						
47	011702014	有梁板模板						
49	011702016	平板模板						
50	011702024	楼梯模板						

二、装饰工程

序号	项目编码	项目名称	项目特征描述	计量单位	工程量	综合单价	合价	其中暂估价
						金额/元		
《计算规范》(GB 50854—2013)附录 H 门窗工程								
1	010801001	木质门						
4	010801003	金属连窗门						
5	010802001	金属(塑钢)门						
7	010802003	钢质防火门						
9	010802004	防盗门						
10	010807001	金属(塑钢、断桥)窗						
《计算规范》(GB 50854—2013)附录 L 楼地面装饰工程								
18	011102001	石材楼地面						
19	011102003	块料楼地面						
25	011105002	石材踢脚线						
26	011105003	块料踢脚线						
28	011106002	块料楼梯面层						
《计算规范》(GB 50854—2013)附录 M 墙、柱面与隔断、幕墙工程								
29	011201001	墙面一般抹灰						
30	011204003	块料墙面						
《计算规范》(GB 50854—2013)附录 N 天棚工程								
33	011301001	天棚抹灰						
34	011302001	吊顶天棚						
《计算规范》(GB 50854—2013)附录 P 油漆、涂料、裱糊工程								
37	011406001	抹灰面油漆						

5.1.5　实训时间安排(供参考)

实训时间安排见表5.1。

表5.1　实训时间安排表

序号	内容	时间/d
1	实训资料交底,查找相关资料、熟悉方案	1
2	识读图纸,完成识图任务单	2

序号		内容	时间/d
3	编制工程量清单	列项进行工程量计算,编制分部分项工程量清单	10
		列项进行工程量计算,编制措施项目工程量清单	
		编制其他项目、规费、税金清单	
4	编制工程量清单计价表	定额工程量计算,套用相关定额,计算综合单价,编制分部分项工程量清单计价	8
		定额工程量计算,套用相关定额,计算综合单价,编制措施项目工程量清单计价	
		编制其他项目、规费、税金清单计价表,编制单位工程投标报价汇总表,编制单项工程投标报价汇总表	
5	利用计量软件核算工程量		5
6	编制总说明、心得体会,填写封面并整理装订成册		1
7	面试答辩		2
8	上传资料和成果检查		1
合计			30

注:以上时间均未包括周六和周日,学生可按实际完成进度安排任务和地点。

5.1.6 实训成绩考核

实训任务严禁抄袭。考核标准见表5.2。

表5.2 实训考核表

序号	考核内容	相关要求	分值
1	考勤	不迟到,不早退	10分
2	实训成果		60分
	清单编制	清单工程量计算准确,清单编制完整	20分
	清单计价	定额工程量计算准确,套用正确,综合单价计取正确,计价完整、准确	20分
	专业软件应用	能熟练准确应用软件	10分
	成果装订	格式正确,书写工整,成果文件规范,装订符合要求	10分
3	面试答辩	答辩从容,思路清晰	30分
合计			100分

5.2 建筑工程工程量清单编制与计价实训指导书

5.2.1 编制依据

建筑工程工程量清单编制及计价实训任务编制依据如下:

1. 员工宿舍楼工程图纸一套及配套的标准图集。

2.《建设工程工程量清单计价规范》(GB 50500—2013)、《房屋建筑与装饰工程工程量计算规范》(GB 50854—2013)。

3.《湖南省建筑工程计价消耗量标准(2014)》、《湖南省建筑装饰装修工程消耗量标准(2014)》及配套计价办法等。

4. 现行的建筑规范、工程验收规范等。

5. 其他有关资料。

5.2.2 编制步骤及要求

一、工程量清单编制步骤

1. 会审图纸。

对收集到的建筑、装饰施工图(含标准图集)进行全面识图会审,熟悉图纸、设计说明,了解工程特征,熟悉平面图、立面图和剖面图,核对标高、尺寸,查看详图和做法说明。

2. 编写编制说明。

编制说明包括以下内容。

(1)工程概况。

工程概况是对拟建工程的建筑实训特点、结构实训特点、建设地点自然条件、施工条件及适用定额等做简要介绍。要求说明拟建工程的工程名称、性质、规模、地点特征、建筑面积、建筑及结构特点、施工工期、自然条件、施工条件、选用定额等。具体详见图纸说明。

(2)编制依据。

详见5.2.1。

(3)其他需要说明的问题。

根据工程实际情况,将需要说明的其他问题加以说明。

3. 列项计算分部分项工程工程量,编制分部分项工程量清单。

按施工图提供的构造、做法和尺寸以及《计算规范》中所提供的计算规则来计算工程量。这是工程量清单编制工作中一个非常细致和重要的环节。

需列项的分部分项包括:

建筑分部:土石方工程、地基处理和基坑支护工程、桩基工程、砖石工程、混凝土和钢筋工程、金属结构工程、木结构工程、屋面及防水工程、保温隔热防腐工程等。

计量措施项目:脚手架工程、模板工程、垂直运输费、超高增加费等。

装饰分部:楼地面装饰工程、墙柱面装饰与隔断幕墙工程、天棚工程、门窗工程、油漆涂料裱糊工程、其他装饰工程等。

4.编制工程量清单。

按照《计算规范》和现行湖南省计价文件所要求的标准格式编制分部分项工程量清单、措施项目清单、其他项目清单、规费税金清单。

二、工程量清单计价步骤

工程量清单计价步骤如下：

1.根据已提供的工程量清单和施工图，计算相应的定额工程量，套用相关定额子目。

2.计算综合单价，编制分部分项工程量清单。根据湖南省计价文件和表格以及相应的人工，材料、机械市场单价、取费标准，完成综合单价的计算。

3.完成措施项目清单计价。

4.完成其他项目清单计价。

5.完成规费和税金项目计价。

6.装订成册。

工程量清单计价程序如图 5.1 所示。

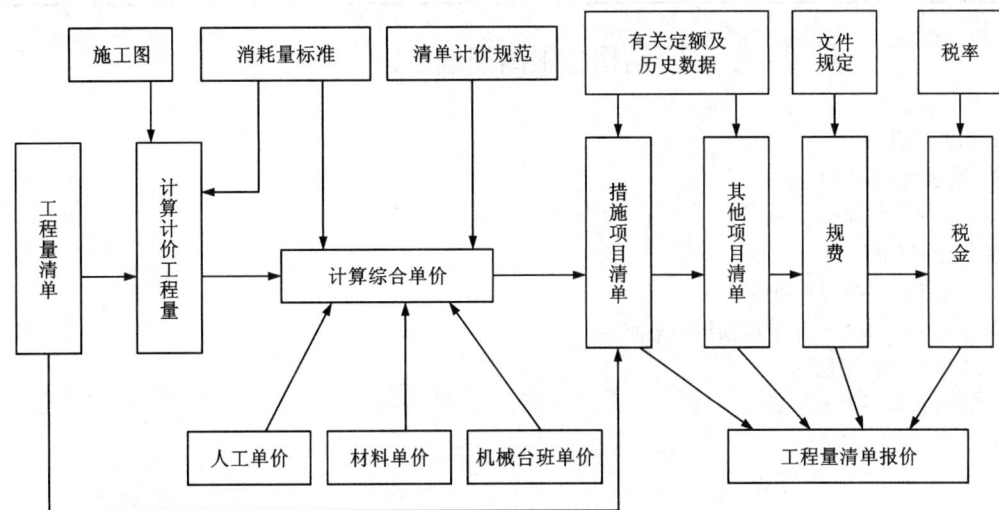

图 5.1　工程量清单计价程序

5.2.5　实训任务书装订文件内容

实训任务书装订文件内容为：

1.投标报价封面。

2.投标报价扉页。

3.编制说明。

4.单位工程投标报价汇总表(建筑)。

5.分部分项工程量/单价措施项目清单计价表(建筑)。

6.其他项目清单计价表(建筑)。

7.分部分项工程和单价措施项目综合单价分析表(建筑)。

8.人材机明细表(建筑)。

9.单位工程投标报价汇总表(装饰)。

10.分部分项工程量/单价措施项目清单计价表(装饰)。

11.其他项目清单计价表(装饰)。

12.分部分项工程和单价措施项目综合单价分析表(装饰)。

13.人材机明细表(装饰)。

14.实训总结(不少于 2000 字)。

15.图纸。

16.其他资料(实训过程简介、参考文献)。

5.2.6　参考表格

表 5.3　分部分项工程量清单计算式表

工程名称：　　　　　　　　　　　　　　　　　　　　　　　　　　　第　页/共　页

序号	清单编码	项目名称及特征描述	单位	工程量	综合单价	合价
					/	/
	定额号	定额名称				
					/	/
					/	/
计算过程						
序号	清单编码	项目名称及特征描述	单位	工程量	综合单价	合价
					/	/
定额	定额号	定额名称			/	/
					/	/
					/	/
计算过程						

表5.4 分部分项工程量清单

工程名称：   第 页/共 页

序号	清单编码	项目名称	项目特征描述	单位	工程量	综合单价	合价

5.3 某员工宿舍楼施工图设计文件

一、某员工宿舍楼施工图设计文件夹

某员工宿舍楼
施工图

设计号：2016－08

××建设工程设计有限责任公司

证书编号(甲级)：A×××××××××

二、目录

建筑施工图图纸目录

1. 设计说明
2. 室内装修表、门窗表、窗大样图
3. 一层平面图
4. 二层平面图
5. 三层平面图
6. 屋顶平面图
7. 立面图
8. 立面图、剖面图
9. 剖面图、大样图

结构施工图图纸目录

1. 结构设计说明
2. 桩位及承台布置图
3. 基础梁平面配筋图
4. 餐厅柱平面图
5. 餐厅4.5 m层结构平面图
6. 餐厅4.5～6.668 m层坡屋面结构平面图
7. 3.27 m层结构平面图
8. 3.27 m层梁平面配筋图
9. 6.57 m层结构平面图
10. 6.57 m层梁平面配筋图
11. 9.90 m层结构平面图
12. 9.90 m层梁平面配筋图
13. 9.90～13.69 m层结构平面图
14. 9.90～13.69 m层梁平面配筋图
15. 楼梯详图

5.4　员工宿舍楼识图实训任务单

一、建筑图信息表

1.基本信息。

序号	信息名称	信息内容	备注
1	总建筑面积		
2	占地面积		
3	室外地坪标高		
4	建筑层数及檐口高度		
5	建筑类型：1～4 轴；1/4～13 轴		
6	核对门窗表数量	请在图纸的门窗表处注明每层门窗数量，并核对总量	

2.装修表信息。

（1）楼地面。

序号	图集号	做法	备注（使用房间、主材规格、颜色等）
1	基层：05ZJ001 地62 面层：楼 10		
2	05ZJ001 地 55		
3	05ZJ001 地 19		
4	05ZJ001 楼 10		
5	05ZJ001 楼 33		

（2）踢脚。

序号	图集号	做法	备注（踢脚高度、面砖颜色、使用房间等）
1	05ZJ001 踢 17		

（3）墙面。

序号	图集号	做法	备注（使用房间、位置、面层颜色等）
1	05ZJ001 内墙 4 + 涂 3		
2	05ZJ001 内墙 12		
3	05ZJ001 – 66 – 外墙 12		
4	05ZJ001 – 68 – 外墙 16		

（4）天棚。

序号	图集号	做法	备注（吊顶高度、颜色、使用房间等）
1	05ZJ001 顶 11		
2	05ZJ001 顶 3 + 涂 23		
3	05ZJ001 顶 22		
4	05ZJ001 顶 19		

（5）屋面。

序号	屋面名称	做法	备注（使用位置、标高等）
1	平屋面 – 不上人屋面 05ZJ001 屋 15		
2	坡屋面 – 05ZJ211 – 16 – 2		
3	坡屋面 – 05ZJ211 – 22 – 1		
4	坡屋面 – 05ZJ211 – 22 – 11		
5	坡屋面 – 05ZJ211 – 19 – 1		
6	屋面泛水 – 05ZJ201 – 29 – 1		
7	山墙挑檐 – 05ZJ211 – 28 – 5		

3.其他建筑信息。

序号	图集号	做法	备注（使用位置等）
1	暗沟、散水 98ZJ901 – 6 – 3		
2	浅灰色花岗岩台阶 98ZJ901 – 8 – 15		
3	无障碍坡道 05ZJ301 – 8 – 4		
4	雨篷 98ZJ901 – 20 – 4		
5	PVC – U 雨水管 05ZJ201 – 32 – c、2；05ZJ201 – 35 – 2		
6	地面变形缝 98ZJ111 – 11 – 4.8		
7	内墙变形缝 98ZJ111 – 7 – 1		
8	外墙变形缝 98ZJ111 – 4 – 9		

二、结构图信息表

1.基本信息。

序号	信息名称	信息内容	备注
1	抗震设防烈度		
2	抗震设防		
3	场地土壤情况		

序号	信息名称	信息内容	备注
4	1~4轴结构体系		
5	1/4~13轴结构体系		
6	混凝土环境类别		
7	结构保护层厚度		
8	砌体部分混凝土强度等级		
9	框架部分混凝土强度等级		
10	砖混结构砌块及砂浆		
11	框架结构砌块及砂浆		
12	墙体厚度		

2. 混凝土强度等级及保护层厚度。

结构部位	强度等级	保护层厚度	备注
基础垫层			
基础及基础梁			
地下柱			
地上柱			
框架梁板			
砌体梁板			
构造柱			
楼梯			

5.5 员工宿舍楼工程量清单编制任务单(仅供参考)

一、建筑工程

序号	项目编码	项目名称	项目特征描述	计量单位	工程量	金额/元		
						综合单价	合价	其中暂估价
《计算规范》(GB 50854—2013)附录 A 土石方工程								
1	010101001	平整场地						
2	010101003	挖沟槽土方						
3	010103001	回填方						
《计算规范》(GB 50854—2013)附录 C 桩基工程								
4	010302004	挖孔桩土(石)方						
5	010302005	人工挖孔灌注桩						

序号	项目编码	项目名称	项目特征描述	计量单位	工程量	金额/元		
						综合单价	合价	其中暂估价
《计算规范》(GB 50854—2013)附录 D 砌筑工程								
6	010401004	多孔砖墙						
《计算规范》(GB 50854—2013)附录 E 混凝土及钢筋混凝土工程								
8	010501001	垫层						
11	010501005	桩承台基础						
12	010502001	矩形柱						
14	010502002	构造柱						
15	010503002	矩形梁						
17	010503004	圈梁						
18	010505001	有梁板						
21	010505003	平板						
22	010506001	直形楼梯						
23	010515001	现浇构件钢筋						
33	010515004	钢筋笼						
《计算规范》(GB 50854—2013)附录 J 屋面及防水工程								
34	010901001	瓦屋面						
35	010902001	屋面卷材防水						
38	010902002	屋面涂膜防水						
39	010903003	墙面砂浆防水(防潮)						
《计算规范》(GB 50854—2013)附录 K 保温、隔热、防腐工程								
40	011001001	保温隔热屋面						
《计算规范》(GB 50854—2013)附录 S 措施项目								
41	011702001	基础模板						
42	011702002	矩形柱模板						
43	011702003	构造柱模板						
44	011702006	矩形梁模板						
46	011702008	圈梁模板						
47	011702014	有梁板模板						
49	011702016	平板模板						
50	011702024	楼梯模板						

二、装饰工程

序号	项目编码	项目名称	项目特征描述	计量单位	工程量	综合单价	合价	其中暂估价
《计算规范》(GB 50854—2013)附录 H 门窗工程								
1	010801001	木质门						
4	010801003	金属连窗门						
5	010802001	金属(塑钢)门						
7	010802003	钢质防火门						
9	010802004	防盗门						
10	010807001	金属(塑钢、断桥)窗						
《计算规范》(GB 50854—2013)附录 L 楼地面装饰工程								
18	011102001	石材楼地面						
19	011102003	块料楼地面						
25	011105002	石材踢脚线						
26	011105003	块料踢脚线						
28	011106002	块料楼梯面层						
《计算规范》(GB 50854—2013)附录 M 墙、柱面与隔断、幕墙工程								
29	011201001	墙面一般抹灰						
30	011204003	块料墙面						
《计算规范》(GB 50854—2013)附录 N 天棚工程								
33	011301001	天棚抹灰						
34	011302001	吊顶天棚						
《计算规范》(GB 50854—2013)附录 P 油漆、涂料、裱糊工程								
37	011406001	抹灰面油漆						

建筑设计总说明

1 工程概况

1.1 根据《中国地震动参数区划图》,本工程所在地地震动峰值加速度<0.05g,地震动反应谱特征周期0.35 s,拟建场地不考虑抗震设防。

1.2 本工程结构形式为钢筋混凝土框架结构。建筑类别为三类,设计使用年限为50年,建筑耐火等级为二级,屋面防水等级为Ⅱ级。

1.3 本工程主体平面投影最大尺寸为57.25 m×17.74 m,最高层数为三层,檐口距室外地面10.40 m。建筑面积为2025 m²,占地面积933 m²。

1.4 本工程位置见总图分册,综合楼各部分标高为±0.000,详见总图。

2 图面标注

2.1 本工程图纸尺寸单位:标高以 m 计,其他以 mm 计。

2.2 除注明外,各层标高标高为建筑完成面面标高,屋面标高为结构面标高。

2.3 本工程图纸标注中凡标准图编号前未注明为何种标准图号者,均为中南地区标准图号。

3 构造

3.1 墙体构造

3.1.1 ±0.000 以下墙体采用 MU10 实心砖,M7.5 水泥砂浆砌筑。±0.000 以上墙体为 M5.0 混合砂浆砌筑 MU10 烧结多孔砖。烧结多孔砖砌筑建筑构造见国标04J101。

3.1.2 墙体厚度:外墙除注明外均为240 mm 厚;内墙除注明外均为240 mm 厚;卫生间隔墙均为120 mm。外墙装饰做法见各立面图。

3.1.3 墙身防潮层为20 mm 厚(2.5 水泥砂浆加5%防水剂置于标高-0.060处(地梁在室外地面以上者不设)。见 04J101 第9页节点 1。

3.1.4 所有室内墙柱阳角均做圆形护角(暗埋,不突出墙面)至顶,表面粉刷同相邻墙面,做法选用 98ZJ501 第20页节点 1。

3.1.5 所有预留洞孔待管线安装完毕后均须修补平整,并粉刷同相邻墙面。

3.1.6 结合给排水设计图预留砖墙孔洞。

3.2 门窗

3.2.1 木门材料、五金、预埋件、门套等按98ZJ681要求设置。

3.2.2 铝合金门材料、五金、预埋件、门套等按03J603-2要求设置,铝合金门窗型材应采用节能型密闭性好的材料。

3.2.3 塑钢门材料、五金、预埋件、门套等按专业厂家要求设置,采用灰色塑钢型材。塑钢窗型材应采用节能型、密闭性好的材料。

3.2.4 所有办公用房外墙窗均设满墙窗帘盒,见98ZJ501第21页节点 6。白色涂料饰面见05ZJ001第93页"涂23"。

3.2.5 厕所内窗台参照03J122-G8-2,3,其他房间内窗台参照03J122-G8-1,3。外窗套线见98ZJ901第23页节点5,9。

3.2.6 图中所注门窗尺寸均为洞口尺寸,制作时以现场实测尺寸为准。

3.2.7 门窗洞位置除注明者或靠墙柱者外均偏离墙体120 mm(门垛)。

3.2.8 面积大于1.5 m²的窗玻璃或玻璃底边离最终装饰面小于500 mm落地窗、幕墙、室内玻璃隔断、建筑物的出入口、门厅等部位,按照国家《建筑安全玻璃管理规定》均使用全钢化玻璃,门厅上空栏板玻璃均采用钢化安全玻璃。

3.2.9 建筑有框幕墙选用图集97J103-1,无框幕墙03J103-3。

3.2.10 无框玻璃幕墙防火节点详见03J103-3-31。

3.3 屋面

3.3.1 平屋面材料及施工须符合05ZJ201"说明"要求;屋面做法,上人平屋面选用05ZJ001第111页"屋5",不上人平屋面选用05ZJ001第114页"屋15"。屋面保温层均为40 mm 厚挤塑聚苯板。屋面找平层、保护层、分格缝见05ZJ201-26-2,间距≤6000 mm。阳台地面做法同上人屋面。

3.3.2 坡屋面材料及施工须符合05ZJ211"说明"要求,做法选用05ZJ211第16页节点3、6(根据屋面保温做法确定)。防水层为涂膜防水,选用3 mm 厚(二布八涂)氯丁橡胶沥青防水涂料。坡屋面保温做法为采用40 mm 厚挤塑聚苯板(有网顶层的,保温层构造设于网顶层板上)。瓦为浅灰色水泥瓦。

3.3.3 平屋面外墙泛水选用05ZJ201第10页节点1、3。坡屋面外墙泛水选用05ZJ211第28页节点2、4、6。

3.3.4 除注明外,坡屋面屋脊选用05ZJ211第19页节点1、2,合水沟选用05ZJ211第19页节点3或4(根据屋面保温做法确定),烟道出屋面泛水选用05ZJ211第47页节点1。

3.3.5 平屋面出水口、女儿墙压顶、构造柱分别选用05ZJ201第11页节点2、第11页节点a、第19页节点a。各段女儿墙构造柱间距均匀布置,间距≤3600。

3.3.6 女儿墙厚、砌筑同其下外墙,内粉刷为水泥砂浆,见05ZJ001第31页"外墙1"。

3.3.7 平屋面雨水管配件组合分别选用05ZJ201"32-2,a""35-1""37-1"。有组织排水的坡屋面雨水管配件组合分别选用05ZJ201"32-4,a""34-1""37-1"。混凝土雨篷雨水管配件组合同平屋面雨水管配件组合。雨水管选用05ZJ201第37页节点1PVC-U圆形直管;其中雨篷雨水管管径D₁=75 mm,屋面雨水管管径D₁=110 mm。雨水管到下层屋面者设水簸箕见05ZJ201第32页节点c。无组织排水管配件组合选用05ZJ211第58页节点1。雨水管选用05ZJ211第58页节点2圆形雨水管。

3.3.8 外包雨水管做法详见05ZJ201第36页内排水管详图;管道出屋面泛水参照05ZJ201第14页节点1。

3.3.9 混凝土雨篷做法选用05ZJ001第123页屋46。雨篷顶面为水泥砂浆抹平,底面侧面刷白色外墙涂料。无卷边雨篷排水参见98ZJ901-20-6及05ZJ901-21-1;有卷边雨篷排水参见98ZJ901-20-3及98ZJ901-21-3。

3.3.10 屋面爬梯做法详见98ZJ901第38页节点1。

3.4 楼地面构造

3.4.1 厕所、卫生间、阳台地面向地漏处0.5%坡度。外走道、外墙出入口处室外平台面向外呈0.5%坡度。

3.4.2 厕所、卫生间、盥洗室四周的相邻楼面标高上设C20素混凝土防水卷边150 mm×150 mm(门洞处不设)。具体做法见结构图。

3.4.3 管道穿楼板设套管(带翼环)并用沥青麻丝嵌缝。

3.4.4 室外散水、暗沟做法选用98ZJ901第8页节点3,盖板做法仿第7页节点A。暗沟选用98ZJ901第7页节点3,坡道、踏步、屋面做法等详见图纸标注。渗水管盲沟见05ZJ311-52-3。无砂混凝土集水管(φ150 mm)的起始点标高同邻近侧排水沟(暗沟)标高,交界处设铸铁栅栏。

3.5 楼梯及栏杆

3.5.1 楼梯栏杆技术要求按照05ZJ401"说明",室内楼梯栏杆参见05ZJ401-14-Y,挡水边详见05ZJ401-30-15。扶手选第28页节点15。栏杆高度≥1.05 m,垂直杆间净宽≤0.11 m。

3.5.2 室内护栏设置位置:窗台高低于900 mm处,设05ZJ401第26页节点2B不锈钢栏杆。室外栏杆采用05ZJ401第18页节点W黑色铸铁栏杆。

3.5.3 楼梯踏步防滑条采用05ZJ401第30页节点8。

3.5.4 楼梯顶层休息平台处需设置100 mm高混凝土卷边。

3.6 其他构造

3.6.1 除注明者外,木构件入、靠墙、地处严禁采用沥青类防腐剂,应采用环保型防腐剂。钢铁构件须清除浮锈,刷防锈漆二道。阻燃剂、混凝土外加剂氨释放量不应大于0.10%。

3.6.2 给排水、电气等各专业墙体穿墙须查对各专业施工图,均采用预留洞口。管线穿墙、地、楼板处均须按各专业要求加埋套管。

3.6.3 雨水管经过的带线脚、檐口线等墙面突出部位处采用直管,并预留缺口或洞口。

3.6.4 空调机管道穿墙洞应根据设备安装预留开口。空调冷凝水进行有组织排放,具体设计详见给排水设计图。

3.6.5 室外台阶做法选用98ZJ901第8页节点15面层贴深灰色花岗岩地面。室外坡道做法选用98ZJ901第18页节点7,面层贴灰色仿麻石地面面砖。室外花池做法选用98ZJ901第14页节点2面层材料同台阶外。

3.6.6 木、钢铁构件外露部分以及未注明部分分别刷白色、褐色调和漆,分别选用05ZJ001第87页"涂1"、第90页"涂13"。

4 施工注意事项

4.1 各专业须密切配合,设备安装须在内装修之前进行,施工须做好构件预埋和孔洞预留。

4.2 本工程所有装修材料品种、规格、颜色及墙面粉刷、油漆等均应先做样本,经监理部门会同甲方、设计人员认定后方可施工。

4.3 门窗等构件与主体结构微小误差间隙以1:2水泥砂浆填实。构件局部装饰同相邻处。

4.4 除注明外,构件连接可根据需要采用射钉、膨胀螺栓、预埋件等,必须保证安全性。

4.5 本文件如有变更,以最终变更单为准。

4.6 本文件未详处,请参照有关现行规范、规定和标准执行。施工时须严格按照本文件及有关现行施工操作规程及验收规定办理。

4.7 设计施工、安装(如空调机)应注意无障碍及使用安全性的要求。

门窗表

类型	设计编号	洞口尺寸 宽X高(mm×mm)	樘数	开启方向	采用标准图集及编号 图集代号	编号	材料 框材	材料 扇材	备注
门	FDM1	1500X2400	4	平开		金属防火门			外购
	FHM1	1500X2400	6	平开		乙级防火门			外购
	FHM2	1200X2100	2	平开		乙级防火门			外购
	M1	1500X2400	4	平开	98ZJ681	GJM124C1-1524	高级实木夹板门		
	M2	1000X2100	4	平开	98ZJ681	GJM101C1-0921	高级实木夹板门		
	M3	900X2100	49	平开	98ZJ681	GJM101C1-0921	高级实木夹板门		
	M4	800X2100	2	平开	07ZTJ603	PPM1-0821	塑钢门		
	M5	1630X2100	42	平开	98ZJ641	塑TLM90-20	90系列铝合金型材	中空玻璃(6+6A+6厚)	100双开门
	MC-1	6000X2700	2				90系列铝合金型材	中空玻璃(8+6A+8厚)	100双开门
窗	C1	3000X1800	4		03J603-2	WFLC55BC30-1.0	55B系列铝合金型材	中空玻璃(6+6A+6厚)	
	C2	900X1800	1		03J603-2	WFLC55BC30-3.71	55B系列铝合金型材	中空玻璃(6+6A+6厚)	
	C3	3600X3000			见大样图		55B系列铝合金型材	中空玻璃(6+6A+6厚)	
	C4	1630X2100	42		03J603-2	WFLC55BC04-1.0	55B系列铝合金型材	中空玻璃(6+6A+6厚)	
	C5	600X900	42		03J603-2	WFLC55BC04-1.38	55B系列铝合金型材	中空玻璃(6+6A+6厚)	
	C6	1500X1800			03J603-2	WFLC55BC72-1.05	55B系列铝合金型材	中空玻璃(6+6A+6厚)	
	C8	2100X1800	9		03J603-2	WFLC55BC118-1.52	55B系列铝合金型材	中空玻璃(6+6A+6厚)	
	C9	1200X1800	6		03J603-2	WFLC55BC51-2.09	55B系列铝合金型材	中空玻璃(6+6A+6厚)	
	C10	6000X1800	2		见大样图		55B系列铝合金型材	中空玻璃(6+6A+6厚)	

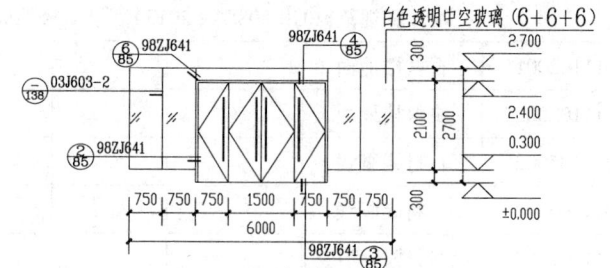

白色透明中空玻璃(6+6+6)

MC-1大样图 1:50

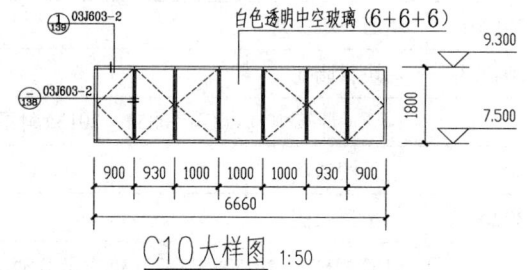

白色透明中空玻璃(6+6+6)

C10大样图 1:50

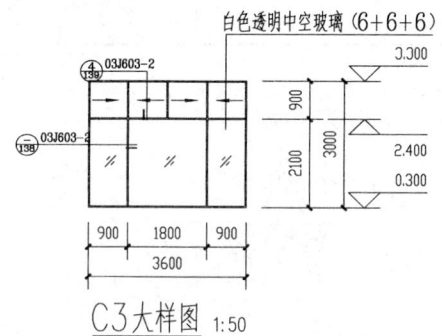

白色透明中空玻璃(6+6+6)

C3大样图 1:50

		设计号	001
XXX设计院		设计阶段	施工图设计
项目负责人	项目名称 员工宿舍楼	图别	第1页
设计			共X页
复核	图名 设计说明、门窗表、窗大样图	专业	建筑
审核		日期	

室 内 装 修 表　　（除注明外，装修选用 05ZJ001）

门厅	地62（基层） 楼10（面层）	楼10	/	/	内墙4 涂23	乳白色	顶11	乳白色	踢17	红褐色	面层：米色花岗石防滑地面砖 800mm×800mm	吊顶高度3000mm
宿舍	地62（基层）	楼10	楼10	米色	内墙4 涂23	乳白色	顶3 涂23	乳白色	踢17	红褐色	米色防滑陶瓷地面砖600mm×600mm	
卫生间、 洗衣房、阳台	地55	米色	楼33	米色	内墙12	乳白色	顶22	乳白色	/	/	米色防滑陶瓷地面砖300mm×300mm 内墙贴300mm×250mm面砖至吊顶	吊顶高度2700mm
走廊、 楼梯间	地62（基层） 楼10（面层）	米色	楼10	米色	内墙4 涂23	乳白色	顶19	乳白色	踢17	红褐色	仿花岗石陶瓷地砖600mm×600mm 成品防滑地砖 ⑦/30 05ZJ401	吊顶高度2700mm
餐厅、包厢	地62（基层） 楼10（面层）	米色	楼10	米色	内墙4 涂23	乳白色	顶11	乳白色	踢17	红褐色	米色防滑陶瓷地面砖600mm×600mm	吊顶高度3000mm
厨房、库房	地19	米色	/	/	内墙12	乳白色	顶3 涂23	乳白色	/	灰白色	米色防滑陶瓷地面砖300mm×300mm	
其他房间	地62（基层） 楼10（面层）	米色	楼10	米色	内墙4 涂23	乳白色	顶3 涂23	乳白色	踢17	红褐色	米色防滑陶瓷地面砖600mm×600mm	

注：地砖、面砖、外装修铝板的颜色、尺寸由甲方统一订购。外墙体保温见节能说明。注:表中铝合金窗尺寸仅为参考，以实际尺寸为准，窗分格参见页分格示意图。
闷顶层内墙面选用内墙4。

***设计院			设计号	
			设计阶段	施工图设计
项目负责人		项目名称	员工宿舍	图　号
设　计				第 2 页
复　核				共 9 页
		图　名	室内装修表	专　业 建筑
审　核				日　期

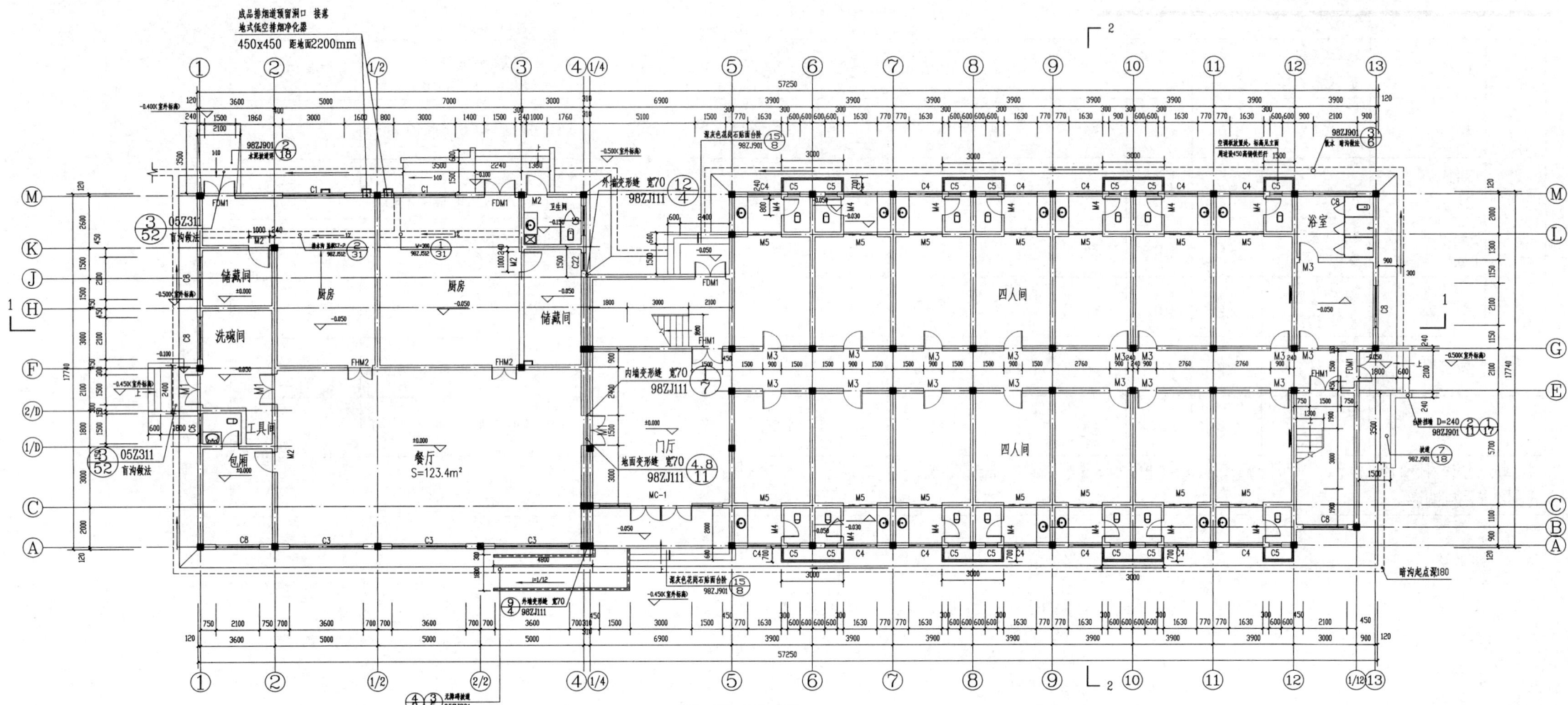

一 层 平 面 图 1:150

(本层建筑面积: 933 m)²

(总建筑面积: 2025 m)²

四人间

四人间

储藏间

厨房

厨房

储藏间

洗碗间

工具间

包厢

餐厅
S=123.4m²

门厅

浴室

卫生间

成品普烟道预留窗洞口 接幕
地式低空排烟净化器
450x450 距地面2200mm

外墙变形缝 宽70
98ZJ111

内墙变形缝 宽70
98ZJ111

地面变形缝 宽70
98ZJ111

外墙变形缝 宽70
98ZJ111

XXX 设计院				设 计 号	
				设计阶段	施工图设计
项目负责人		项目名称	员 工 宿 舍 楼	图 号	第 3 页 共 9 页
设 计					
复 核		图 名	一层平面图	专 业	建筑
审 核				日 期	

102

二层平面图

（本层建筑面积：547 m）²

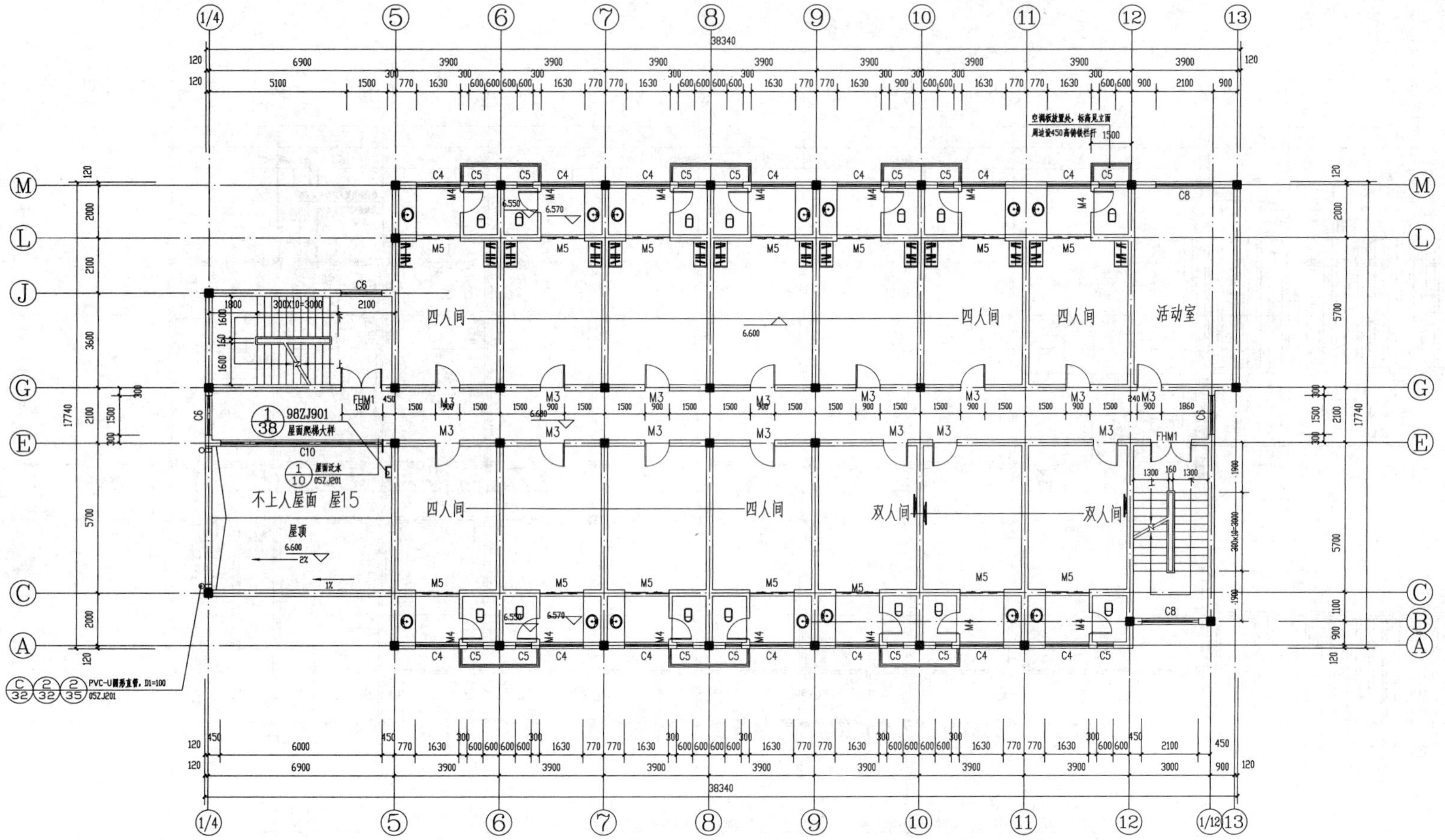

三层平面图

(本层建筑面积：545m)²

四人间 四人间 四人间 活动室

四人间 四人间 双人间 双人间

不上人屋面 屋15

屋顶

98ZJ901
屋面排水大样

屋面大样

PVC-U雨水直管 DI=100

XXX设计院

设 计 号		
设计阶段	施工图设计	
项目负责人		项目名称	员 工 宿 舍 楼	图 号	第 5 页 共 9 页
设 计					
复 核		图 名	三层平面图、整柜大样	专 业	建筑
审 核				日 期	

104

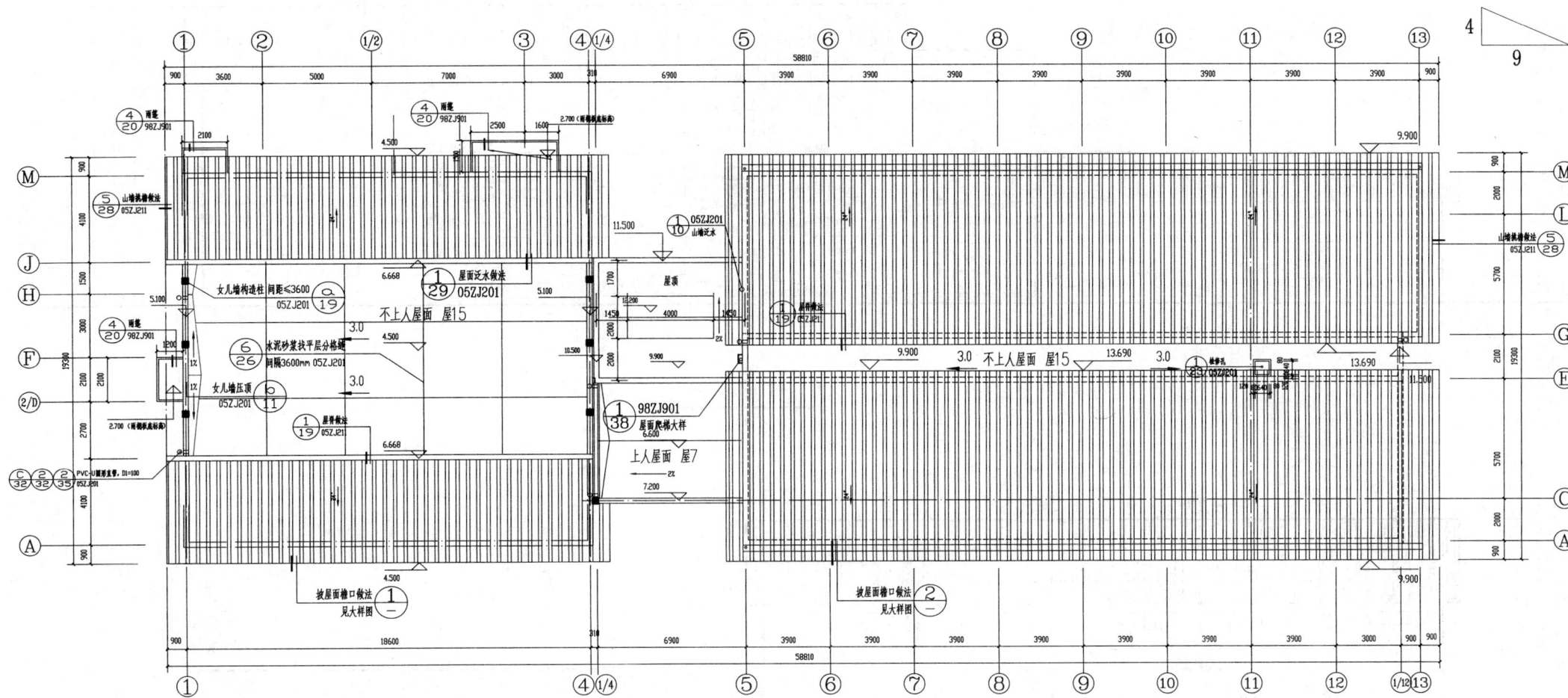

屋 顶 平 面 图

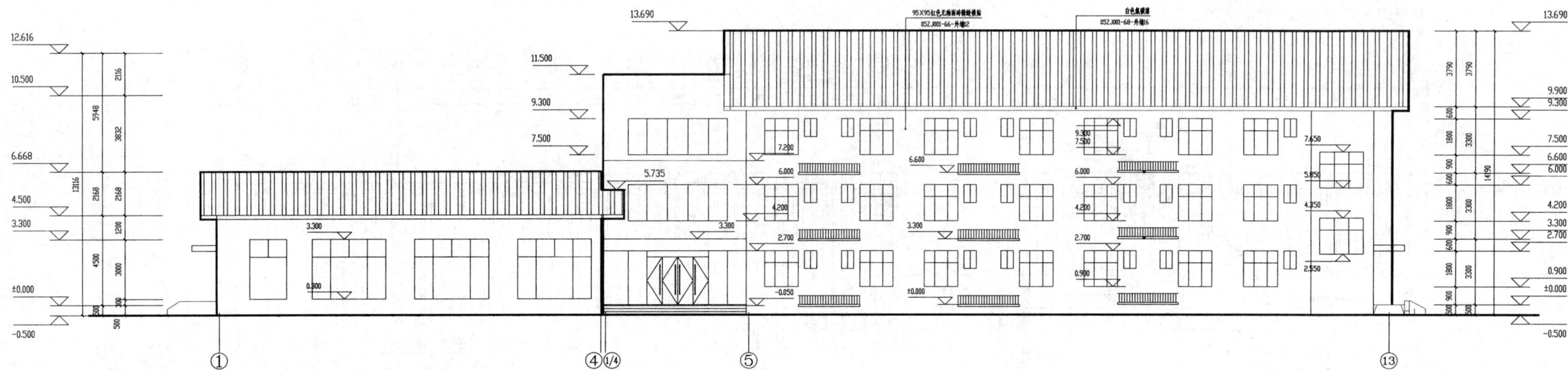

①—⑬立面图 1:150

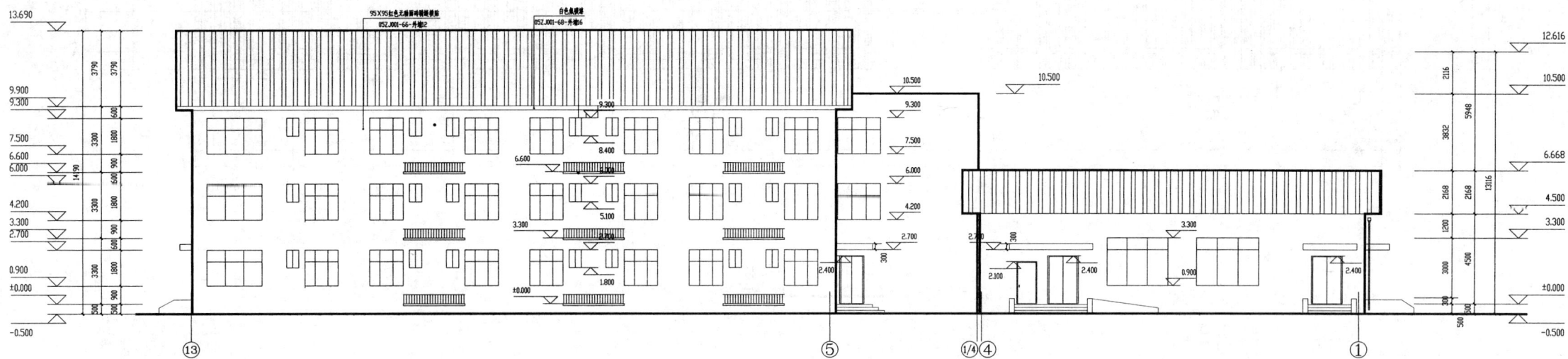

⑬—①立面图 1:150

95X95红色无釉面砖锦砖墙面
052J001-66-升墙2

白色瓷砖墙
052J001-68-升墙6

XXX设计院		设 计 号	
		设计阶段	施工图设计
项目负责人	项目名称　员工宿舍楼	图 号	第 7 页
设 计			共 9 页
复 核		专 业	建筑
审 核	图 名　立面图	日 期	

106

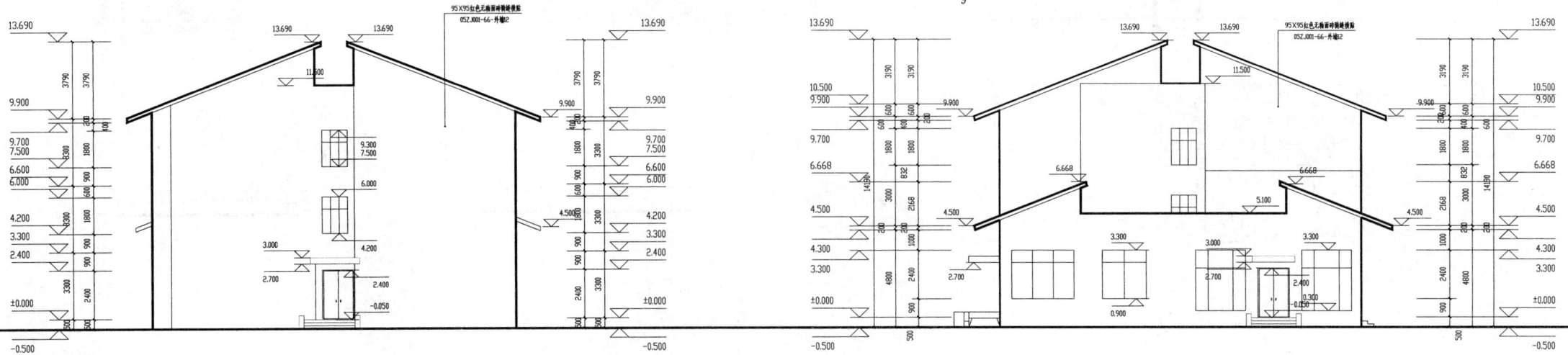

1—1剖面图 1:150

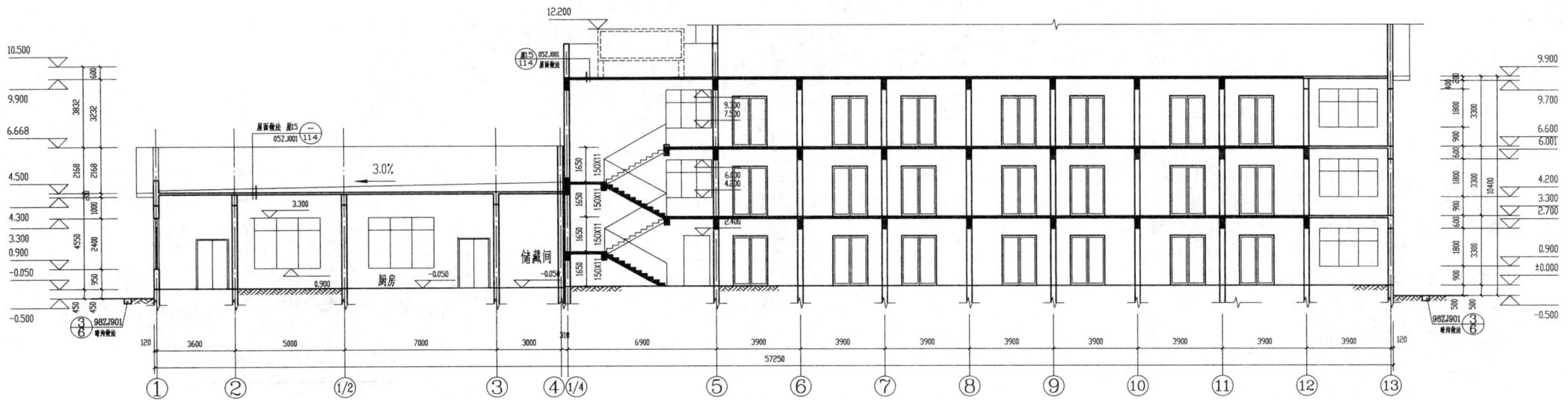

XXX设计院				设计号	
				设计阶段	施工图设计
项目负责人		项目名称	员工宿舍楼	图 号	第 8 页
设 计					共 9 页
复 核		图 名	立面图、剖面图	专 业	建筑
审 核				日 期	

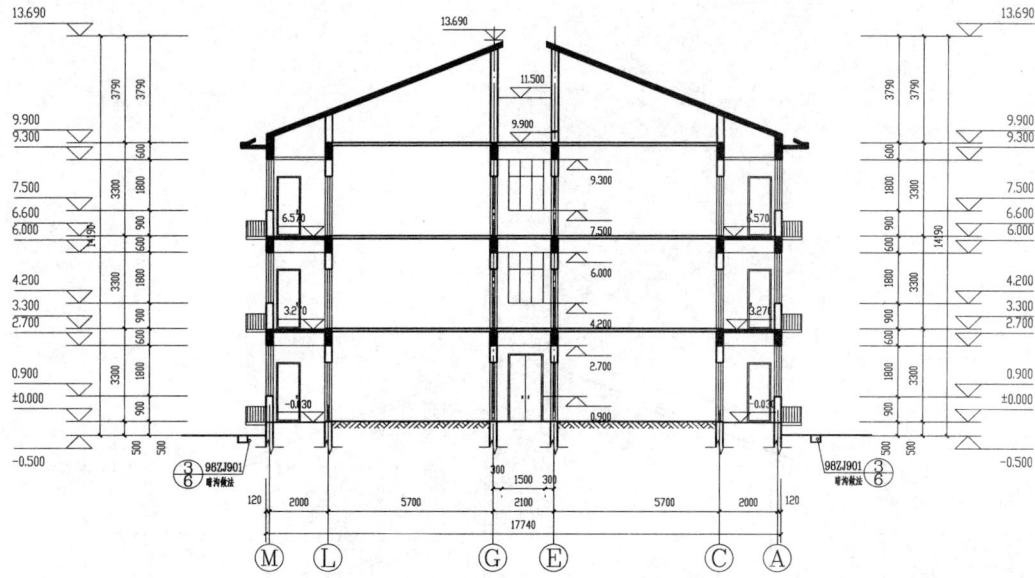
2-2剖面图

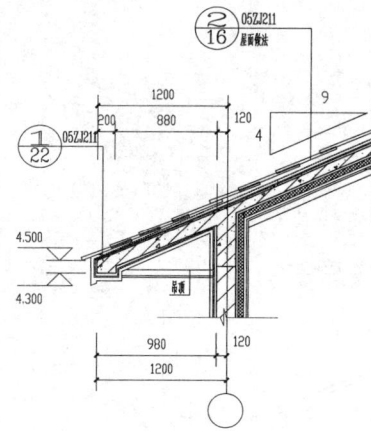
① 檐口做法大样图 1:50

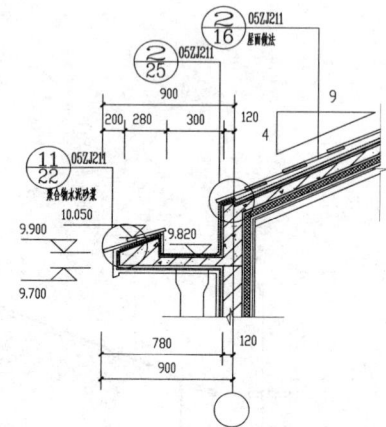
② 檐口做法大样图 1:50

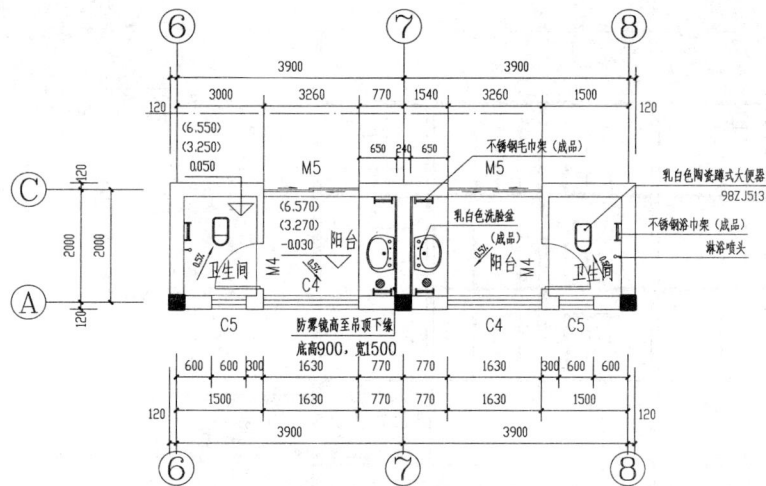
宿舍卫生间大样图 1:50

洗衣房大样图 1:50

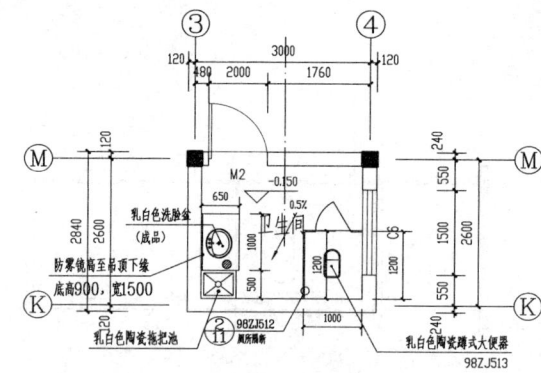
厨房卫生间大样图 1:50

XXX设计院		设计号	
		设计阶段	施工图设计
项目负责人	项目名称 员工宿舍楼	图号	第9页 共9页
设计			
复核	图名 剖面图、大样图	专业	建筑
审核		日期	

结 构 设 计 总 说 明

一、工程概况
1.1 本工程为XX服务区员工宿舍楼。
1.2 本工程主体厨房餐厅部分采用钢筋混凝土框架结构，宿舍部分采用砌体结构；屋顶为坡屋面。

二、设计依据
2.1 本工程结构设计按《建筑结构可靠度设计统一标准》(GB 50068—2001)第1.0.5条之规定，结构的设计使用年限为50年。
2.2 本院岩土公司提供的《衡阳至桂阳高速公路常宁服务区工程地质勘察报告》。
2.3 本工程结构设计按国家现行有关规范规程进行，主要采用规范、规程：
《建筑结构可靠度设计统一标准》(GB 50068—2001)
《砌体结构设计规范》(GB 50003—2001)(2003年局部修订)　《建筑结构荷载规范》(GB 50009—2001)(2006年版)
《建筑地基基础设计规范》(GB 50007—2002)　　　　　　《混凝土结构设计规范》(GB 50010—2002)
《建筑地基基础施工质量验收规范》(GB 50202—2002)　　《建筑桩基技术规范》(JGJ 94—2008)
《工程建设标准强制性条文》房屋建筑部分(2009年版)　　《工业建筑防腐蚀设计规范》(GB 50046—2008)
2.4 本工程结构设计所选用的主要标准图集：　　　　　　　　　《建筑抗震设计规范》(GB 50011—2008)
国标《混凝土结构施工图平面整体表示方法制图规则和构造详图》系列(16G101—1、2、3)
中南标《钢筋混凝土过梁》(03ZG313)
中南标《民用多层砖房抗震构造》(03ZG002)
中南标《多层及高层混凝土房屋抗震构造》(03ZG003)

三、一般说明
3.1 本套图纸除注明外，所注尺寸均以毫米(mm)为单位，标高以米(m)为单位。
3.2 本工程±0.000相当于绝对标高(见总图)。
3.3 本总说明中所注内容为通用做法；当总说明与图纸说明不一致时，以图纸说明为准。
3.4 本套施工图应通过审查机构的施工审查后方可用于施工。

四、建筑分类等级
4.1 本工程建筑结构的安全等级为二级。
4.2 本工程地基基础设计等级为乙级，建筑场地类别为Ⅲ类。
4.3 本工程耐火等级为二级。
4.4 本工程的地坪以下室内及室内地坪以下的混凝土环境类别为一类，室内地坪以下及露天和室内潮湿环境混凝土环境类别为二a类，钢筋保护层见7.1条。

五、主要荷载取值(标准值)
5.1 楼(屋)面恒载(不含板自重，含顶棚荷载)
坡屋面：4.5kN/m²
5.2 楼(屋)面活荷载见下表。

楼面用途	屋面(不上人)	洗衣房	宿舍	卫生间	楼梯	走廊
活荷载/(kN·m⁻²)	0.7	3.0	2.0	2.0	3.5	2.5

5.3 风荷载：基本风压为0.40kN/m²，地面粗糙度类别为B类。雪荷载：基本雪压为0.35kN/m²。
5.4 地震作用：本工程抗震设防烈度小于6度，不考虑抗震设防。

六、设计计算程序
6.1 结构整体分析计算软件为中国建筑科学研究院PKPM系列——结构空间有限元分析设计软件SATWE。

七、主要结构材料
7.1 混凝土指标见下表。

结构部位	强度等级	保护层厚度/mm	备 注
基础垫层	C15		
基础及基础梁	C30	40	
地下柱	C30	40	
地上柱	C30	30	
框架梁、板	C30	梁:25、板:15	
砌体结构	C25	梁:25、板:15	
构造柱	C25	30	
楼梯	同各层梁、板	同各层梁、板	

环境类别	最大水灰比	最小水泥用量/(kg·m⁻³)	最大氯离子含量/%	最大碱含量/(kg·m⁻³)
一	0.65	225	1.0	不限制
二a	0.60	250	0.3	3.0

7.2 墙体材料。
框架结构：室内地面以下墙均采用MU10实心砖，M7.5水泥砂浆砌筑。墙砌体工程施工质量控制等级为B级。
±0.000以上填充墙除图上注明外均采用MU10空心砖，M5混合砂浆砌筑。(空心砖的容重不超过12kN/m³。)
外墙、填充墙与柱、梁交接处及阴阳角处必须满挂钢丝网(φ0.9@10)后方可进行粉刷装饰。
砌体结构：±0.000以下砌体墙均采用MU10烧结多孔砖，M10 水泥砂浆灌缝。
±0.000~3.270砌体墙除图上注明外均采用MU10多孔砖，M10混合砂浆砌筑。黏土砖的孔洞率不高于30%。
3.270以上砌体墙除图上注明外均采用MU10多孔砖，M7.5混合砂浆砌筑。
7.3 钢筋：Φ表示HPB235级钢筋(f_y=210N/mm²)，Φ表示HRB335级钢筋(f_y=300N/mm²)，Φ表示HRB400级钢筋(f_y=360N/mm²)，预埋件板钢采用Q235钢。吊环采用HPB235级钢筋加工，严禁采用冷拉钢筋加工。吊环埋入混凝土的深度不应小于35d，并应绑扎在钢筋骨架上。
7.4 焊条：HPB235级钢筋采用E43xx，HRB335级钢筋采用E50xx，HRB400级钢筋采用E5003，预埋件采用E43xx。

八、基础
8.1 本工程采用人工挖孔桩基础，持力层为中风化泥灰岩层，地下水对混凝土具微腐蚀，无可液化土层，场地特征周期为0.35s。地面粗糙度为B类。
8.2 基槽开挖及回填要求。
8.2.1 机械挖土时，应按国家相关地基规范有关要求分层开挖，坑底应保留200~300mm土层用人工开挖；灌注桩顶应妥善保护，防止挖土机械撞击，并严禁在工程桩上设支撑。
8.2.2 基坑回填时，应分层夯实的填土，不得使用淤泥、耕土、冻土、膨胀土以及有机含量大于5%的土。
8.2.3 基坑回填时，应先将场地的建筑垃圾清理干净，基础两侧同时回填，且应分层夯实，分层厚度<300mm，压实系数>0.94，夯实填土的施工缝各层应错开搭接。在施工缝的搭接处，应适当增加夯实次数。在雨季或冬季施工时，应采取有效的防雨、防冻措施。
8.2.4 基槽开挖后若实际情况与地质资料不符，应及时通知设计单位和地勘部门，以便共同协商处理。
8.3 基础的其余详细说明详见基础设计图。

九、钢筋混凝土部分
9.1 钢筋的连接及锚固
9.1.1 纵向受拉钢筋的锚固长度及搭接长度按 03G101—1的第33~34页规定，且按本说明4.3条所指的相应抗震等级要求。
9.1.2 当采用绑扎搭接接头时，其搭接接头连接区段的长度为1.3l₁，位于同一连接区段内的受拉钢筋搭接接头面积百分率：对梁类、板类构件为≤25%，对柱类构件为≤50%，且绑扎搭接接头的搭接长度l₁=ζLaE(其中ζ为钢筋接头面积百分率≤25%时，ζ=1.2；≤50%时，ζ=1.4)，并且 ≥300mm，位于同一连接区段内的受拉钢筋搭接接头面积百分率不应大于50%。
9.1.3 当采用焊接接头时，其焊接接头连接区段的长度为35d且不少于500mm，位于同一连接区段内的受拉钢筋焊接接头面积百分率不大于50%。
9.1.4 当采用机械接头时，其机械接头连接区段的长度为35d，位于同一连接区段内的受拉钢筋机械接头面积百分率不大于50%。
9.1.5 钢筋直径>22mm时，应优先采用机械连接或焊连接。
9.1.6 当接头位置无法避免于梁端、柱端箍筋加密区时，则采用机械连接，并且同一截面内接头数量不得大于50%。
9.2 梁、柱构造
9.2.1 框架柱的纵筋连接应优先采用机械连接接头，钢筋接头范围内箍筋间距均加密至箍筋加密区箍筋间距。
9.2.2 框架柱、梁的纵筋不应与箍筋、拉筋及预埋件焊接。
9.2.3 当框架梁的纵向钢筋连接采用搭接时，其受拉搭接连接区段范围内，其箍筋应加密，间距不应大于搭接钢筋直径的5倍，且不大于100mm。
9.2.4 当钢筋长度不够时，梁上部钢筋应在跨中搭接，下部钢筋应在支座处搭接。
9.2.5 框架梁梁端较短悬臂(即框架梁主跨大于悬臂梁主跨)的主筋构造见图9.1；悬臂梁支座加筋构造见图9.2。
9.2.6 悬臂梁较大有次梁时，其构造见图9.3，梁(含次梁)上升小圆孔构造见图9.4。
9.2.7 当梁(含次梁)的腹板高度≥450mm时，梁侧面构造做法见图9.5。
9.2.8 当次梁与主梁同高时，次梁主筋放在主梁主筋之上，见图9.6。
9.2.9 框架边梁与楼面梁交接处次梁端部加筋构造做法见图9.7。
9.2.10 异形柱框架结构中，框架梁梁纵向钢筋锚固在节点区的构造见图9.8、图9.9。梁宽大于柱肢厚时的箍筋构造见图9.10。
9.2.11 对于跨度L>4m或悬挑长度L>1.5m的梁支模时应按施工有关规范要求起拱。
9.2.12 梁、柱的其余构造要求见国标《混凝土结构施工图平面整体表示方法制图规则和构造详图》(03G101—1)。图中标注"KL"的屋面框架梁的构造要求同"WKL"。

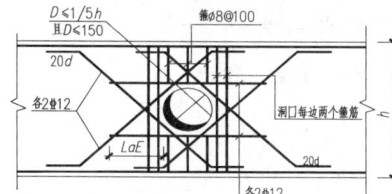
图9.1

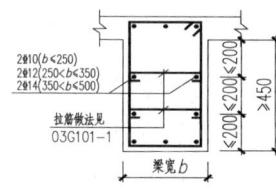
图9.2

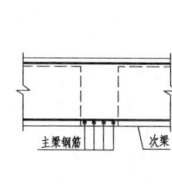
图9.3

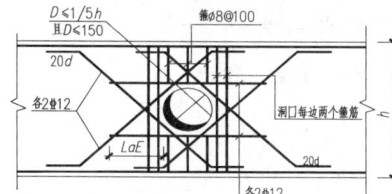
图9.4　图9.5　图9.6　图9.7

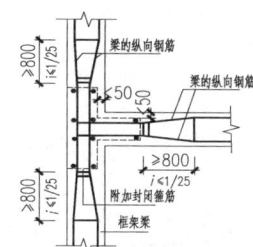
图9.8

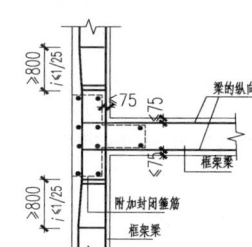
图9.9

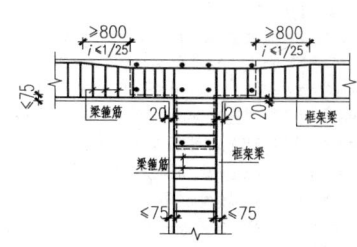
图9.10

9.3 楼板、屋面板的构造：
  9.3.1 当钢筋长度不够时，楼板、屋面板上部钢筋应在跨中搭接，下部钢筋应在支座处搭接。
  9.3.2 双向板（或异形板）钢筋的放置，短向钢筋置于下层，长向在上，现浇板施工时，应采取措施保证钢筋位置。跨度大于3.6m的板施工时应按施工有关规范要求起拱。
  9.3.3 各板角负筋详见中南标03ZG003第35页。砼内梁节点处，当梁宽小于1/2柱高时，两侧上部各附加锚筋4Φ14，见图9.11。
  9.3.4 单向板，双向板的分布筋为：楼板Φ6@250，屋面Φ6@200。
  9.3.5 当楼板上有隔墙，未沿梁面直接支承在板上时，楼板板底钢筋除详图中注明者外，应沿垂直方向附加钢筋，见图9.12。
  9.3.6 双层配筋的现浇板设置 ⌐ 的支撑钢筋，见图9.13。
  9.3.7 凡图中管道井口处，相邻楼板钢筋应连续通过，如井边四周为梁时，孔内楼板厚度范围内应留Φ8@150（双层双向）插筋，钢筋锚入梁内或剪力墙内LaE，待管道安装完成后，管道井内楼板用同层标号混凝土适层封堵。
  9.3.8 建筑物外阴阳角部位及板短跨大于3.9m或短跨长度为3.9m、长跨超过5.9m的板角四周上部应附加钢筋，见图9.14。
  9.3.9 屋面及卫生间和其他有水房间的四周（门洞处除外）梁上应翻边，见图9.15。
  9.3.10 板内埋管线时，所敷设管线应放在板面钢筋之上、板上部钢筋之下，且管线的混凝土保护层应不小于30mm。
  9.3.11 对设备的预留孔洞和预埋件预留于安装单位配合，施工时如有疑问可与设计单位联系。
  9.3.12 板、梁上应注意预留板内插筋或联结用的插筋。
  9.3.13 未经结构专业设计人员同意，不得随意打洞、剔凿。
  9.3.14 相邻板跨在支座处有高差且板支座负筋不断开时，其板支座负筋构造做法见图9.16。

9.4 防雷接地要求：
  9.4.1 防雷柱平面位置详见电气图，防雷接地做法要求详见电气施工图；基础处预留钢板做法见图9.17。

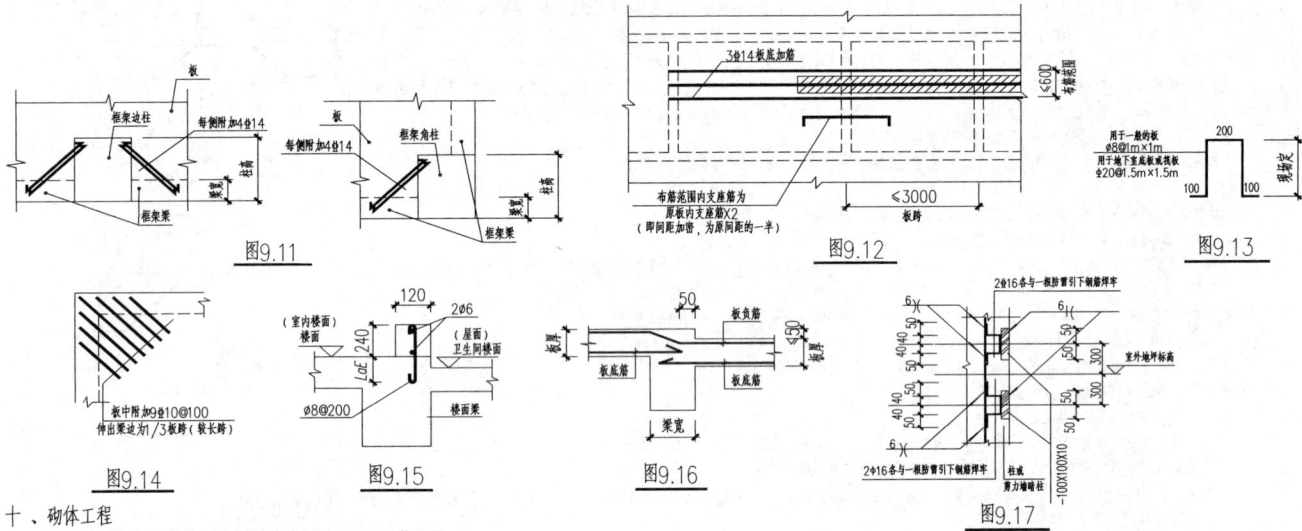

图9.11   图9.12   图9.13

图9.14   图9.15   图9.16   图9.17

十、砌体工程
  10.1 砌体填充墙与钢筋混凝土结构的连接见中南标03ZG003第36页。
  10.2 当墙的墙厚≤200mm，其洞口两侧的墙垛长<400mm，或墙厚>200mm，其洞口两侧的墙垛长<370mm时，均应用钢筋混凝土柱代替，内配4Φ12，Φ6@200。如附近已设置构造柱，则与构造柱整浇。
  10.3 填充墙墙厚为<180时，应在门窗洞顶或半层位置设置圈梁；填充墙墙厚为≥180时，当墙高≥4m时，应在门窗洞顶或半层高位置设置圈梁；带形窗窗台应设置圈梁。圈梁截面为200mm（高）x墙厚，配4Φ10，箍Φ6@200。且在门窗洞顶的圈梁其截面和配筋应不小于洞口相应的过梁。
  10.4 填充墙长大于5m或墙高2倍时，应在墙中设置构造柱。构造柱截面为240mmX墙厚（≥200mm），内配4Φ12，Φ8@200。
  10.5 悬臂无转角的直墙墙端及门窗洞口宽度超过2400mm的两侧应加设构造柱。
  10.6 出屋面女儿墙构造柱，除图中注明者外，应在每个开间设置构造柱，且构造柱间距不应大于3.6m，构造柱截面240mmX墙厚（≥200mm），内配4Φ14，Φ8@150，屋面女儿墙顶应设置圈梁，且圈梁应沿墙高每隔1.2m增设一道，圈梁截面为200mm（高）x墙厚，内配4Φ12，Φ8@200。
  10.7 构造柱做法详见中南标03ZG003第37页。
  10.8 所有外墙、填充墙与砼（柱）、梁交接处及阴阳角处必须满挂钢丝网（Φ0.9@10）后方可进行粉刷装饰（建筑有要求则按建筑实施）。

十一、砌体结构部分的构件的构造措施
  11.1 砌体施工质量控制等级为B级。
  11.2 为增强砌体与砂浆之间的粘结强度，各种砖和砌块必须在砌筑前隔夜浇水湿润，随铺砂浆随砌筑。
  11.3 砌体墙与构造柱、圈梁的连接构造具体参见中南标03ZG002。
  11.4 多孔砌体墙局部受压时应把梁下300mm宽范围内用砌筑砂浆灌实，灌实高度不小于600mm。
  11.5 多孔砌体墙局部受压时应把挑梁下300mm宽范围内用砌筑砂浆灌实，灌实高度为全高。
  11.6 多孔砌体结构的过梁与屋面女儿墙的设置图中标注外用框架柱时，门窗洞口两侧无构造柱时，每侧300mm用砌筑砂浆灌实，灌实高度不小于600mm。
  11.7 砖砌砌块房屋纵横墙交接处无构造柱时，用砌筑砂浆灌实高度为墙身全高。
  11.8 现浇钢筋砼板与预制空心板伸进墙体的长度不小于120mm。
  11.9 后砌的非承重隔墙沿墙高每隔500mm配置2根Φ6钢筋与承重墙或柱拉结，每边伸入墙内不应小于500mm。
  11.10 砌体抗裂措施详见03ZG002第32页。

十二、门窗洞口过梁设置
  12.1 所有门洞口顶须设置过梁，过梁选自中南标《钢筋混凝土过梁》（03ZG313），荷载等级均为2级，过梁遇砼墙（柱）则应现浇，钢筋锚入柱内LaE。
  12.2 当过梁底与梁板底标高接近时，过梁应与楼面梁整浇，见图12.1。
  12.3 当梁底与门窗洞口顶不同一标高而又未设置过梁时，应在梁底设置吊板，吊板应在梁跨中留2cm伸缩缝，见图12.2。

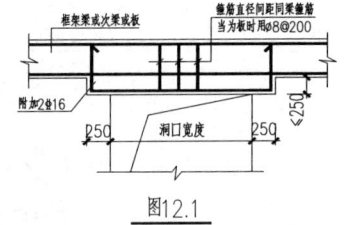

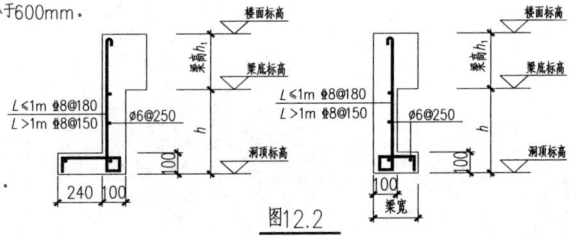

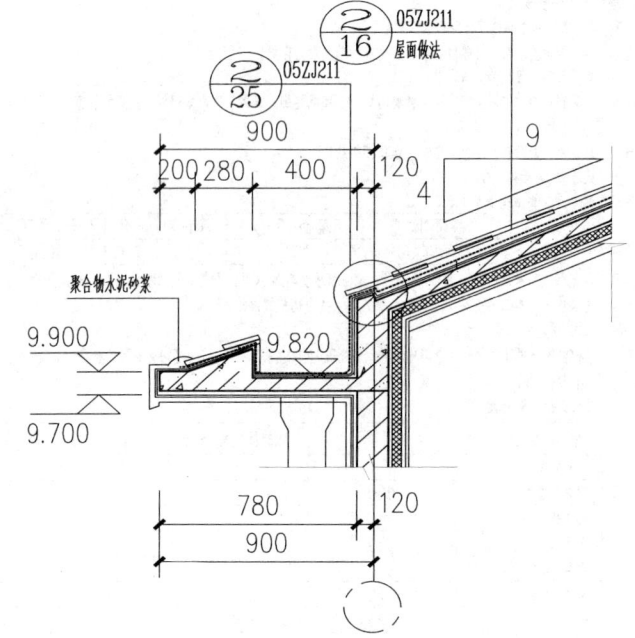

图12.1

图12.2

L<1m Φ8@180	L<1m Φ8@180
L>1m Φ8@150	L>1m Φ8@150

十三、其他要求
  13.1 采用标准图、重复使用图或通用图时，均应按所用图集要求进行施工。
  13.2 在施工安装过程中，应采取有效措施保证结构的稳定性，确保施工安全。
  13.3 混凝土结构施工前应对预留孔、预埋件、楼梯栏杆和阳台栏杆的位置与各专业图纸加以校对，并与设备及各工种密切配合施工。
  13.4 未征得设计单位同意不得对承重结构材料进行代换。
  13.5 悬挑构件需待混凝土强度达到100%方可拆模。易挑构件不得直接作为上部结构构件支模脚手架的支撑。
  13.6 所有外露铁件均应涂刷防锈底漆二道，面漆材料及颜色按建筑要求施工。
  13.7 当梁与柱齐时，梁的纵向钢筋应分排下料，以满足钢筋锚固长度的要求。
  13.8 本次设计中未考虑冬夏雨季的施工措施，施工单位应有有关施工验收规范采取相应措施。
  13.9 所有材料应有国家生产许可证及出厂合格证，并应进行检测，合格后方可使用。
  13.10 施工期间不得超负荷堆放建材和施工垃圾，特别注意楼板上集中荷载对结构受力和变形的不利影响。
  13.11 房屋装修时，严禁改变主体结构及增加使用荷载。
  13.12 本工程未经技术鉴定或设计许可，不得改变结构的用途和使用环境。
  13.13 本套施工图应通过审查机构的施工图审查后方可施工。
  13.14 其他未尽事项，均按国家现行有关各种施工规范和规程执行。

十四、环境与安全要求
  本工程使用过程应按国家标准GB 50010-2002第3.1.8条执行，未经技术鉴定或设计许可，不得改变结构的用途和使用环境。

05ZJ211 16/2   屋面做法
05ZJ211 25/2

900
200 280 400 120
780 120
900

聚合物水泥砂浆

9.900
9.820
9.700

② 檐口做法大样图
1:50

XXX设计院

设计号	
设计阶段	施工图设计

项目负责人		项目名称	员工宿舍楼	图 号	第 1 页
设 计					共 15 页
复 核		图 名	结构设计总说明	专 业	结 构
审 核				日 期	

110

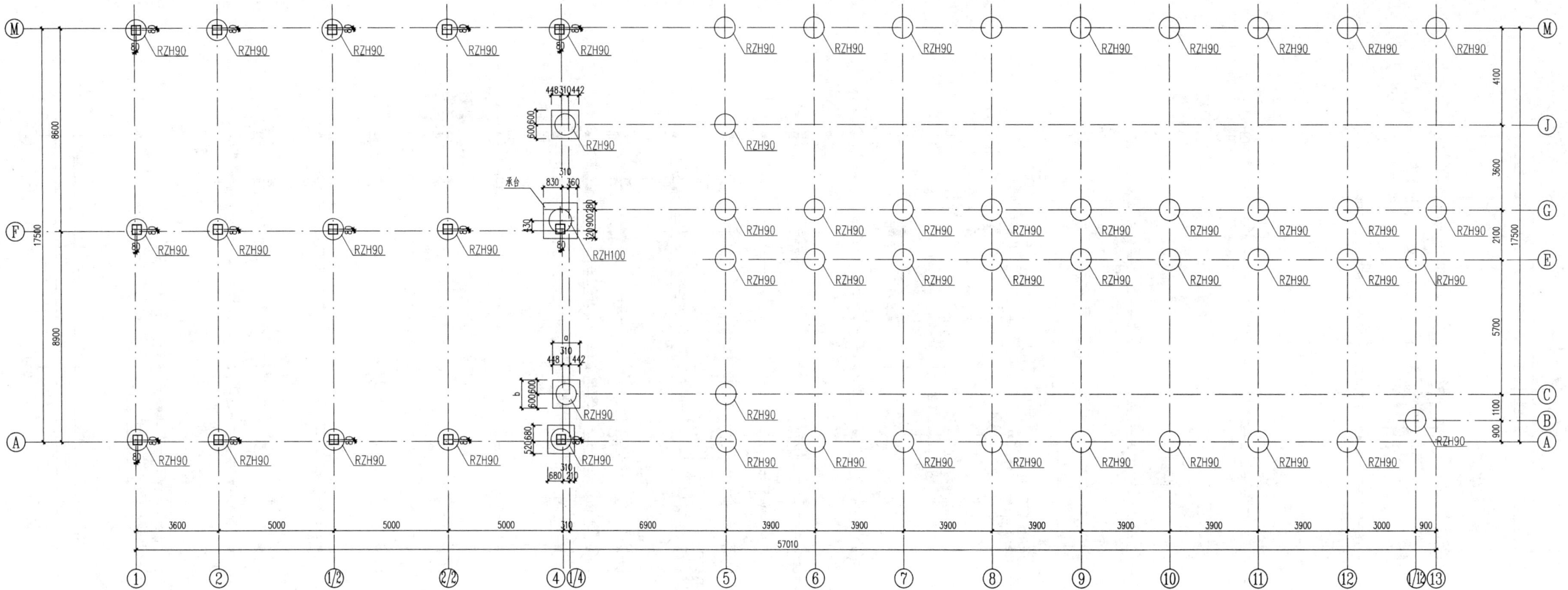

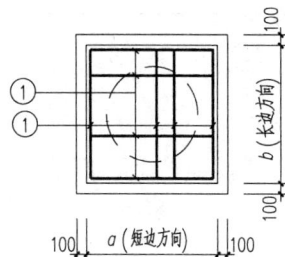

承台大样

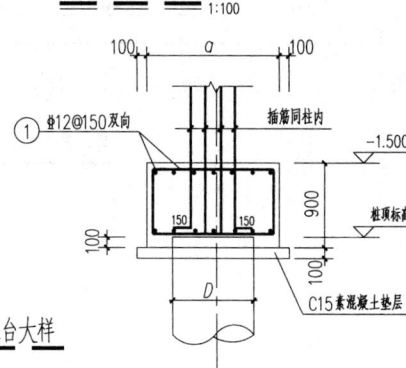

桩位及承台布置图
1:100

注：1.据本院岩土公司提供的《湖南省衡阳至桂阳高速公路常宁服务区工程地质勘察报告》，
　　本建筑处于填方区，填土厚4.3~6.5m，其下为1.1~3.0m厚耕植土和3.1~5.9m厚黏土，
　　设计采用人工挖孔桩，持力层为中风化泥灰岩，桩端极限端阻力标准值为20000kPa，
　　单桩承载力特征值：RZH90为Ra≥4000kN，RZH100为Ra≥4500kN，
　　要求桩端进入持力层深度≥500mm，
　　桩长为10m，当桩长超长时，应通知勘察设计部门进行处理。
　2.人工挖孔桩选用中南标04ZG205，护壁大样选用04ZG205-10-5、7、8。
　3.当桩净距小于2.5m时，应采用间隔开挖，相邻排桩跳挖最小施工间距不得小于4.5m。
　4.人工挖孔桩终孔时，应逐根进行桩端持力层验槽。单柱单桩的大直径嵌岩桩，
　　应视岩性检验桩底下3d或5m深度范围内有无空洞、破碎带、软弱夹层等不良地
　　质条件。基槽（坑）开挖后，应进行基槽检验。
　5.桩的施工要求详见中南标04ZG205施工要点及建筑桩基技术规范（JGJ 94—2008）。
　6.总桩数55根，施工完成后，要求全部做动测试验。
　7.所有基桩验收合格后，方能进行下道工序的施工。
　8.本图尺寸均以mm为单位，标高以m为单位。桩采用C30砼，其保护层厚50mm，
　　承台采用C30砼，其保护层厚40mm。
　9.桩定位除图中注明外，其余均居中轴布置。桩顶标高均为-0.800mm。

XXX设计院				
项目责人		项目名称	员工宿舍楼	图　号　第 2 张
设　计				共 15 张
复　核		图　名	桩位及承台布置图	专　业　结构
专　业				日　期

111

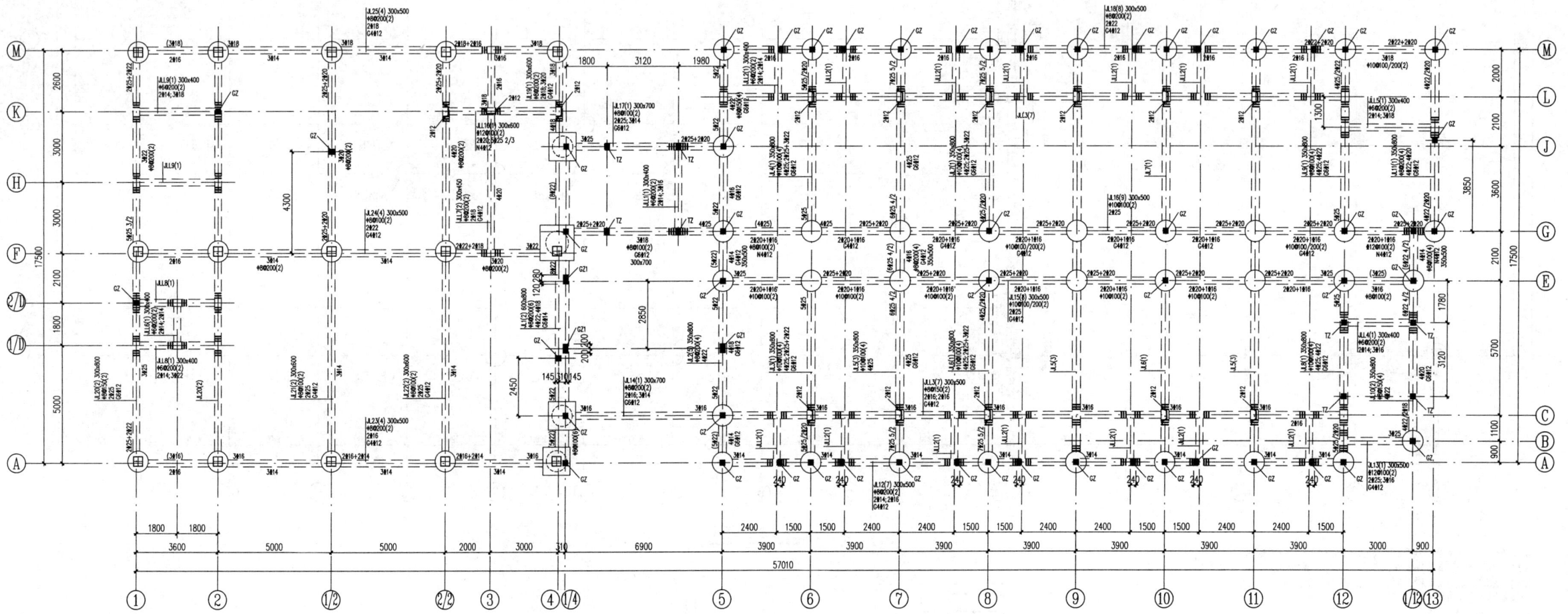

基础梁平法配筋图
1:100

注:1.本图尺寸均以mm为单位,标高以m为单位.
2.JLL、JL均为C30混凝土,其钢筋保护层厚均为40mm.
3.JLL、JL梁顶标高均为-0.800,其下均设100mm厚C15素混凝土垫层,每边出梁面100mm.
4.图中附加箍筋均为6根,直径同梁中箍筋.
5.±0.000以下采用M10水泥砂浆砌240mm厚MU10实心砖.
 -0.060处设防潮层,做法为20mm厚1:2.5水泥砂浆(内掺水泥质量的5%防水剂).
6.JLL、JL、GZ定位除图中注明外,其余均居中轴布置.
7.GZ、GZ1、TZ做法见第7页、第15页.

XXX设计院

项目名称 员工宿舍楼
图 名 基础梁平法配筋图

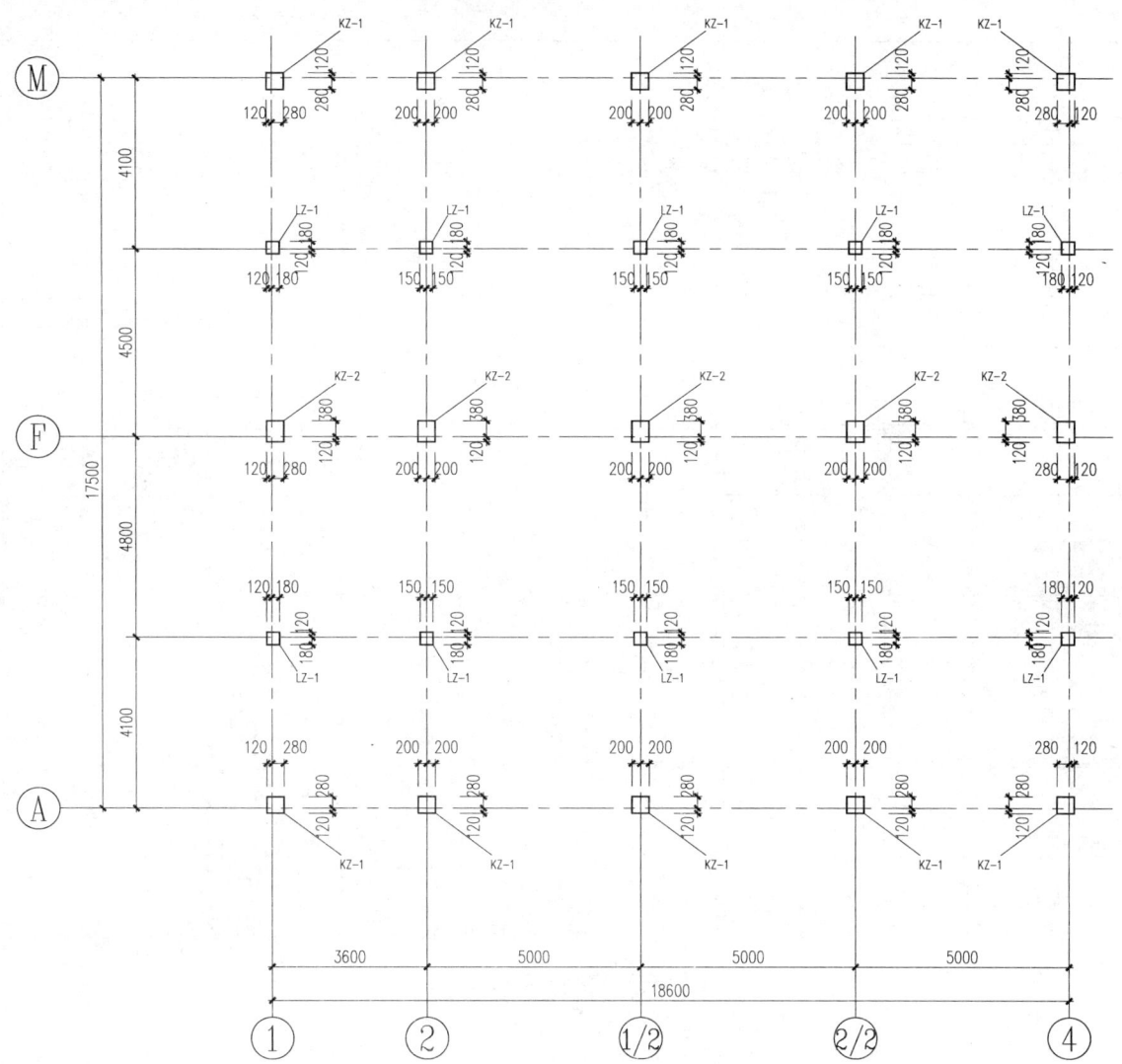

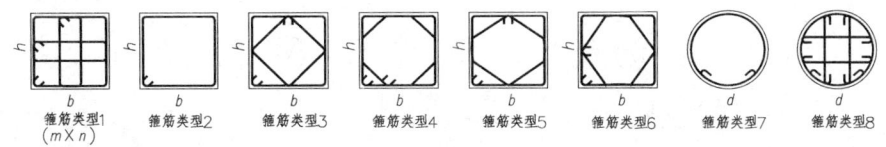

柱平面图

说明：
1. 柱、墙平面表示法及构造均参照国标《混凝土结构施工图平面整体
表示方法制图规则和构造详图》(11G101-1)进行。
2. 柱须设雷击引下线，做法详见结构设计总说明，平面位置详见电气施工图(宿舍楼部分有关电气预埋同)。

锥筋类型1 (m×n)　锥筋类型2　锥筋类型3　锥筋类型4　锥筋类型5　锥筋类型6　锥筋类型7　锥筋类型8

层数	标高/m	层高/m
坡屋面层	4.836~6.668	0.336~2.168
平屋面层	4.500	6.000
基础顶	−1.500	

| 餐厅 | 结构层楼面标高 | 结构层高 |

柱号	标高/mm	b×h(圆柱直径D)	角筋	b边一侧中部筋	h边一侧中部筋	锥筋类型号	锥筋间距	备注
KZ-1	基础顶~4.500	400×400	4Φ20	1Φ18	1Φ18	1(3×3)	Φ8@100/200	
	4.500~4.836	400×400	4Φ20	1Φ18	1Φ18	1(3×3)	Φ8@100	
KZ-2	基础顶~4.500	400×500	4Φ20	1Φ18	1Φ18	1(3×3)	Φ8@100/200	
LZ-1	4.500~坡屋顶	300×300	4Φ20			1(2×2)	Φ8@100/200	

XXX设计院　项目名称 员工宿舍楼　图名 柱平面图　图号 第4页 共15页　专业 结构

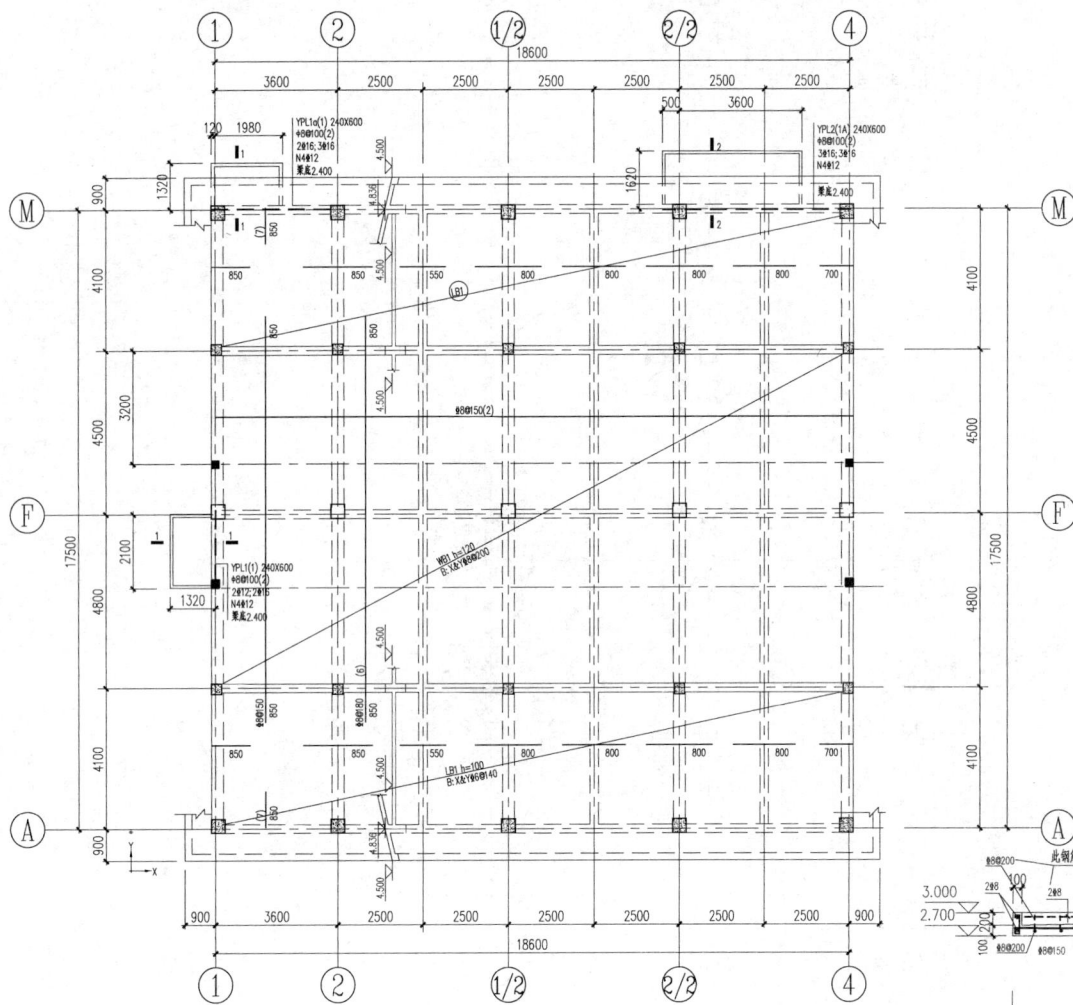

餐厅 4.500 层结构平面图

图中未注明位置的梁均为轴线居中或柱外平
图中未注明的构造柱均为GZ,位置均为轴线交点或轴线中点处
图中未画出的板分布钢筋均为φ6@200
②~④轴的窗过梁详见结构设计总说明
图中未画出的板钢筋均为φ8@200

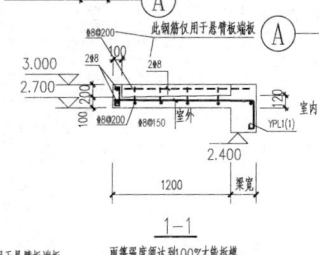

1-1

雨篷强度须达到100%才能拆模。

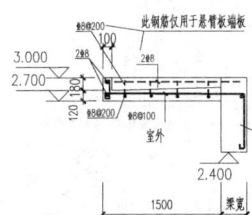

2-2

雨篷强度须达到100%才能拆模。

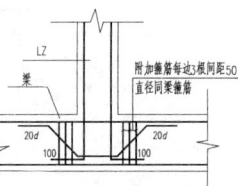

梁上立柱处节点详图

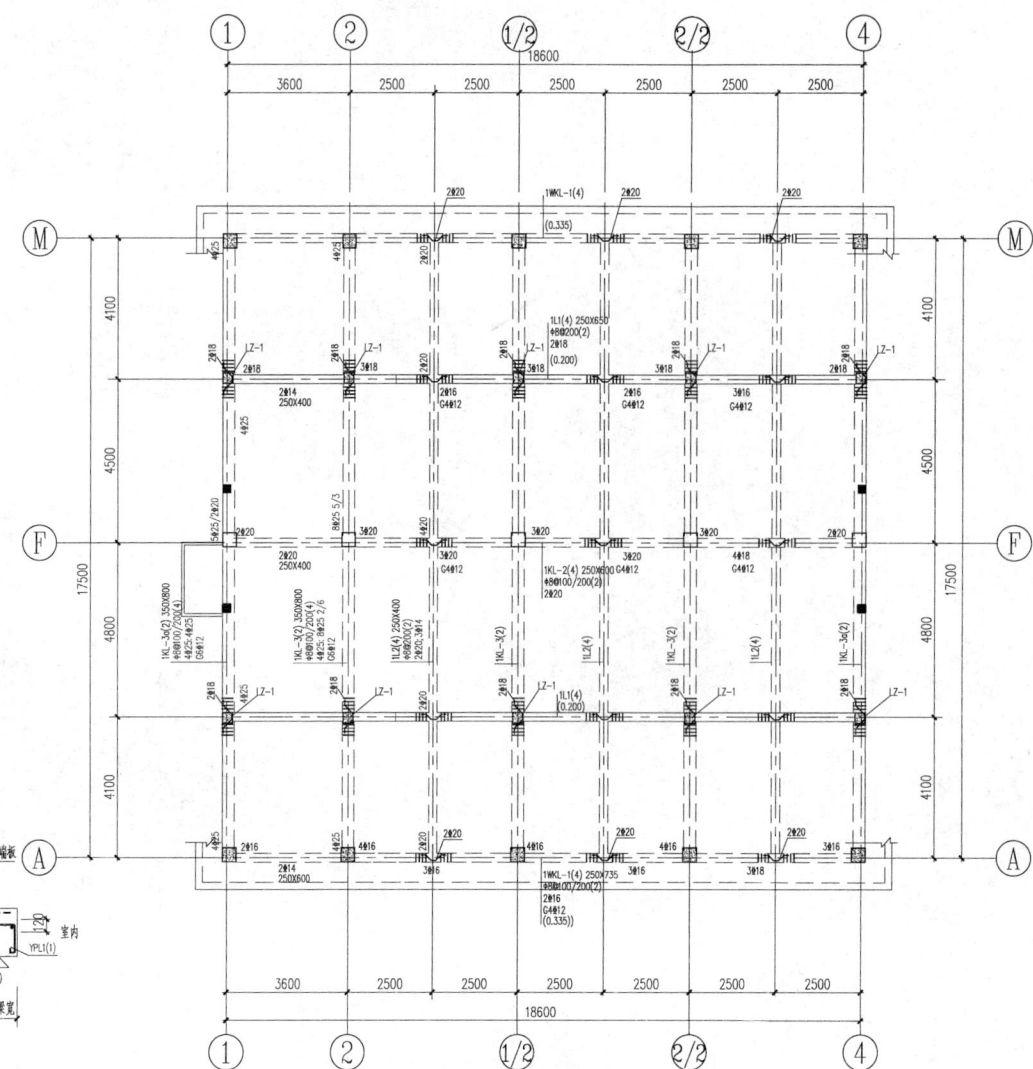

餐厅 4.500 层梁平法配筋图

图中未注明位置的梁均为轴线居中或柱外平
图中次梁集中力处两侧增箍加密三排@50
图中未标注吊筋箍均为2φ14
图中( )内尺寸为相对于本层标高的尺寸
图中未注明的梁顶标高均为4.500

坡屋面层	4.836~6.668	0.336~2.168
平屋面层	4.500	6.000
基础顶	-1.500	
层数	标高/m	层高/m
餐厅	结构层楼面标高	结构层高

XXX设计院

项目名称 员工宿舍楼
图 名 4.500层结构平面图、梁平法配筋图

图 号 第 5 页
共 15 页
专 业 结构

114

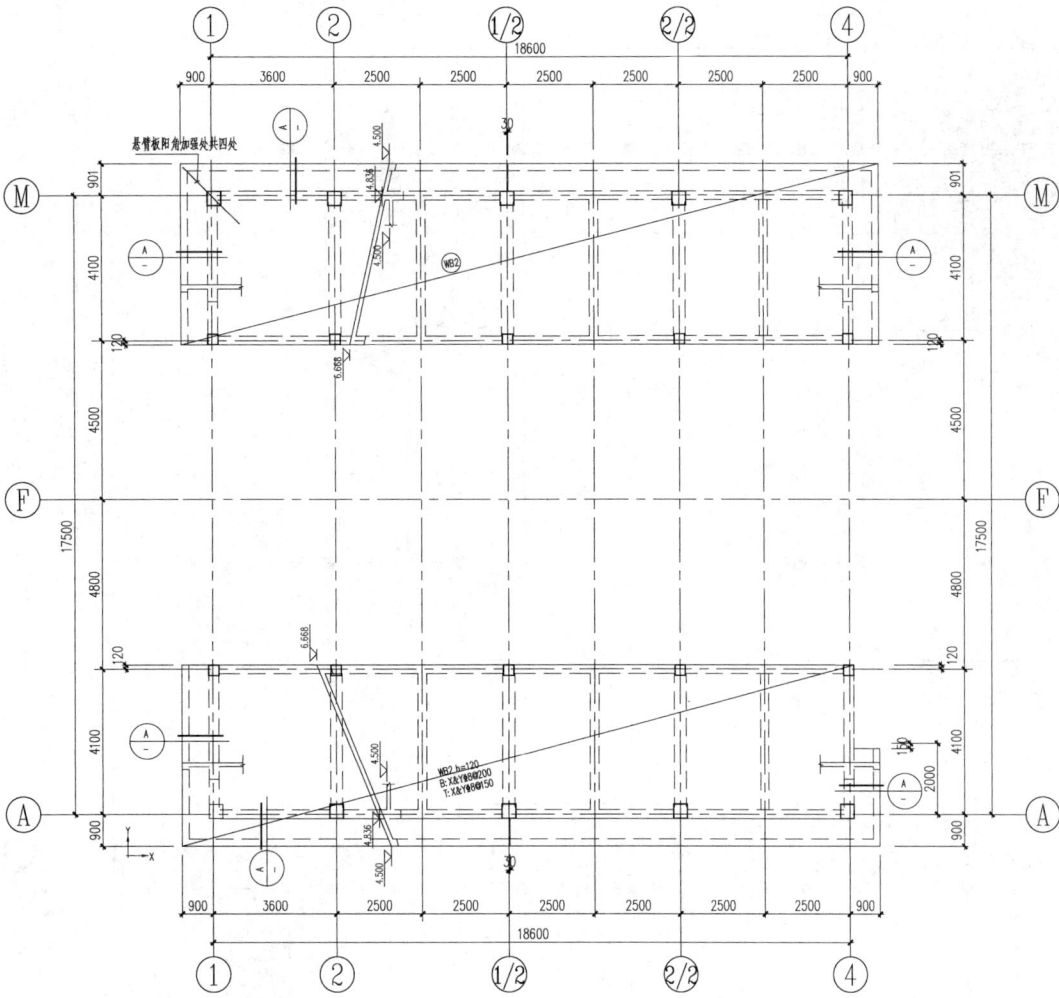

餐厅4.500~6.668层坡屋顶结构平面图图

图中未注明位置的梁均为轴线居中或柱外平

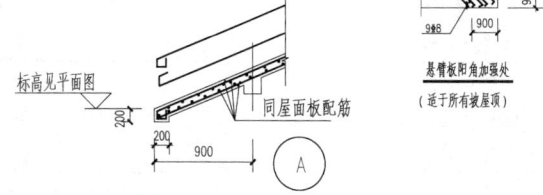

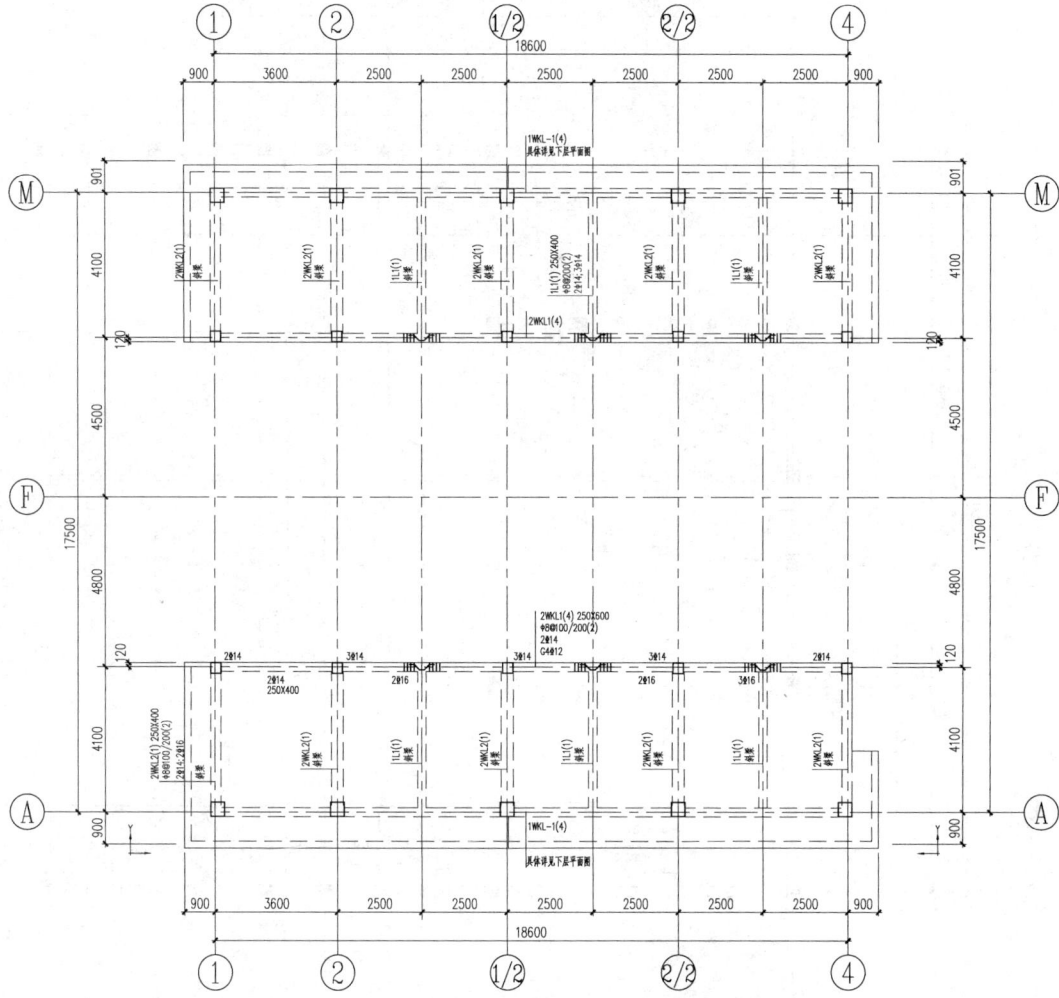

餐厅4.500~6.668层梁平法配筋图

图中未注明位置的梁均为轴线居中或柱外平
图中次梁集中力处两侧箍筋加密三排@50
图中未标注的吊筋均为2Φ12
未注明的梁顶标高均同板顶标高

坡屋面层	4.836~6.668	0.336~2.168
平屋面层	4.500	6.000
基础顶	−1.500	
层数	标高/m	层高/m
餐厅	结构层楼面标高	结构层层高

XXX设计院

项目责任人		项目名称	员工宿舍楼	图　号	第 6 页
设　计					共15页
复　核					
审　核		图　名	餐厅4.500~6.668层坡屋顶结构平面图、梁平法配筋图	专　业	结构
审　定				日　期	

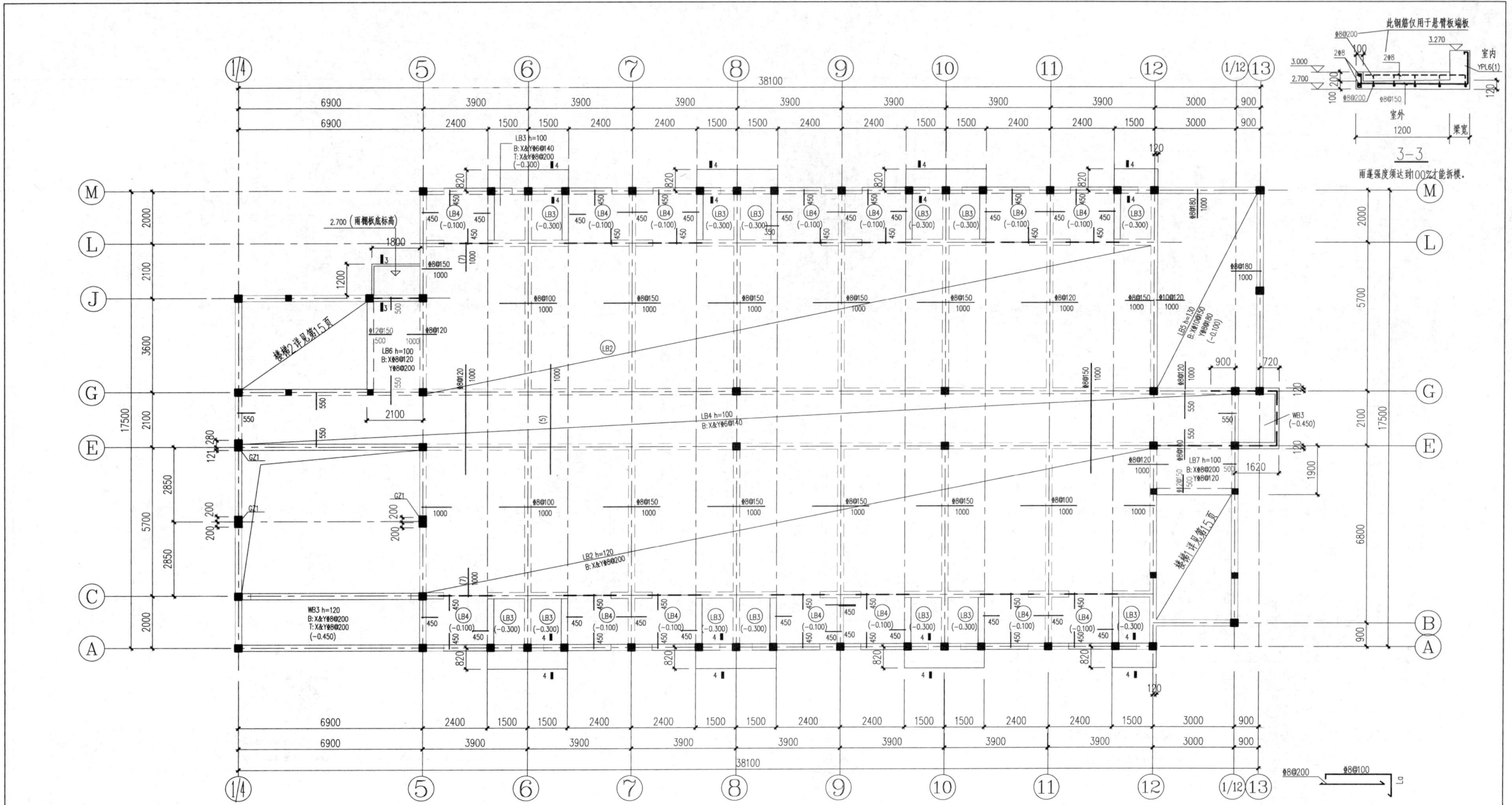

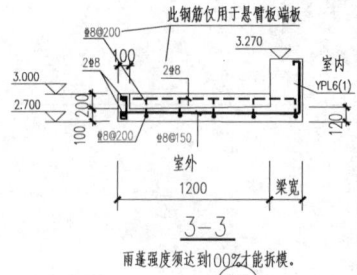

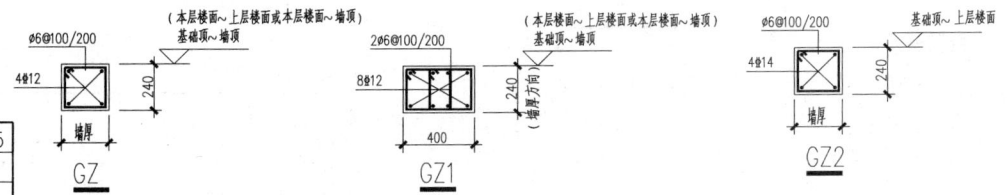

宿舍楼 3.270 层结构平面布置图

图中未注明位置的梁均为轴线居中或柱外平
图中未注明的构造柱均为CZ,位置的均为轴线交点或轴线中点处
图中未画出的板分布钢筋均为Φ6@200;图中已画出的板钢筋未注明的均为Φ8@200
楼梯间的梯柱梯梁详见本套图的楼梯大样图
图中注明的标高均为相对于±0.000的标高,均为3.270

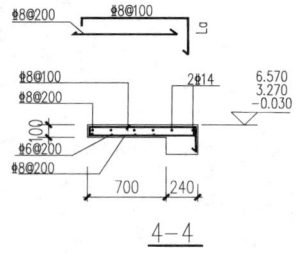

3-3

此钢筋仅用于悬臂板端板

4-4

坡屋面层	10.280~13.515	0.38~3.615
架空层	9.900	3.330
三 层	6.570	3.300
二 层	3.270	4.770
基础顶	-1.500	
层数	标高/m	层高/m
宿舍	结构层楼面标高	结构层高

GZ

GZ1

GZ2

XXX设计院

		设计号	
		设计阶段	施工图设计
项目负责人	项目名称 员工宿舍楼	图 号	第 7 页
设 计			共 15 页
复 核	图 名 3.270层结构平面图	专 业	结构
审 核		日 期	

116

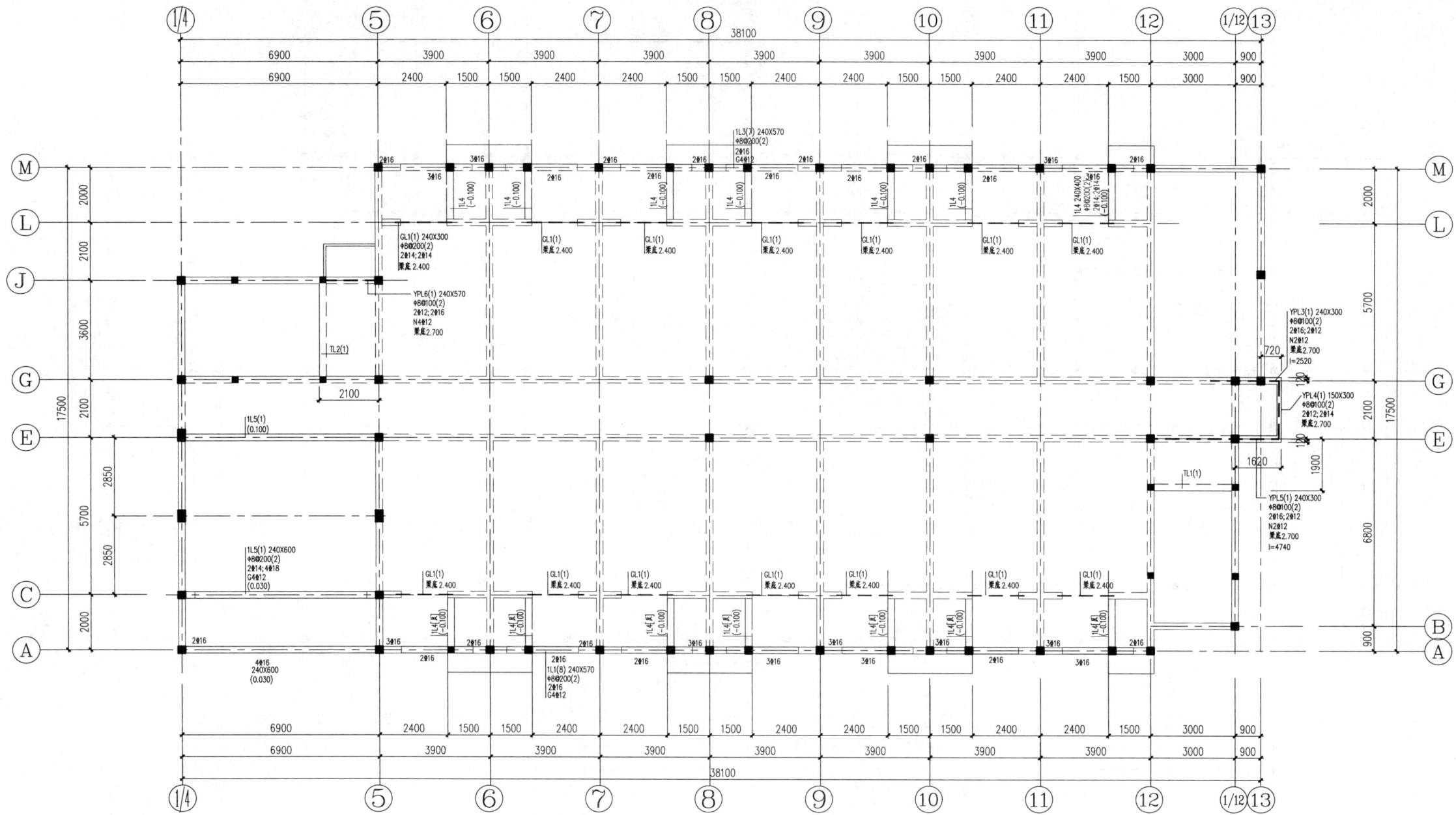

宿舍楼 3.270 层梁平法配筋图

图中未注明位置的梁均为轴线居中或柱外平
图中次梁集中力处两侧箍筋加密三根@50
图中（）内尺寸为相对于本层标高的尺寸，GL*的标高为相对于±0.000的标高
未注明的梁顶标高均为3.270
楼梯间的梯柱梯梁详见本套图的楼梯大样图
1L2 缺省
图中 ━━━ 表示圈梁

坡屋面层	10.280~13.515	0.38~3.615
架空层	9.900	3.330
三　层	6.570	3.300
二　层	3.270	4.770
基础顶	-1.500	
层数	标高/m	层高/m
宿舍	结构层楼面标高	结构层高

		XXX设计院		设计号	
				设计阶段	施工图设计
项目负责人		项目名称	员工宿舍楼	图号	第8页
设计					共15页
复核		图名	3.270层梁平法配筋图	专业	结构
审核				日期	

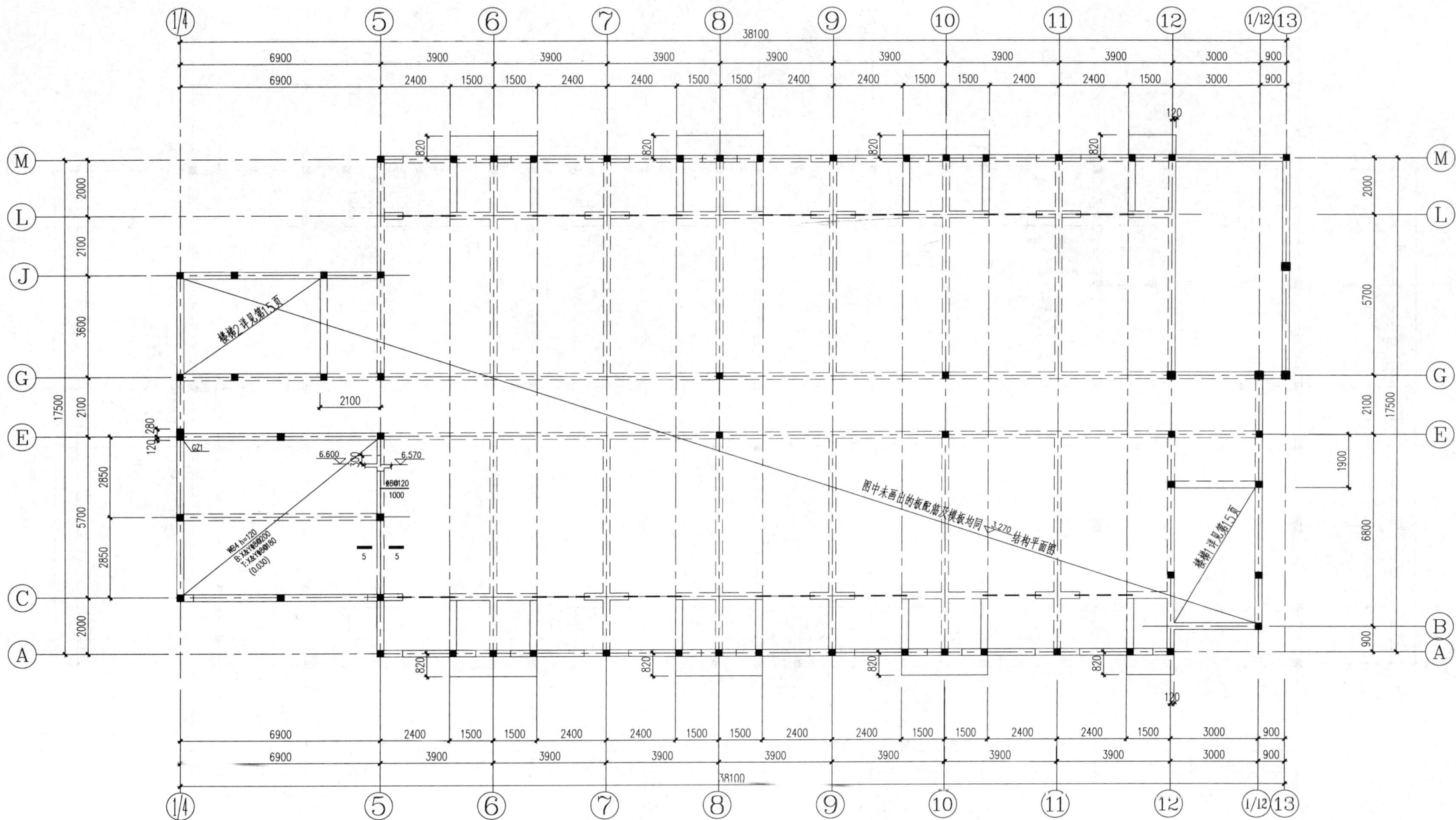

宿舍楼 6.570 层结构平面布置图

图中未注明位置的梁均为轴线居中或柱外平
图中未注明的构造柱均为GZ，位置的均为轴线交点或轴线中点处
图中未画出的板分布钢筋均为φ6@200
楼梯间的梯柱楼梁详见本套图的楼梯大样图
图中注明的标高均为相对于±0.000的标高，均为3.270
图中已画出的板钢筋未注明的均为φ8@200

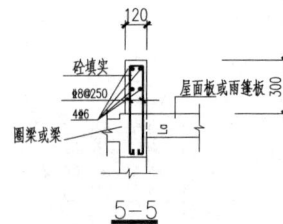

5—5

坡屋面层	10.280~13.515	0.38~3.615
架空层	9.900	3.330
三层	6.570	3.300
二层	3.270	4.770
基础顶	-1.500	
层数	标高/m	层高/m
宿舍	结构层楼面标高	结构层高

ＸＸＸ设计院

设计号		
设计阶段	施工图设计

项目负责人		项目名称	员工宿舍楼	图 号	第 9 页 共 15 页
设 计					
复 核		图 名	6.570 层结构平面图	专 业	结 构
审 核				日 期	

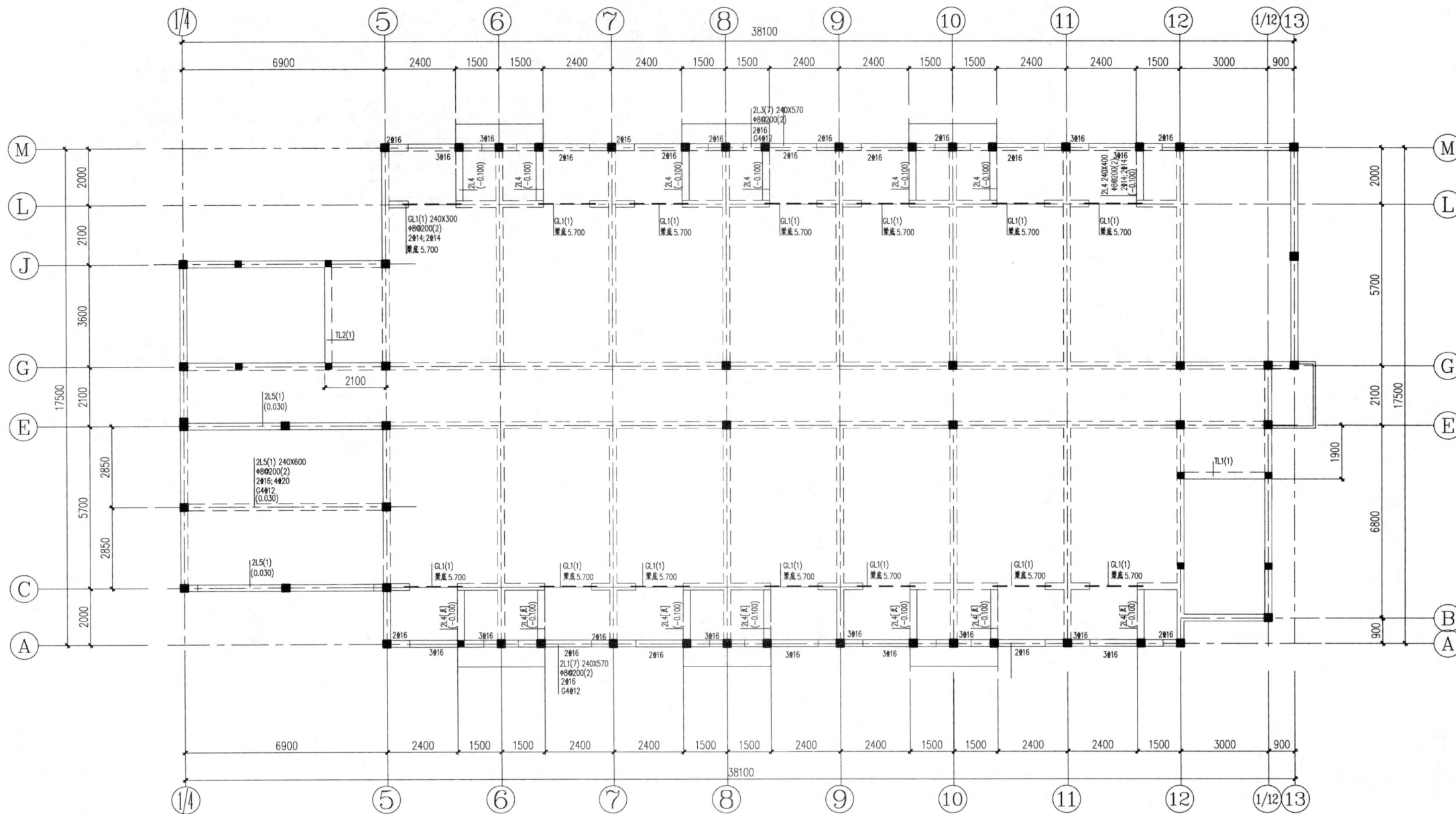

宿舍楼 6.570 层梁平法配筋图

图中未注明位置的梁均为轴线居中或柱外平
图中次梁集中力处两侧箍筋加密三根@50
图中（）内尺寸为相对于本层标高的尺寸，
未注明的梁顶标高均为6.570
楼梯间的梯柱梯梁详见本套图的楼梯大样图
2L2缺省
图中 —— 表示圈梁

坡屋面层	10.280~13.515	0.38~3.615
架空层	9.900	3.330
三 层	6.570	3.300
二 层	3.270	4.770
基础项	-1.500	
层数	标高/m	层高/m
宿舍	结构层楼面标高	结构层层高

XXX设计院

			设 计 号	
设计阶段				施工图设计
项目负责人		项目名称	员工宿舍楼	图 号	第10页
设 计					共15页
复 核		图 名	6.570层梁平法配筋图	专 业	结 构
审 核				日 期	

119

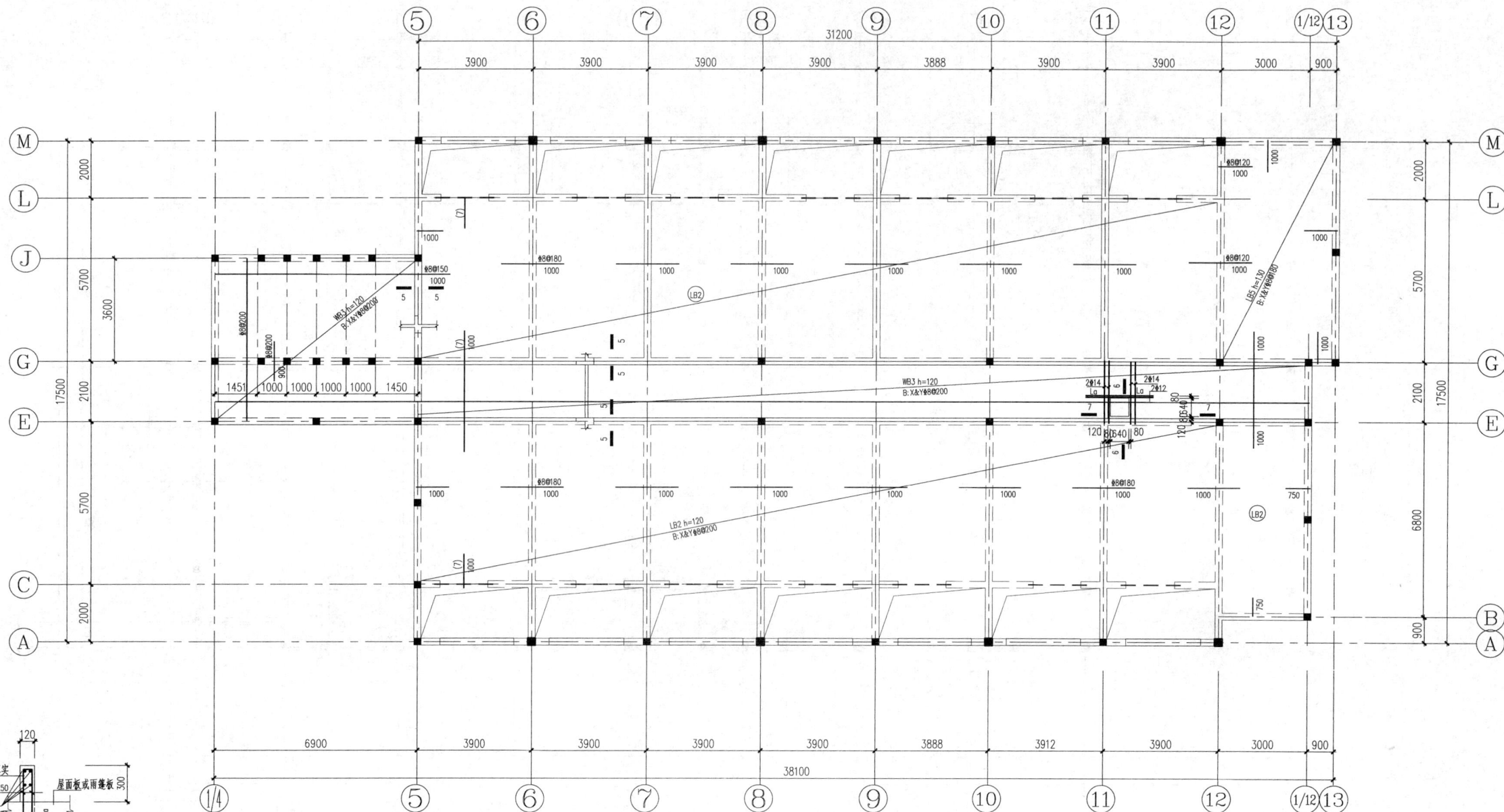

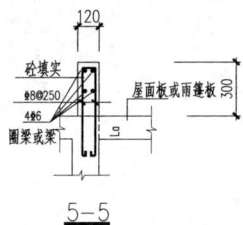

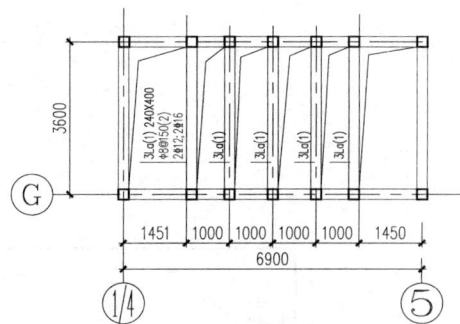

宿舍楼 9.900 层结构平面布置图

图中未注明位置的梁均为轴线居中或柱外平
图中未注明的构造柱均为GZ，位置的均为轴线交点或轴线之中点处
图中未画出的板分布钢筋均为φ6@200
图中已画出的板钢筋未注明的均为φ8@200

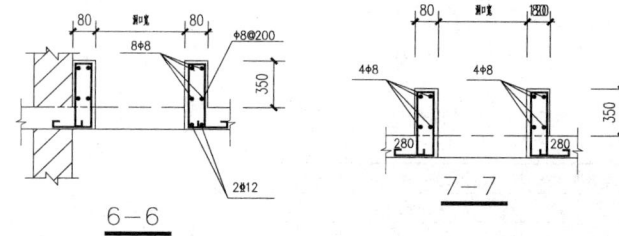

宿舍楼 11.500 层结构平面布置图

图中未注明位置的梁均为轴线居中或柱外平
图中未注明的构造柱均为GZ，位置的均为轴线交点或轴线之中点处
楼层标高处墙顶均设圈梁QL一道

坡屋面层	10.280~13.515	0.38~3.615
架空层	9.900	3.330
三 层	6.570	3.300
二 层	3.270	4.770
基础顶	-1.500	
层 数	标高/m	层高/m
宿舍	结构层楼面标高	结构层高

5-5
6-6
7-7

XXX设计院

设 计 号	
设计阶段	施工图设计
图 号	第11页
	共15页

项目负责人		项目名称	员工宿舍楼
设 计			
复 核		图 名	9.900 层结构平面图
审 核		专 业	结构
		日 期	

120

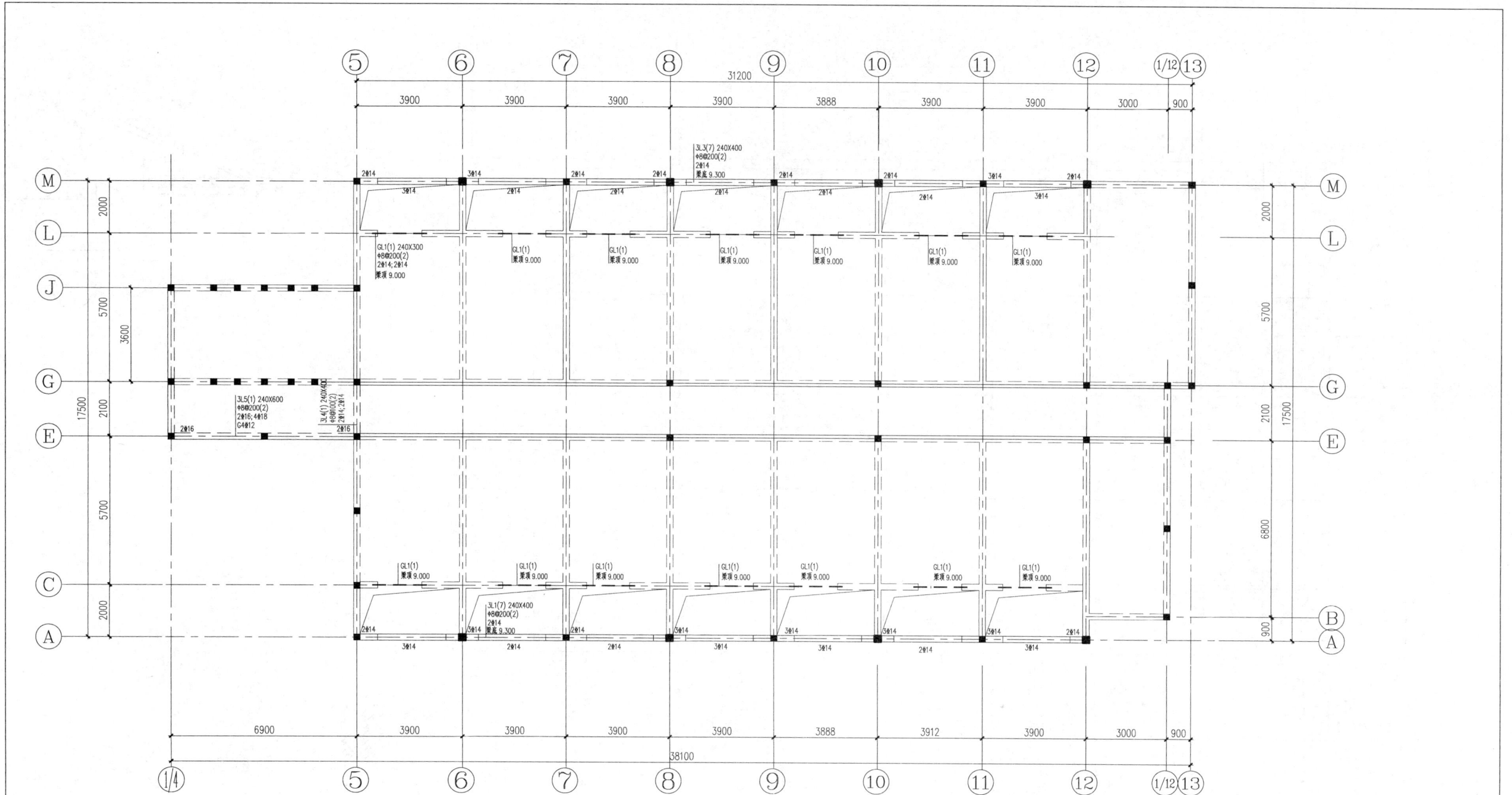

宿舍楼 9.900 层梁平法配筋图

图中未注明位置的梁均为轴线居中或柱外平
图中次梁集中力处两侧箍筋加密三排@50
图中（　）内尺寸为相对于本层标高的尺寸
未注明的梁顶标高均为 9.900
楼梯间的梯柱梯梁详见本套图的楼梯大样图
3L2 缺省
图中　——　表示圈梁

坡屋面层	10.280~13.515	0.38~3.615
架空层	9.900	3.330
三层	6.570	3.300
二层	3.270	4.770
基础顶	-1.500	
层数	标高/m	层高/m
宿舍	结构层楼面标高	结构层高

XXX设计院				设计图号	
				设计阶段	施工图设计
项目负责人		项目名称	员工宿舍楼	图号	第12页
设计					共15页
复核		图名	9.900层梁平法配筋图	专业	结构
审核				日期	

121

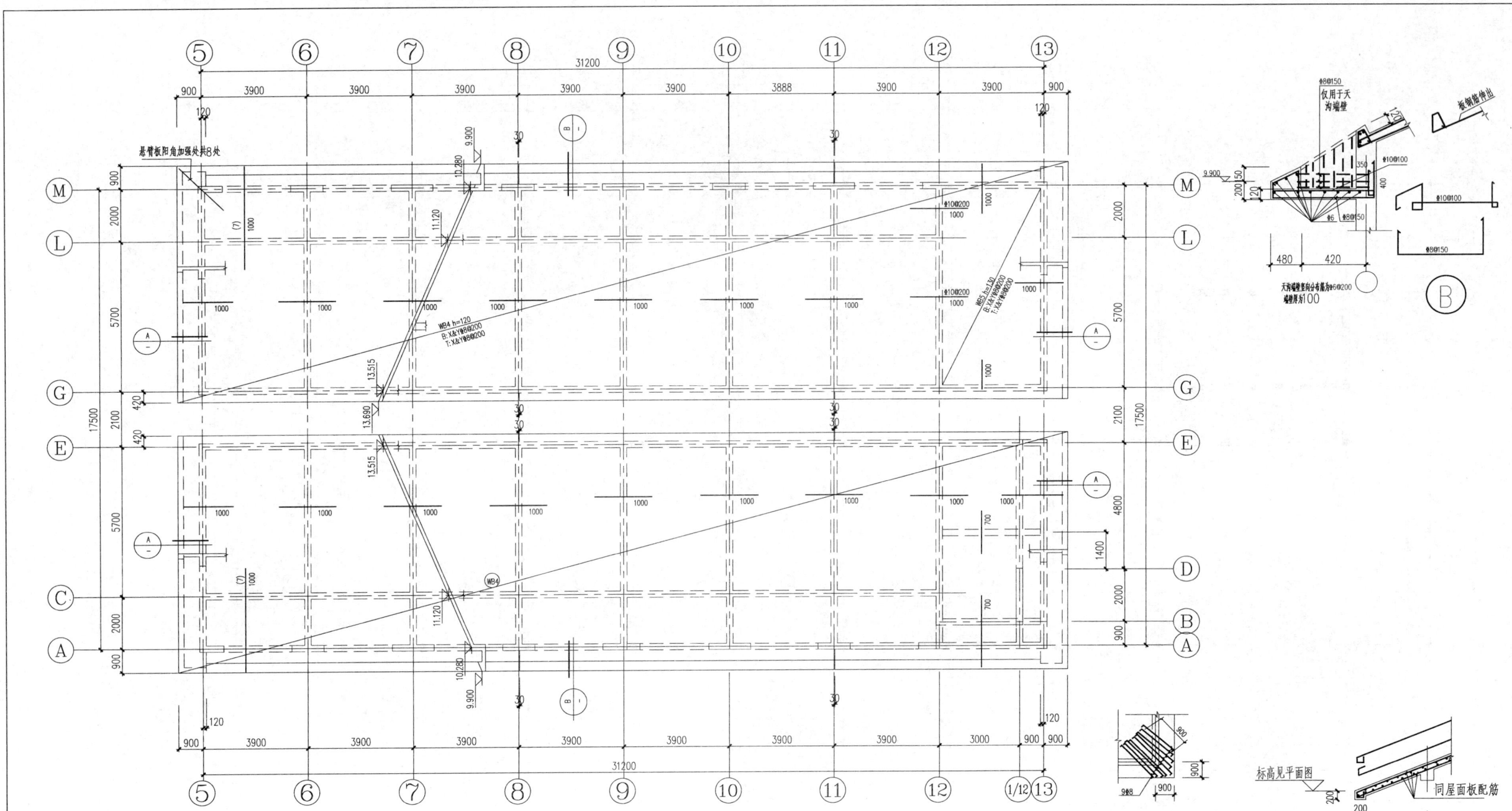

宿舍楼 9.900~13.690 层结构平面布置图

图中未注明位置的梁均为轴线居中或柱外平
图中未注明的构造柱均为GZ
图中未画出的板分布钢筋均为φ6@200
图中已画出的板钢筋未注明的均为φ8@200

悬臂板阳角加强处共8处

悬臂板阳角加强处
（适于所有坡屋顶）

标高见平面图

同屋面板配筋

天沟端壁竖向分布筋为φ6@200
端壁厚为100

φ8@150
仅用于天沟端壁

弯钢筋伸出

WB4 h=120
B: X&Y φ8@200
T: X&Y φ8@200

坡屋面层	10.280~13.515	0.38~3.615
架空层	9.900	3.330
三层	6.570	3.300
二层	3.270	4.770
基础顶	−1.500	
层数	标高/m	层高/m
宿舍	结构层楼面标高	结构层层高

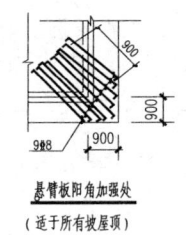

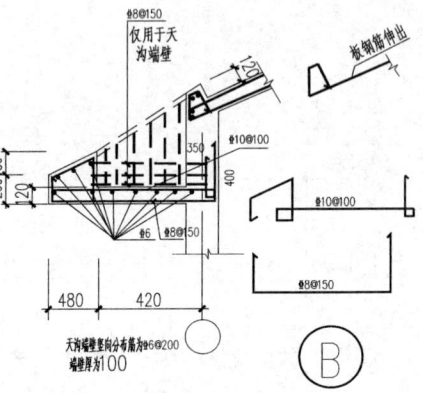

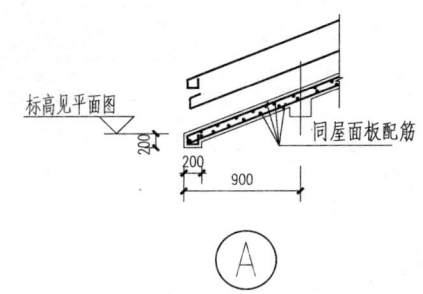

XXX设计院

设计号	
设计阶段	施工图设计

项目负责人		项目名称	员工宿舍楼	图 号	第13页 共15页
设 计					
复 核		图 名	9.900~13.690层结构平面图	专 业	结 构
审 核				日 期	

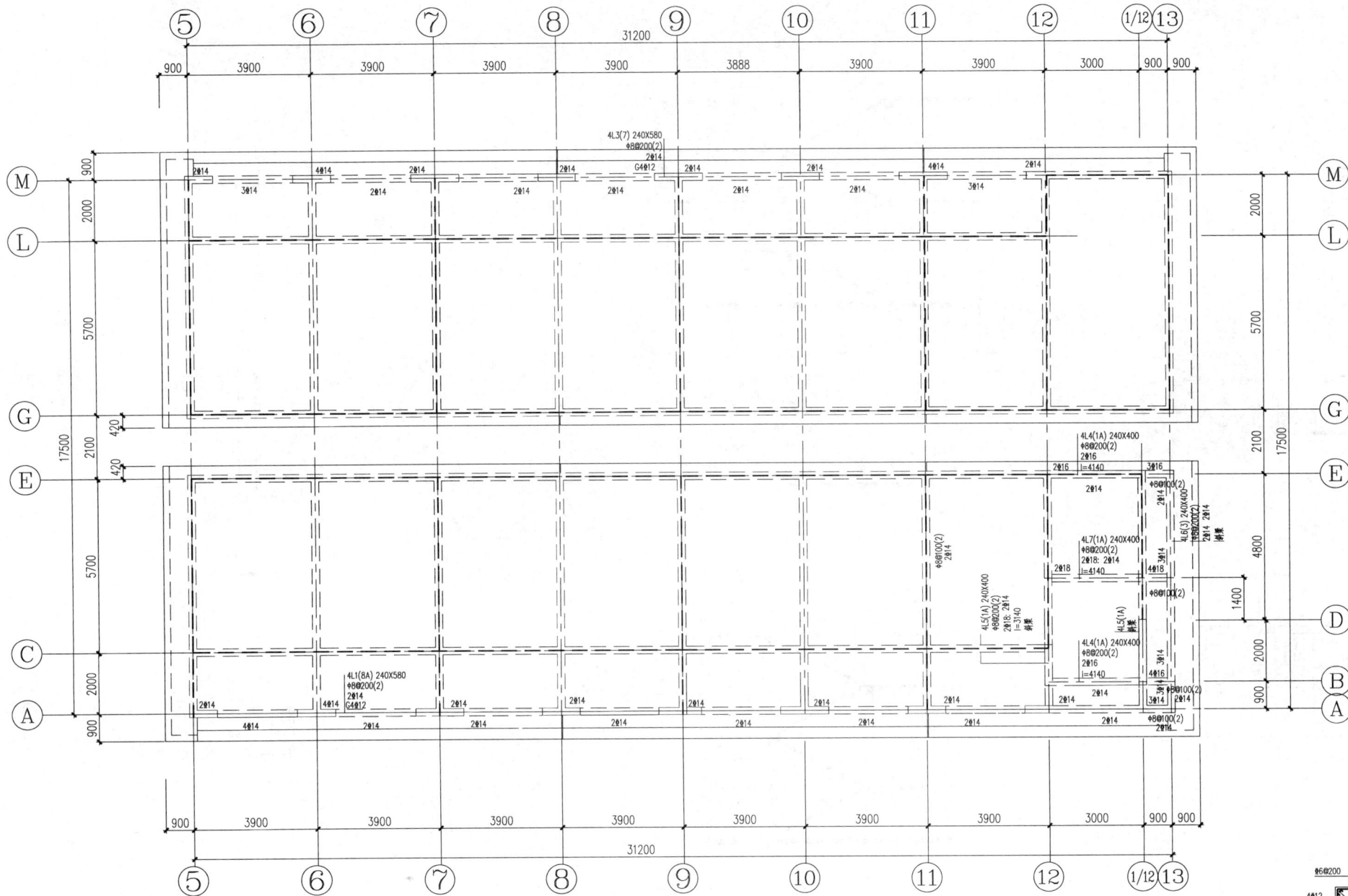

宿舍楼 9.900~13.690 层梁平法配筋图

图中未注明位置的梁均为轴线居中或柱外平
图中次梁集中力处两侧箍筋加密三排@50
图中（ ）内尺寸为相对于本层标高的尺寸，未注明的梁顶标高均同板顶标高
图中 ——— 表示屋顶圈梁
4L2缺省

坡屋面层	10.280~13.515	0.38~3.615
架空层	9.900	3.330
三 层	6.570	3.300
二 层	3.270	4.770
基础顶	-1.500	
层数	标高/m	层高/m
宿舍	结构层楼面标高	结构层高

×××设计院		设 计 号	
		设计阶段	施工图设计
项目负责人	项目名称　员工宿舍楼	图　号	第14页
设　计			共15页
复　核	图　名　9.900~13.690层梁平法配筋图	专　业	结　构
审　核		日　期	

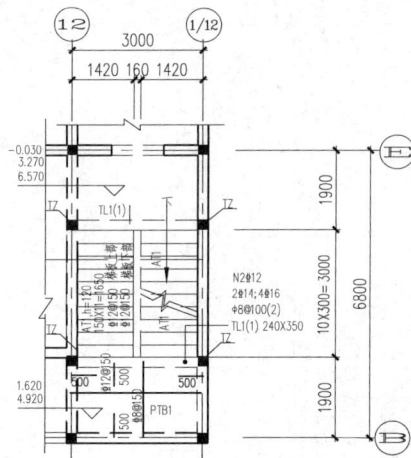

楼梯1 -0.030~6.570 平面图

楼梯板分布钢筋均为 Φ6@200
图中未标注的钢筋为 Φ8@200
图中平台板厚为100

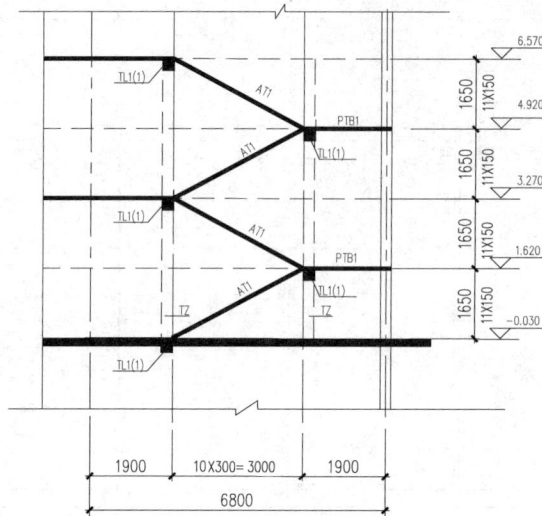

楼梯1 剖面示意图

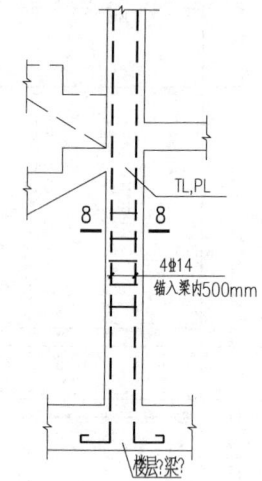

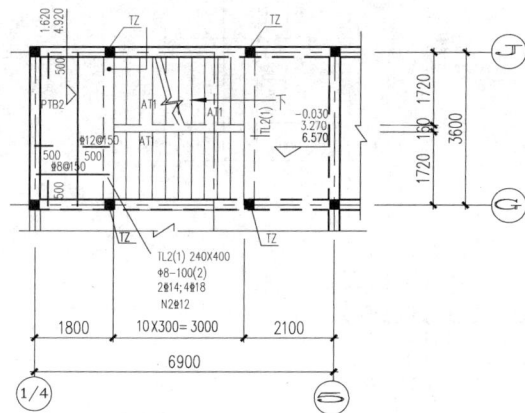

楼梯2 -0.030~6.570 平面图

楼梯板分布钢筋均为 Φ6@200
图中未标注的钢筋为 Φ8@200
图中平台板厚为100mm

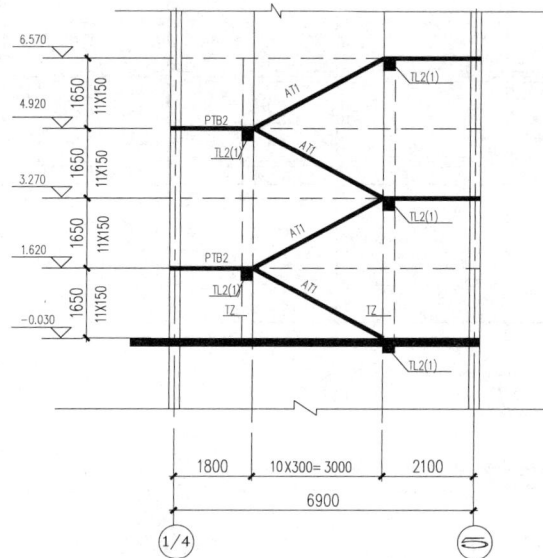

楼梯2 剖面示意图

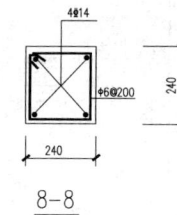

TZ 详图

8-8

说明:
1. 本楼梯应与建施楼梯大样同时使用,楼梯平面及栏板(杆)构造、安装联结预埋件等详见建施详图,并配合施工。
2. 楼梯底分布筋每步为 Φ8@280,平台板及其他分布筋为 Φ6@200。
3. 圈梁如与其他梁重合处以梁大配筋大者为准。
4. 楼梯柱钢筋应锚如上、下层同梁或圈梁。

			××× 设计院		设计号	
					设计阶段	施工图设计
项目负责人			项目名称	员工宿舍楼	图 号	第 15 页
设 计						共 15 页
复 核			图 名	楼梯详图	专 业	结 构
审 核					日 期	

124

参考文献

［1］中华人民共和国建设部.建设工程工程量清单计价规范(GB 50800—2013).北京：中国计划出版社，2013.

［2］湖南省建设工程造价管理总站.湖南省建筑装饰装修工程消耗量标准(2014).长沙：湖南科学技术出版社，2015.

［3］湖南省建设工程造价管理总站.湖南省建设工程计价办法.长沙：湖南科学技术出版社，2015.

［4］湖南省教育厅.湖南省高等职业院校学生专业技能抽查考试标准及题库(工程造价专业).2014.

［5］易红霞.建筑工程计量与计价.长沙：中南大学出版社，2015

［6］刘青宜.建筑工程造价综合实训.重庆：重庆大学出版社，2013.

［7］北京广联达软件技术有限公司.透过案例学平法.北京：中国建材工业出版社，2006.

［8］北京广联达软件技术有限公司.透过案例学算量.北京：中国建材工业出版社，2006.

图书在版编目（CIP）数据

建筑工程造价综合实训／易红霞主编. —长沙：
中南大学出版社，2019.8
ISBN 978 - 7 - 5487 - 3698 - 1

Ⅰ.①建… Ⅱ.①易… Ⅲ.①建筑造价管理—高等职
业教育—教材 Ⅳ.①TU723.3

中国版本图书馆 CIP 数据核字（2019）第 171760 号

建筑工程造价综合实训

易红霞 主编

□**责任编辑**	谭 平
□**责任印制**	易建国
□**出版发行**	中南大学出版社
	社址：长沙市麓山南路 邮编：410083
	发行科电话：0731 - 88876770 传真：0731 - 88710482
□**印 装**	长沙市宏发印刷有限公司

□**开 本**	787×1092 1/8 □**印张** 16.75 □**字数** 495 千字
□**版 次**	2019 年 8 月第 1 版 □**印次** 2019 年 8 月第 1 次印刷
□**书 号**	ISBN 978 - 7 - 5487 - 3698 - 1
□**定 价**	52.00 元